中国水利教育协会
高等学校水利类专业教学指导委员会　　共同组织

全国水利行业"十三五"规划教材（普通高等教育）

"十二五"江苏省高等学校重点教材（编号 2015-1-107）

水利工程经济学

（第二版）

主　编　河海大学　方国华

U0212677

www.waterpub.com.cn

·北京·

内 容 提 要

本书系统地介绍了水利建设项目经济评价的理论与方法。主要内容包括：价值和价格、水利建设项目的费用和效益、资金的时间价值与资金等值计算、经济效果评价指标和评价方法、水利建设项目经济评价、水利建设项目社会评价和综合评价、综合利用水利工程投资费用分摊、水利工程效益计算方法等。

本书可作为高等院校水利类专业本科教材，也可作为水利水电工程技术人员、经济管理人员及广大水利工作者的参考书。

图书在版编目（CIP）数据

水利工程经济学 / 方国华主编. -- 2版. -- 北京：
中国水利水电出版社，2017.6（2023.1重印）
 全国水利行业"十三五"规划教材：普通高等教育
"十二五"江苏省高等学校重点教材
 ISBN 978-7-5170-5803-8

Ⅰ．①水… Ⅱ．①方… Ⅲ．①水利工程－工程经济学
－高等学校－教材 Ⅳ．①F407.937

中国版本图书馆CIP数据核字(2017)第212954号

书　　名	全国水利行业"十三五"规划教材（普通高等教育） "十二五"江苏省高等学校重点教材 **水利工程经济学　（第二版）** SHUILI GONGCHENG JINGJIXUE
作　　者	主　编　河海大学　方国华
出版发行	中国水利水电出版社 （北京市海淀区玉渊潭南路 1 号 D 座　100038） 网址：www. waterpub. com. cn E - mail：sales@mwr. gov. cn 电话：（010）68545888（营销中心）
经　　售	北京科水图书销售有限公司 电话：（010）68545874、63202643 全国各地新华书店和相关出版物销售网点
排　　版	中国水利水电出版社微机排版中心
印　　刷	清淞永业（天津）印刷有限公司
规　　格	184mm×260mm　16 开本　14.75 印张　350 千字
版　　次	2011 年 8 月第 1 版第 1 次印刷 2017 年 6 月第 2 版　2023 年 1 月第 4 次印刷
印　　数	15001—23000 册
定　　价	**43.00 元**

第二版前言

　　水利工程经济学是应用工程经济学基本原理，研究水利工程经济问题和经济规律，对水利工程进行经济评价、方案比较及其他技术经济分析计算，以达到资源合理利用的一门学科，在社会经济建设过程中占有重要地位。

　　水利工程经济学涉及内容十分广泛，本书系统地介绍水利建设项目经济评价的基本理论和方法，包括价值和价格，水利建设项目的费用和效益，资金的时间价值与资金等值计算，经济效果评价指标和评价方法，水利建设项目的国民经济评价、财务评价、不确定性分析与风险分析，改、扩建项目经济评价，水利建设项目社会评价和综合评价，综合利用水利工程投资费用分摊，水利工程效益计算方法等。

　　本书第一版于2011年出版，出版后受到广大读者的认同与肯定。第一版2011年8月第1次印刷，2013年8月第2次印刷，2015年12月第3次印刷，共印刷了8000册。2014年入选全国水利行业规划教材，2015年入选"十二五"江苏省高等学校重点教材（修订）。

　　我国于2013年颁布了《水利建设项目经济评价规范》修订版（SL 72—2013），第二版教材是结合《水利建设项目经济评价规范》（SL 72—2013）等规范内容进行修编，同时对第一版教材内容作了一些更新和完善。如新增加了区域经济和宏观经济影响分析、乡村人畜供水效益计算，补充和完善了水利建设项目财务评价的内容和特点、资金来源与融资方案和不确定性分析等内容。此外，为便于双语教学，第二版教材也对教材中一些章节名称和主要术语的英文对照进行了补充和完善。

　　本书的编写，吸收了笔者多年来的教学科研经验和成果，以及《建设项目经济评价方法与参数》（第三版）和修订后的《水利建设项目经济评价规范》（SL 72—2013）最新规定和方法；在内容编排上，力争全面反映水利工程经济学的基本理论和评价方法，系统地介绍水利工程经济评价的基本知识，并附有比较多的算例，每章均有思考题与习题，最后附有水利工程经济评价案例和复利因子表，使学生和其他读者学习后能够独立地开展水利工程经济评价工作。

本书第一章、第三章、第五章、第九章由方国华编写，第二章、第七章由贺军编写，第四章、第八章由高玉琴编写，第六章由方国华、黄显峰共同编写，附录由黄显峰编写。本书的修编，得到了江苏高校优势学科建设工程项目的支持。本书的编写，参考和引用了一些相关书籍的论述，编著者在此向有关人员致以衷心的感谢！

限于时间和编者水平，书中疏漏和不足之处在所难免，欢迎读者批评指正。

编著者

2017 年 2 月

第一版前言

　　水利工程经济学是运用工程经济学的基本原理，结合水利工程实际，对水利工程进行经济评价、方案比较及其他技术经济分析计算，以达到水资源、资金和劳动的合理利用的一门专业课程。在社会经济建设过程中占有重要地位。

　　水利工程经济学涉及内容十分广泛，本书系统地介绍了水利建设项目经济评价的基本理论和方法，包括价值和价格，水利建设项目的费用和效益，资金的时间价值与资金等值计算，经济效果评价指标和评价方法，水利建设项目的国民经济经济评价、财务评价和不确定性分析，改、扩建项目经济评价，水利建设项目社会评价和综合评价，综合利用水利工程投资费用分摊，水利工程效益计算方法等。

　　本书的编写，吸收了笔者多年来的教学科研经验和成果，以及《建设项目经济评价方法与参数》（第三版）和修订后的《水利建设项目经济评价规范》（2011 年征求意见稿）最新规定和方法；在内容编排上，力争全面反映水利工程经济学的基本理论和评价方法，系统地介绍水利工程经济评价的基本知识，并附有比较多的算例，每章均有思考题与习题，最后附有水利工程经济评价案例和复利因子表，使学生和其他读者学习后能够独立地开展水利工程经济评价工作。

　　本书第一章、第三章、第五章、第九章由方国华编写，第二章、第七章由贺军编写，第四章、第八章由高玉琴编写，第六章由方国华、黄显峰共同编写，附录由黄显峰编写。全书由方国华统稿。本书的编写参考和引用了一些相关书籍的论述，编著者在此向有关人员致以衷心的感谢！

　　限于时间和编者水平，书中疏漏和不足之处在所难免，欢迎读者批评指正。

编　者

2011 年 3 月

目 录

第一章 绪 论

第一节 水利工程经济概述

水利工程经济学（Hydraulic Project Economics）是工程经济学的一个分支，是水利工程学科与工程经济学相互交叉的一门学科。工程经济学是指应用理论经济学的基本原理，研究国民经济各部门、各个专业领域的经济活动和经济关系的规律性，或对非经济活动领域进行经济效益、社会效益的分析而建立的经济学科。水利工程经济学是一门应用工程经济学基本原理，研究水利工程经济问题和经济规律，对水利工程进行经济评价、方案比较及其他技术经济分析计算，以达到资源合理利用的一门学科。

水利工程经济研究的问题如下：

（1）对于新建工程，根据水利方面的技术要求、水利建设规章制度、规程规范和财务部门的有关规定，通过经济计算，对不同工程措施或方案进行经济效果的评价，为决定工程方案的优劣和取舍提供依据。

（2）通过经济计算和经济效果评价，用来修订水利的技术政策、规章制度、规程规范和财务规定。

（3）通过对已建水利工程的经济效果进行评价分析，改进现有的经营管理模式，制定符合实际情况的费用标准和管理办法。

一、水利工程的经济特点及经济评价的目的

1. 水利工程的经济特点

水利工程，特别是大型水利工程有以下几方面的基本经济特点：

（1）投资额大。按20世纪90年代初的价格水平计算，直接静态投资需要几亿元至几百亿元，投资效果好坏对国计民生具有举足轻重的影响。例如长江三峡工程，静态投资（按1993年5月末不变价）为900.9亿元（其中枢纽工程500.9亿元，库区移民工程400亿元）；动态投资（考虑物价上涨、利息变动等因素）则达到2039亿元。

（2）建设期长。一般都要几年或更长时间才能开始发挥效益，总工期长达数年以上；总投资受物价影响大，建设期利息负担很重。例如三峡工程，从1993年年初开始施工到2009年竣工投产，共历时17年。

（3）有些大型水利工程的水库淹没损失大，对库区农业经济影响大，移民任务艰巨。三峡工程蓄水完成后共淹没129座城镇，其中包括万州、涪陵等两座中等城市和十多座小城市，产生113万移民，这在世界工程史上也是绝无仅有的。

（4）很多大型水利工程具有综合利用效益，可以同时解决防洪、防凌、治涝、发电、灌溉、航运、城镇及工业供水等中的两项以上的国民经济任务。洪涝灾害历来是中华民族

的心腹大患。在长江防洪体系中,三峡工程的战略地位和作用极为重要。据测算,三峡工程的多年平均防洪效益为 9.7 亿元,若遇 1870 年特大洪水,可减少损失 344 亿元。发电方面,三峡水电站装机总容量为 1820 万 kW,年均发电量 847 亿 kW·h,若电价暂按 0.18~0.21 元/(kW·h) 计算,每年售电收入可达 181 亿~219 亿元。航运方面,三峡水库能淹没川江滩险,万吨级船队有半年时间可直达重庆九龙坡,每年运输量可提高到 5000 万 t,运输成本降低 35%~37%。

(5) 工程建成投产后,不仅直接经济效益很大,间接经济效益也很大。如三峡库区经济落后,人均收入很低,基础设施严重不足,亟待开发脱贫。兴建三峡工程将有巨额资金投入库区,必然给库区经济发展带来生机,对库区的工农业生产,第二、三产业的发展,科学文化教育的振兴以及城镇的建设,均将起到积极的促进作用。

(6) 涉及部门较多,影响范围较广,水利工程的建设对国家生产力布局、产业结构调整、经济发展速度和地区及部门经济发展,都有很大影响。

(7) 由于工程技术较复杂、投资集中、工期长,因此,不确定性因素较多。

(8) 大型水利工程的建设对社会经济发展影响深远,许多效益和复杂的影响不能用货币表示,甚至不能定量计算。

2. 水利工程经济评价的目的

国家发展和改革委员会与建设部 2006 年 7 月 3 日发布的《关于建设项目经济评价工作的若干规定》中指出:"建设项目经济评价是项目前期工作的重要内容,对于加强固定资产投资宏观调控,提高投资决策的科学化水平,引导和促进各类资源合理配置,优化投资结构,减少和规避投资风险,充分发挥投资效益,具有重要作用。""建设项目经济评价应根据国民经济与社会发展以及行业、地区发展规划的要求,在项目初步方案的基础上,采用科学分析方法,对拟建项目的财务可行性和经济合理性进行分析论证,为项目决策提供经济方面的依据。"

开展水利建设项目经济评价,是把软科学列入决策程序,实现建设项目决策科学化、民主化,减少和避免投资决策失误,把有限的资源用于经济效益和社会效益真正好的项目,提高经济效益的重要手段和有效措施。可见,水利工程经济评价的目的在于最大限度地避免风险,提高投资效益,即如何以较省的投资、较快的时间获得较大的产出效益。

从国民经济的宏观管理看,经济评价可使社会的有限资源得到最优的利用,发挥资源的最大效益,促进经济的稳定发展。经济评价中采用的内部收益率、净现值等指标及体现宏观意图的影子价格、影子汇率等国家参数,可以从宏观的、综合平衡的角度考察项目对国民经济的贡献。借以鼓励或抑制某些行业或项目的发展,指导投资方向,促进国家资源的合理配置。通过充分论证和科学评价,合理地进行项目排队和取舍,也有利于提高计划工作的质量。

从具体的建设项目来看,经济评价可以起到预测投资风险,提高投资效益的作用。由于经济评价方法和参数设立了一套比较科学严谨的分析计算指标和判别依据,项目和方案经过"需要→可能→可行→最佳"这样步步深入的分析比较,有助于避免由于依据不足、方法不当、盲目决策造成的失误,使工程获得最好的经济效益,保持良性循环或良性运行。

需要说明的是经济评价是水利建设项目或方案取舍的重要依据,但不能唯经济而断,同时还要把拟建项目的工程、技术、经济、环境、政治及社会等各方面因素联系起来，进行多目标综合评价，统筹考虑，筛选最佳方案。

二、水利工程经济评价的内容与方法

（一）水利工程经济评价的内容

在进行经济评价时，能够量化的指标一定要量化，对不能量化的指标必须进行定性分析。定量分析一般包括国民经济评价（National Economic Evaluation）和财务评价（Financial Evaluation）两项基本内容。国民经济评价是从国家整体角度分析、计算项目对国民经济的净贡献，据此判别项目的经济合理性。财务评价是在国家现行财税制度和价格体系的前提下，从项目财务核算单位的角度，计算项目范围内的财务费用和效益，分析项目的财务生存能力、偿债能力和盈利能力，据以判别项目的财务可行性。对属于社会公益性质的水利建设项目，当项目本身无财务收入或财务收入很少时，在进行财务分析计算时，应按国家有关规定核算运行管理费、工程维护维修费、折旧费等，提出这部分经费的来源（包括由国家补贴的资金数额和需要采取的经济措施及有关政策），以确保项目投产后的正常运行。对于大型建设项目，还应在国民经济评价与财务评价的基础上，采用定量分析和定性分析相结合的方法，从宏观上进行综合经济分析研究，以便全面衡量建设项目在经济上的各种得失和利弊，正确评价其合理性和可行性。

由于水利经济评价中所采用的数据绝大多数来自于测算和估算，加上水利工程建设涉及的因素多，牵涉面广，许多因素难以定量，所采用的预测方法手段又有一定局限性，因而，项目实施后实际情况难免与预测情况产生差异。换句话说，就是立足于预测估算的项目的经济评价结果存在不确定性和风险。为了分析这些不确定因素对经济评价指标的影响，考察经济评价结果的可靠程度和承担的风险，还必须在经济评价中进行相应的不确定性分析（Uncertainly Analysis）和风险分析（Risk Analysis）。不确定性分析是分析基础数据的不确定性对项目经济评价指标的影响，包括敏感性分析和盈亏平衡分析。

敏感性分析（Sensitivity Analysis）是研究建设项目主要敏感因素发生变化时，项目经济效果发生的相应变化，并据以判断这些因素对项目经济目标的影响程度。

盈亏平衡分析（Break-Even Analysis）主要是研究在一定市场条件下，在拟建项目达到设计生产能力的正常生产年份，产品销售收入（产品价格与产品结构一定时）与生产成本（包括固定成本和可变成本）的平衡关系。盈亏平衡分析的主要依据是产品的生产成本。

风险分析主要是研究敏感因素在未来出现的概率以及建设项目承担的风险有多大。《水利建设项目经济评价规范》（SL 72—2013）规定，对于特别重要的大型水利建设项目，应通过模拟法确定主要经济评价指标的概率分布，确定其投资风险程度和主要风险因素，研究提出减少风险的对策。

水利建设项目经济评价内容如图 1-1 所示。

（二）水利工程经济评价的方法

1. 定量分析与定性分析相结合

水利工程是国民经济和社会发展的基础设施和基础产业，影响范围大，涉及的问题多

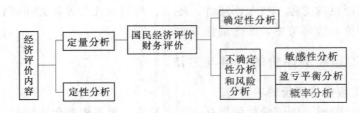

图 1-1 水利建设项目经济评价内容示意图

且复杂，有许多费用与效益（包括影响）不能用货币表示，甚至不能定量。因此，对大型水利工程进行综合经济评价时应采用定量分析与定性分析相结合的方法，以全面反映其费用、效益和影响。

2. 多目标协调与主目标优化相结合

大型综合利用水利工程的综合经济效益是由参与综合利用各部门的经济效益组成的，也是各部门经济效益协调平衡的结果，从本部门的效益着眼往往对个别部门甚至所有部门，都很可能不是效益最好的方案（但仍是较优的方案），但从国民经济整体来说，却是比较合适的总体方案，是总体效益最佳的方案。综合利用水利工程通常有一个或两个主导目标，它对大型综合利用水利工程的兴建起关键性的作用，例如：20世纪50—60年代兴建丹江口、三门峡工程，就是因为汉江、黄河的防洪问题很突出。因此，对大型综合利用水利水电工程的综合经济分析与评价应采取多目标协调和主导目标优化相结合的方法。通过协调平衡，从宏观上（定性）拟定能正确处理各部门之间、各地区（干支流、上下游、左右岸）之间关系的合理方案（往往是一个合理的范围）；通过计算分析选出综合效益最大和主导目标最优（或较优）的方案。

3. 总体评价与分项评价相结合

大型水利工程建设往往涉及多个部门和多个地区，为了全面分析和评价国家和各有关部门、有关地区的经济效益，对大型水利工程的经济评价应采用总体评价与分项评价相结合的方法。首先将大型水利工程作为一个系统，计算其总效益和总费用，进行总体评价；然后，用各部门、各地区分摊的费用与获得的效益作为子系统，评价其经济效果。

4. 综合评价

大型水利工程建设涉及技术、经济、社会等多方面的问题，因此，对大型水利工程应进行综合经济评价，要在充分研究工程本身费用和效益的基础上，高度重视工程与地区、流域、国家社会经济发展的相互影响，从微观、宏观上分析与评价大型水利工程建设对行业、地区（或流域）甚至全国社会经济发展的作用和影响。

5. 逆向反证法

大型水利工程建设涉及的技术、经济、社会问题复杂，因此，对大型水利工程建设和综合经济评价往往存在不同的看法，有时可能由于有不同的看法而推翻原有的设计方案。例如长江三峡工程，在1960年完成的《三峡水利枢纽初步设计要点报告》中，推荐三峡枢纽水库正常蓄水位200m方案，有人提出这个方案的水库淹没损失太大；为减少水库淹没，在1983年完成的《三峡水利枢纽可行性研究报告》中，又推荐三峡枢纽正常蓄水位150m，又有人提出该方案虽然减少了水库淹没，但综合利用效益小，不能满足航运、防洪的基本要求。经过反复论证和比较，最后选用了能兼顾水库淹没和综合利用要求的水库正常蓄水位 175m 的方案。为了使大型水利工程建设更"稳妥可靠，减少失误，取得更大的综合经济效益"，在进行大型水利工程的综合经济分析与评价时，应重视运用逆向反证法，注意从与正面论证结论不同的意见（包括看法、做法、措施、方案）中吸取"营养"，通过研究相反的意见，或更肯定（证明）原方案的合理性，或补充和完善原方案，加强原方案的合理性；或修正（修改）原方案，避免决策失误，提高水利工程建设的经济效益。

需要指出的是，现行的水利建设项目基本建设程序可分为项目建议书、可行性研究、设计工作（包括初步设计、技术设计和施工图设计）、建设准备、施工安装、生产准备、竣工验收、生产运营和项目后评价等阶段。其中后评价是工程交付生产运行后一段时间内，一般经过 1~2 年生产运行后，对项目的立项决策、设计、施工、竣工验收、生产运行等全过程进行系统评估的一种技术经济活动，是基本建设程序的最后一环。通过后评估达到肯定成绩、总结经验、研究问题、吸取教训、提出建议、改进工作、提高项目决策水平和投资效果的目的。

经济评价是项目可行性研究报告的重要组成内容。相对于后评价，可行性研究阶段的经济评价工作，也可称为前评价。

第二节　国内外水利工程经济发展概况

一、国外水利水电工程经济发展概况

国外水利水电工程经济计算方法，按其是否考虑资金的时间因素分为动态经济分析与静态经济分析两大类，前者以美国为代表，后者以苏联为代表。美国等西方国家在进行项目的经济分析时，把时间因素放在突出重要的位置上，并且对时间因素考虑得越来越细，由单利计算发展到按复利计算，有的企业决策中还考虑"连续复利"的计算方法。苏联在1960 年前进行项目经济分析时基本上是完全静态分析，1960 年以后，也规定要考虑新建工程在施工期资金积压所引起的经济损失，并规定时间对资金影响的年标准换算系数为0.08，但对工程建成后运行期间的年运行费、效益等仍没有考虑时间因素的影响。

（一）美国水利经济发展概况

1. 早期阶段

19 世纪初，美国就把效益超过费用作为衡量工程项目经济评价的基本准则。1808 年，当时美国的财政部长加勒廷就提出："当某一条航运线路的运输年收入超过改善交通所花的利息和工程的年运行费（不包括税收）之和时其差额即为国家的年收入。"随后，国会逐步强调判别工程的基本准则是要有一个有利的效益与费用的比值，即 R 必须大于 1.0。

1930 年格兰特编著的《工程经济学原理》一书，采用复利计算方法，研究判别因子和短期投资评价，首次系统地阐述了关于动态经济计算方法。1936 年国会通过的《洪水控制法案》规定："兴建的防洪工程与河道整治工程，其所得效益应超过所花费用。"自此以后，美国陆军工程师团所编制的大型工程规划设计文件，都必须有效益费用分析报告，才能送请国会审批。

2. 中期阶段

美国于 1946 年成立了"联邦河流流域委员会效益费用分会"，该分会在 1950 年提出了《河流流域工程经济分析的建议方法》（封面是绿色的，故简称《绿皮书》）。书中规定，每项计划工程都应以获得最大的经济净收益为基本指标。对工程方案的选择要求是：①使经济资源得到最好的利用，做到净效益最大，而不是效益费用比最大或其他；②对工程的任何独立组成部分，都应比达到同一目的的任何其他措施更为经济有利。《绿皮书》是美国水利经济发展史上的一个重要文献，它提出的方案选择标准和具体计算方法，有很大一部分，如净效益最大法、效益费用比法、可分费用—剩余效益分摊法等至今仍在使用。

1961 年 10 月，美国陆军部、农业部、内务部等共同起草了《水土资源工程评价的新标准和准则》，该文件于 1962 年由参议院批准，以 SD—97 号文件颁布执行，简称参议院 SD—97 号文件。该文件内容比《绿皮书》更具体。它提出工程项目的规划目标为：①通过全面改善水土资源条件的各项措施，促进国家的经济发展；②保护国家自然资源；③工程布局要注意地区平衡，发展全国的每一个地区；④提高全体人民的福利水平。

3. 近期阶段

1969 年美国颁布《国家环境政策法》，要求对水资源工程评价，除了要考虑经济效益外，要同时重视环境保护。

1973 年美国水资源理事会提出了《水土资源规划的原则和标准》，并经总统批准于 1973 年生效。要求水资源规划除考虑国家经济发展和环境质量两项目标外，还要同时考虑地区经济发展和社会福利两个目标。规定编制规划的目标在于：加速社会优先考虑的国家经济发展和改善环境质量，以满足人民当前和长远的需要，解决人民希望解决的问题，并要建立系统分析资料，研究每一个工程计划对地区发展和社会福利的有利和不利影响，从而为各种方案的比较提供基础。

1979 年美国修订了《水土资源规划的原则和标准》，并经总统和水土资源理事会主席批准生效。提出在水资源规划中，要安排最经济有效和对环境有益的工程优先施工；今后除了考虑工程本身的投资外，还要同时安排环境投资；经济计算要运用新准则和新方法来计算工程费用和工程效益。美国水资源理事会在此基础上，于 1980 年提出了《水资源规划中，国家经济发展效益和费用评估程序》，规定了工程项目具体的评估方法和步骤。

1982 年底，美国水资源理事会提出并通过了新的《水土资源开发利用的经济和环境原则与准则》（以下简称《原则与准则》），1983 年经总统批准生效。新的《原则与准则》代替了以前公布的《原则与标准》。它的主要目标是促进国民经济的发展和环境保护，并着重指出：①所制定的水土资源规划应在实现这个目标方面兴利除害；②所谓促进国民经济发展是以货币表示的、全国的商品和劳务（含服务行业）净产值的增加。

（二）苏联水利经济发展概况

1. 早期阶段

苏联在早期曾接受西方国家"资金利率"的概念，并应用于编制国家的基本建设计划中。在方案比较中，考虑资金的时间因素，将工程投入运行的年份作为计算基准年。规定建设投资要考虑报酬，报酬与基建投资的比值取名为经济效率系数，它取决于国家所拥有的资金数量和国民经济的年增长速度。苏联国家计委曾规定这一系数为 6%。这一方法在苏联一直使用到 20 世纪 30 年代中期。

2. 中期阶段

在 20 世纪 30 年代中期以后，有人认为"资金效率系数"就是资金利润率，属于资本主义经济的范畴，建议以劳动量作为价值的主要尺度。在编制计划和选择工程方案时，主要考虑在同样满足国民经济发展需要的前提下，比较各方案节约的总劳动消耗量，而不是比较所选方案的最大利润。当时也有人提出，用各种指标体系例如劳动生产率、产品质量、资金占用量、成本等进行综合经济分析。

20 世纪 50 年代初期，对工程方案进行比较选择时，采用了抵偿年限法（Compoensational Period Method）和年折算费用最小法（Minimum Annual Conversion Cost Method）。所谓抵偿年限，就是不同方案年运行费用的节约，抵偿投资增加额所需的回收年限，即两个方案的补充投资（投资差额）与所节约年运行费用之比称为抵偿年限，即

抵偿年限

$$T_{ok} = \frac{K_2 - K_1}{u_1 - u_2} = \frac{\Delta K}{\Delta u} \tag{1-1}$$

式中　K_1、K_2——第一方案、第二方案的投资，假设 $K_2 > K_1$；

u_1、u_2——第一方案、第二方案的年运行费，在同样满足国民经济要求的条件下，在一般情况下，如果 $K_2 > K_1$，则 $u_2 < u_1$。

当 T_{ok} 小于某一标准抵偿年限值 T_k（例如 10 年），则认为第二方案比第一方案有利。

所谓年折算费用最小法，是指方案的年运行费用和年折算投资之和最小，其中年折算投资等于方案投资除以标准抵偿年限得出，即

年折算费用

$$P = u + \frac{K}{T_k} \tag{1-2}$$

式中　u、K——某一方案年运行费和投资；

T_k——某一标准抵偿年限。

当某个方案的年折算费用 P 最小，即认为该方案最为有利。

在这个阶段，国家经济建设所需的资金是国家无偿拨付，不考虑利息，不考虑资金的时间价值，即方案比较采用静态经济分析方法。由于各部门无偿使用国家的生产建设资金，导致固定资产和流动资金的大量积压浪费，并拖延了施工进度，造成国家重大经济损失。

3. 近期阶段

1960 年，苏联颁布了《新的基本建设投资经济计算典型方法》。其中规定要考虑新建工程在施工期投资的利率，改无偿使用资金为有偿使用，把基本建设由拨款改为银行贷款，到期收取本金和利息，并以利润及利润率作为评价企业经营效果好坏的主要指标。经

过近 10 年的试行，取得了较好的经济效果。在此基础上，1969 年，苏联国家计委、国家建委和科学院联合颁布了《确定投资经济效果的标准方法》，又称《标准方法》（第二版），其中规定标准投资效果系数为 12%，不同时期的年标准换算系数为 8%。苏联土壤改良和水利部根据《标准方法》（第二版），在 1972 年制定了《确定灌溉、排水和牧场供水投资经济效益规程》，其中规定，方案比较要以资金的总经济效益系数、抵偿年限和计算支出作为衡量工程取舍的标准，并规定水利工程的最小效益系数为 0.1，抵偿年限不得大于 10年。1977 年，苏联国家计委和科学院又颁布了《在国民经济中采用新技术发明和合理化建议的经济效果计算方法（基本原则）》，作为计算新技术经济效果的基本方案和指南。1980 年，苏联国家计委和国家建委又颁布了《确定投资经济效果的标准方法（第三版）》。新的标准计算方法要求对投资分期投放，年运行费又随时间发生变化，须考虑时间换算系数。其中指出经济效果系数是指民收入增长额与相应投资之比，并规定各部门的标准效果系数为：工业 0.16，农业 0.07，运输及邮电业 0.05，建筑业 0.22，商业、采购、物质技术供应和其他部门为 0.25。经苏联动力和电气化部、国家计委批准的《水电工程设计中投资经济效益计算方法指标》规定，一般工程建议采用额定系数 0.12；对于在北极及其他相似地区的水电工程，对于发展和配置生产力、形成地区基础结构具有重大意义的水电工程，对于在综合体中可以解决，诸如发电、灌溉、航运、防洪等一系列任务的水电工程，系数允许降低到 0.08。

1988 年 11 月 10 日，苏联国家计委批准颁布了《苏联投资效果的计算方法》。规定在编制计划前期、计划、设计前期、设计等文件时，均要计算投资效果。在计算中，要计算总经济效果，即效益与带来该效益的投资之比。在向经济核算及自筹资金过渡，并同时大大扩大企业和地区管理权力的条件下，效果的计算应以综合的国民经济的观点为基础，既要考虑投资总和，也要考虑由此而得到的经济与社会效果。在这种情况下，对费用和效益的计算，均需考虑时间因素。

二、我国水利工程经济发展概况

（一）我国水利工程经济发展阶段

我国水利工程经济分析按其特点和深度、广度来说，大体上可以分为三个阶段。

1. 1949 年以前的概况

新中国成立前，我国的水利工程为数很少，故未形成自己的水利工程经济学科。但也有一些零星的、初步的研究。如早在两千多年以前，我国修建的世界闻名的都江堰水利灌溉工程，就考虑了工程的所费（稻米若干石）和所得（灌溉农田若干亩），进行了很粗略的水利经济计算。1934 年冀朝鼎编著的《中国历史上的基本经济区与水利事业的发展》，从宏观经济上分析和论证了水利经济效益。1945 年在《扬子江三峡计划初步报告》中按当时欧美的方法计算了三峡工程的发电、灌溉、防洪、航运、供水、旅游等效益，并进行了投资分摊和投资偿还的计算。

2. 1950—1978 年的概况

新中国成立后，我国开展了大规模水利工程建设，在水利水电规划、设计、施工、运行管理中，遇到了许多经济问题。20 世纪 50 年代初期到中期，政府强调水利规划和水利工程设计文件中必须进行技术经济分析，并且要提出书面报告作为审批工程的重要文件。1956 年制定的我国科学发展规划中，曾包含了一定的技术经济内容。1954—1957 年间，水利界的某些部门也曾开始了水利技术经济问题的研究。一些设计单位成立了动能经济专业、综合经济专业进行工程规划设计方案的技术经济比较和综合经济分析。但自 20 世纪 50 年代末期到 70 年代末期，在"左"的思想影响下，过分强调经济服从政治。1964—1965 年国家科委制定的技术经济学科发展规划虽然列入了水利经济研究的课题，但未能付诸实施。由于不重视经济分析，不计算经济效益，造成了这一时间修建的水利工程"建设成绩很大，浪费也很大"。

这一阶段水利工程经济的特点，除上述政治因素影响外，从经济评价方法来说，主要是采用苏联的技术经济原理和方法，采用"抵偿年限法"或"计算支出法"，其特点是：①对能同样满足国民经济发展需要的若干不同技术方案的投资与年费用进行比较，当计算的每两个方案的补充投资与所节约的年运行费用之比，小于国家规定的标准抵偿年限或年计算支出最小的方案，即为诸方案中经济合理的方案。但最终选择方案还要综合考虑社会、技术、环境等许多因素。②各比较方案一般不考虑资金的时间价值，所进行的是静态经济分析。该方法在我国基本建设投资全部由财政拨款时期，对建设项目的决策曾起到了积极的作用。

3. 1979 年以后的概况

党的十一届三中全会制定了以经济建设为中心的方针，强调经济建设要实事求是，讲求经济效果。建设项目经济评价和水利项目综合经济评价的理论方法和实践都得到很大重视，并且逐步引进了西方发达国家动态经济分析的理论方法，规定了建设项目经济评价是项目建议书和可行性研究报告的重要组成部分。

1979 年，国家决定试行项目投资由财政预算拨款改为银行贷款，即所谓"拨改贷"。同年，国家科委下达了"可行性研究与经济评价"研究课题。

1980 年 11 月，中国水利经济研究会成立，提出要普及水利经济科学知识，结合水利建设实际，大力开展重要水利经济问题的调查研究，逐步形成具有中国特色的水利经济学科。

1982 年，国务院发展中心召开"建设和改建项目的经济评价讨论会"，探讨了理论方法，对今后项目评价工作提出了建议，促进了方法的逐步实施。同年，原电力工业部颁发了《电力工程经济分析暂行条例》。

1983—1985 年，国家计委下文发布了《建设项目可行性试行管理办法》（1983 年）、原水利电力部发布了《水利经济计算规范》（1985 年）、国务院发布了《水利工程水费核定、计收和管理办法》（1985 年）、原水利水电工程管理局发布了《水力发电工程经济分析暂行规定》（1983 年）。水利、水电两个部门规范性文件对水利水电工程的经济分析的内容、方法做了全面规定，但对财务分析的内容和方法未做规定。

1987 年，国家计委发布了《关于建设项目经济评价工作的暂行规定》《建设项目经济评价方法》《建设项目经济评价参数》《中外合资经营项目经济评价方法》等四个规范性文件，统一了全国各部门建设项目经济评价的基本原则和基本方法。经过几年实践，1990 年国家计委、建设部修订了《建设项目经济评价参数》，其中对我国建设项目经济评价工作的管理和经济评价的程序、方法、指标等都作了明确的规定和具体的说明，并发布了各类经济评价参数，是实现建设项目决策科学化的重要基础工作，是各类规划设计单位、工程咨询公司进行投资项目经济评价的指导性文件，也是各级计划部门审批项目建议书和可行性研究报告以及各级金融机构审批贷款项目的重要依据。

1993 年全面修订并发布的《建设项目经济评价方法与参数》（第二版）在整体上更加突出为社会主义市场经济服务的指导思想，在具体方法上力求反映经济体制、财税制度改革的新情况，并对常用名词、概念、指标及计算方法都作了比较科学、通俗的解释，提高了经济评价方法的科学性、实用性和可操作性。为了确保各类建设项目经济评价标准的统一性和评价结论的可比性，及时调整建设项目有关的经济评价参数，例如社会折现率、影子汇率等。

1994 年，水利部水利水电规划设计总院对原《水利经济计算规程》进行了修订，修订后更名为《水利建设项目经济评价规范》（SL 72—94）。《水利建设项目经济评价规范》包括国民经济评价和财务评价。国民经济评价应从国家整体角度，采用影子价格，分析计算项目的全部费用和效益，评价项目的经济合理性；财务评价从项目核算角度，采用财务价格，分析测算项目的财务支出和收入，考察项目的盈利能力和清偿能力，评价项目的财务可行性。

2003 年，根据《中华人民共和国水法》和《中华人民共和国价格法》的有关规定，国家发展和改革委员会与水利部联合制定了《水利工程供水价格管理办法》（以下简称《办法》）。该《办法》所称的水利工程供水价格，是指通过水利工程设施拦、蓄、引、提水所销售的天然水价格，由供水生产成本、费用、利润和税金组成。

2006 年，国家发展和改革委员会与建设部修订并发布了《建设项目经济评价方法与参数》（第三版），借鉴了世界银行、亚洲开发银行和英国财政部等机构发布的经济评价指导手册和研究成果，细化并补充了财务费用流和效益流的识别和估算方法，财务评价较之前也有较大调整。

2013 年，水利部水利水电规划设计总院会同长江勘测规划设计研究院等单位，对《水利建设项目经济评价规范》（SL 72—94）进行了修订，发布了《水利建设项目经济评价规范》（SL 72—2013）。该规范主要技术内容有：国民经济评价、财务评价、资金来源与融资方案、不确定性分析和风险分析、方案经济比选方法、费用分摊、改扩建项目的经济评价、区域经济和宏观经济影响分析、经济评价综合分析等。

进入 20 世纪 80 年代以来，建设项目经济评价的理论和方法，广泛地应用到水利工程规划设计和可行性研究中，大大丰富了我国水利经济学科的内容，特别是长江三峡工程涉及各方面的水利经济问题，如防洪、发电、航运和综合效益的计算、筹资方式、投资分摊、国民经济承受能力分析、对地区经济发展影响、投资风险分析、替代方案经济比较、建设适宜时间分析、国民经济评价、财务评价、综合经济分析等。通过对这些问题的研究和解决，又促进了我国水利经济学科的发展。

我国水利经济研究和实践，虽然起步比较晚，但通过引进吸收国外先进成果，紧密结合我国水利建设中迫切需要解决的问题开展研究，近 30 多年来，进展很快。目前我国水利经济学术水平，在某些理论和方法方面已达到或接近世界先进水平，有的方面还有比较突出的特点，如既从宏观上研究水利事业在国民经济发展中的地位和作用，又研究水利工程项目经济评价的理论和方法，与国外比较，我国在这两个方面结合得比较紧密，研究的主要内容更加完备、更加系统。但在实际应用的普遍性和广泛性方面存在一定的差距，特别是在水利经济分析论证制度化、法律化方面还要做很大的努力。

（二）我国水利工程经济评价方法的主要特点

目前我国水利建设项目经济评价方法的主要特点如下：

（1）动态分析与静态分析相结合，以动态分析为主。现行方法强调考虑时间因素，利用复利计算方法将不同时间内效益费用的流入和流出折算成同一时间点的价值，为不同方案和不同项目的经济比较提供了相同的基础，并能反映出未来时期的发展变化情况。

强调动态指标并不排斥静态指标。在评价过程中可以根据工作阶段和深度要求的不同，计算静态指标，进行辅助分析。

（2）定量分析与定性分析相结合，以定量分析为主。经济评价的本质要求是通过效益和费用的计算，对项目建设和生产过程中的诸多经济因素给出明确、综合的数量概念，从而进行经济分析和比较。现行方法采用的评价指标力求能正确反映生产的两个方面，即项目所得（效益）和所费（费用）的关系。但是一个复杂的建设项目，总是会有一些经济因素不能量化，不能直接进行数量分析，对此则应进行实事求是的、准确的定性描述，并与定量分析结合在一起进行评价。

（3）全过程经济效益分析与阶段性经济效益分析相结合，以全过程分析为主。经济评价的最终要求是要考察项目计算期的经济效益。现行方法强调把项目评价的出发点和归宿点放在全过程的经济分析上，采用了能够反映项目整个计算期内经济效益的净效益和内部收益率等指标，并以这些指标作为项目取舍在经济方面的依据。

（4）宏观效益分析与微观效益分析相结合，以宏观效益分析为主。对项目进行经济评价不仅要看项目本身获利多少，有无财务生存能力，还要考察项目的建设和经营（运行）对国民经济有多大的贡献以及需要国民经济付出多大代价。现行方法经济评价的内容包括国民经济评价和财务评价。国民经济评价与财务评价均可行的项目应予通过；反之应予否定。国民经济评价结论不可行的项目，一般应予否定。对某些国计民生急需的项目，如国民经济评价结论好，但财务评价不可行的项目，可进行"再设计"，必要时可提出采取经济优惠措施的建议。

（5）价值量分析与实物量分析相结合，以价值量分析为主。项目评价中，要设立若干价值指标和实物指标，现行方法强调把物资因素、劳动因素、时间因素等量化为资金价值因素，在评价中对不同项目或方案都用可比的同一价值量进行分析，并据以判别项目或方案的可行性。

（6）预测分析与统计分析相结合，以预测分析为主。进行项目经济评价，既要以现有状况水平为基础，又要做好有根据的预测。现行方法强调，进行经济评价，在对效益费用流入流出的时间、数额进行常规预测的同时，还要对某些不确定性因素和风险性做出估计，包括敏感性分析和风险分析。

第三节 本课程的性质与主要内容

一、本课程的性质

工程经济学是介于工程学与经济学之间的一门交叉学科，它通过应用一系列定量的经济分析，计算有关经济评价指标，进行项目评价或方案比较。工程经济学的原理可与各类工程学科结合，形成工程经济各类分支，如道路工程经济、建筑工程经济等。水利工程经济学是工程经济学与水利工程相结合而形成的一门学科。水利工程经济学是运用工程经济学的基本原理及有关计算方法的一门专业课程。

二、本课程的主要内容与学习要求

通过本课程的学习，要求掌握水利工程经济中的基本概念、基本理论与基本方法，要求掌握如何运用基本理论与基本方法解决工程中的具体问题，要求了解当前水利工程经济的发展方向、存在问题及其解决的途径。以下分述本课程的主要内容。

1. 价值和价格

水利工程技术经济指标是反映和衡量水利工程建设项目或经营管理单位各项技术政策、方案、措施、生产活动及经济效果大小和优劣的尺度。掌握价格和价值的基本概念，了解不同价格的定义和适用条件是进行项目经济评价的基础。

2. 水利建设项目的费用和效益

水利经济工作的主要任务是寻求水利建设项目的效益与费用之比达到最优。费用包括投资与年运行费两大部分，效益主要包括防洪、治涝、灌溉、发电、城镇供水等效益。效益计算比较复杂，凡能定量的均需进行定量计算，不能定量的则进行定性分析。

3. 资金的时间价值与资金等值计算

资金的时间价值及资金等值计算是本课程的基础。资金时间价值属于基本概念，资金等值计算公式属于基本方法，两者应结合学习，才能建立资金时间价值的新概念。

4. 经济效果评价指标和评价方法

工程经济效果评价是投资项目或方案评价的主要内容，是项目决策科学化的重要手段。经济效果评价指标主要有净现值、净年值、费用现值、费用年值、效益费用比和内部收益率等。经济效果评价方法主要有净现值（年值）法、效益费用比法、内部收益率法及投资回收年限法等。在掌握各评价指标和方法的基础上，针对不同的决策结构应采用各种不同评价指标和评价方法进行项目的评价和优选。

5. 水利建设项目经济评价

经济评价包括国民经济评价与财务评价，应掌握两者的区别。当水利建设项目从全社会看国民经济评价是合理的，从本企业或本部门看财务评价是可行的，在这两个条件下该项目才能成立。在经济评价中，应采用上述各种经济分析方法及有关参数，求出各经济评价指标，然后进行分析比较得出结论。

6. 水利建设项目社会评价和综合评价

水利建设项目除需进行经济评价外，尚须进行社会评价。水利建设项目社会评价是从社会学角度出发，分析评价水利建设项目的实施对国家和地方各项社会发展目标所做的贡献与影响，包括分析项目与社会的相互适应性。水利建设项目除进行经济评价和社会评价外，还应考虑政治、技术、资源、环境及风险等诸多因素，进行综合评价。

7. 综合利用水利工程投资费用分摊

费用分摊包括固定资产投资分摊和年运行费分摊。首先划分出只为某个功能服务的专用工程，其费用应由专用工程承担，其他为各功能的共用工程，其费用应在各功能之间进行分摊。分摊方法很多，应采用一两种比较可行的方法进行分摊，然后对其分摊成果进行合理性检查。

8. 水利工程效益计算

了解和掌握防洪、治涝（渍、碱）、灌溉、城镇供水、乡村人畜供水、水力发电、航运等概念及效益计算方法。

思 考 题 与 习 题

1. 水利工程的经济特点有哪些？

2. 为什么要进行水利工程经济评价？简述水利工程经济评价的内容和方法。

3. 美国和苏联水利工程经济评价的基本理论有什么不同？我国的水利工程经济评价理论和方法有哪些主要特点？

第二章 价值和价格

在社会主义市场经济制度下，商品价格是一个十分重要的问题。在不同场合、不同要求、不同条件下，往往要求采用不同的价格，如现行价格、影子价格等。在介绍各种价格之前，首先需讨论有关商品价值与价格相关的一些问题。

第一节 商品价值和价格组成

一、价值（Value）

对商品价值概念的描述有两种观点，即劳动价值观和效用价值观。劳动价值观认为商品具有使用价值和价值两种属性。具体劳动只是创造商品的使用价值。价值则是凝结在商品中的一般的、无差别的人类劳动（抽象的人类劳动），并以生产该商品的社会必要劳动时间来衡量。价值是实现商品交换的基础。

根据对价值规律的分析，可以知道，商品的价值 S 等于生产过程中所消耗的生产资料价值 C、必要劳动价值 V 和剩余劳动价值 M 三者之和，以公式表示，即

$$S = C + V + M \tag{2-1}$$

所消耗的生产资料价值 C，是生产资料转移到商品中的价值；必要劳动价值 V 是劳动者为自身所需而创造的价值；劳动者为雇主或社会所创造的价值即剩余劳动价值 M。所消耗的生产资料价值 C 和必要劳动价值 V 之和就是商品的成本 F，必要劳动价值 V 和剩余劳动价值 M 之和为国民收入 N，以公式表示，即

产品成本 $\qquad\qquad\qquad F = C + V \tag{2-2}$

国民收入或净产值 $\qquad\qquad N = V + M \tag{2-3}$

效用价值观认为商品的价值主要取决于消费者从商品消费中所获得的满足程度。这是一种主观价值观，取决于消费者个体的主观感受。效用价值观广泛应用在市场经济下解决现实和具体问题的分析中。

二、价格（Price）

价格是商品价值的货币表现，是商品与货币的交换比率。商品价格既然是由货币表现出它的价值，因此，商品价格的变化直接决定于商品价值和货币价值相互间的变动情况。当货币价值不变，商品价格与其价值呈正比例变化，即当商品价值增加，商品价格随之升高，反之则降低。当商品价值不变时，商品价格与货币价值呈反比例变化，即当货币贬值时，商品价格随之上涨，反之则下降。

其次，商品价格的变动，不仅与货币价值变化有关，而且还与市场中该商品的供求关

系变化有关。虽然商品价值与货币价值都保持不变，但是当某商品在市场中供不应求时，该商品的价格倾向于上升到它的价值之上；当供过于求时，该商品的价格倾向于下降到它的价值之下。由此可见，在市场中商品供求不一致的情况下，商品价格与其价值也是不一致的，但这种价格与价值的背离是暂时的，因为当商品价格大于其价值时，工厂会积极增加产量，使商品价格回落到固有价值；反之，当商品价格低于其价值时，工厂会减少其产量，使商品价格上升到固有价值。总之，在市场中商品价格总是以价值为中心而上下波动的，但从长期的平均情况看，价格是等于其价值的，价格是以价值为基础的，这是客观的商品价格的发展规律。

由式（2-1）可知商品价值是由三部分组成的，相应商品价格也可以分解为三部分：C、V、M。C相当于转移到产品中物化劳动价格，其中包括生产企业的建筑物、机器设备等固定资产的损耗费用（即固定资产的折旧费）以及原料、燃料等生产资料的消耗费用，后者是生产运行费中的一部分；V相当于劳动者及其家属所必需的、为补偿劳动力消耗所需的生活资料费用，这就是支付给劳动者的工资，这是生产运行费的另一部分；M相当于为社会积累所提供的盈利，这就是上交给国家的税金和利润以及企业留成利润中用于扩大再生产的那部分资金。

第二节　市场价格的形成

在任何一种商品的市场上，需求与供给这两种社会力量的相互作用决定着该商品一定时期的成交价格，即市场价格。而价格则为参与市场的消费者和生产者提供可以作为行动决策的信号，从而又影响供给与需求：供求关系决定价格，价格反过来又影响供求。几乎所有的经济问题，都可以为归结为既定的目标与实现目标的多种可能手段之间进行选择的问题，因此，如果用需求代表旨在达到的目的，供给代表满足目的的手段，则几乎所有的经济问题都可归结为需求与供给之间的关系问题。

一、需求及需求曲线　(Demand and Demand Curve)

（一）需求及其规律

消费者在某一特定时间内，在每一价格水平上愿意而且能够购买的商品数量就是需求。它有别于人类无限多样化的需要，需求概念同时涉及两个变量：商品的销售价格，与该价格相应的人们愿意并且有能力购买的数量。

商品价格与商品需求量之间存在着相对确定性的关系，可以用需求曲线来表示。需求曲线是一条自左上方向右下方倾斜的曲线，被称为"需求曲线的下倾法则"。如图2-1所示，横坐标OQ代表数量，纵坐标OP代表价格，D代表需求曲线，这就是需求规律。社会上的任何一种商品，当它的价格十分昂贵时，能够买得起的消费者总是少数，随着价格的下降，一方面增加了购买这种商品的新消费者；另一方面原有消费者购买的数量也将进一步增加。

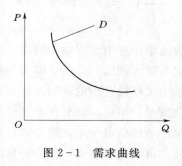

图2-1　需求曲线

15

事实上，商品价格与需求量之间的关系还可能受到许多其他因素的影响。因此，商品需求曲线的下倾法则，仍然受到一定条件的限制。只有在不受任何条件影响的自由市场经济情况下，才能反映出这种价格与需求的普遍规律。

（二）需求曲线的变动

任何一种商品的需求曲线，都不会是固定不变的，由于受到社会各种因素的影响，在

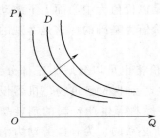

图 2-2 需求曲线的变动

不同的条件下，可能发生向上、向下移动的变化，甚至发生某些形状的改变。当价格不变时，由于其他因素变化所引起需求量的变化称为需求变动。需求变动是整条需求曲线的位移或改变，表明了一种需求规律的变化。其他因素不变，由于价格变化所引起的需求量的变化称为需求量变动。需求量变动是同一条需求曲线上的点的位移，表明了一种需求数量随价格而变化的规律（图 2-2）。

需求曲线上移大致有下列几个原因：

（1）社会人口的增长，扩大了对商品总需求的增长，这是需求增长的根本原因。人类社会人口的增长速度不断加快，必然使对社会商品需求量的要求也随之增长。

（2）国家经济的发展，相应地提高了人民的生活水平，增加了收入，这必然会促进对商品需求量的增长。目前，世界各国经济发展的速度尽管有所差别，但总的来说都呈现发展的趋势。

（3）科学技术的进步，有可能生产出满足人们需要的各种商品，这大大地扩大了需求量的要求。

（4）替代产品价格的变化，有可能引起需求量的改变，当某种商品能找到较便宜的替代原料，降低生产成本从而降低产品价格时，就会使需求量扩大。

（5）生产技术和工艺的改进，提高了产品的质量，降低了生产成本，将会大量增加销售量。

同样，需求曲线下降也有类似的几个原因：

（1）经济衰退。收入减少，社会购买力下降，对商品的需求将普遍的下降。

（2）由于人们爱好的变化，对某些商品的需求量会急速下降。

（3）商品质量差，式样、品种单调，落后于先进生产技术水平，在市场上没有竞争能力，需求量就会下降。

（4）可能替代商品价格的下降会使原有的商品在竞争中失败等。

二、供给及供给曲线 （Supply and Supply Curve）

以上讨论的商品价格与社会需求量的关系表明，商品价格的高低，对消费者购买产品数的多少有很大影响；同样，商品价格的高低，对于生产者或经营者愿意提供商品的多少也有很大的影响。这是因为任何一个生产者或经营者，从事生产或经营商品最终的目标都是为了获得合理的利润。如果在商品的生产和经营活动中无利可图甚至亏损，任何生产企业或经营单位，都会在市场经济的竞争中遭到失败。生产者或经营者在某一特定时期中，每一个价格水平上，愿意并且能够出售的商品量称为供给。在产品成本一定的条件下，产品的市场价格越高，产品的供应者可能获得的利润就越多，供应者愿意提供商品的数量也

越多；相反，价格降低将会减少供应者的利润，所以，随着价格降低，生产者愿意生产的产品数量不断减少，直至停止生产。为了表明商品生产者愿意生产产品数量的多少与价格的关系，同样可以用供给曲线表示。供给曲线是一条向右上方倾斜的线，如图2-3所示。

影响供给的其他因素不变，只是商品本身的价格变动引起的供给量的变动称为供给量变动，表现为在同一条线上的移动。商品本身的价格不变，其他因素变动所引起的供给量的变动称为供给变动。例如技术进步使供给曲线右移，生产要素价格水平变化引起供给曲线的左移或右移。供给变动表现为供给曲线的移动，如图2-4所示。

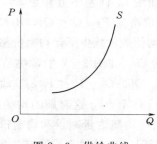
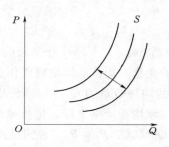

图2-3 供给曲线　　　　　图2-4 供给曲线的变动

三、市场均衡价格（Equilibrium Price）

通过上述的供给与需求的讨论，我们发现需求和供给都与市场价格变化有直接关系，当供给的数量和需求的数量相等时，价格将在某个价位下稳定下来，不再有变动的趋势，称为市场达到均衡状态。这种使得需求量恰好与供给量相等的价格，称为均衡价格，与均衡价格相应的供（需）量称为均衡产（销）量或均衡交易量。由于市场中存在供给与需求两方面竞争力量的作用，存在着自我调节的机制，均衡是市场的必然趋势，也是市场的正常状态，因此，均衡价格是一种能够持久的价格。

在图2-5中，横坐标OQ代表数量，纵坐标OP代表价格，D代表需求曲线，S代表供给曲线，D与S两曲线相交于E_0点，这时需求等于供给，均衡数量为Q_0，均衡价格为P_0。

均衡价格是通过市场供求关系的自发调节而形成的。由于供求的相互作用，一旦市场价格背离均衡价格，则有自动恢复均衡的趋势。

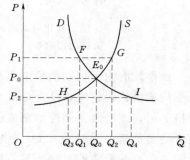

图2-5 均衡价格

如果市场价格为P_1，高于均衡价格P_0，即$P_1 > P_0$，这时需求量为Q_1，供给量为Q_2，$Q_2 > Q_1$，供过于求（$Q_2 - Q_1$为供给过剩部分）。市场价格就必然下降，一直下降到P_0，这时候供给与需求相等，又恢复了平衡。

如果市场价格为P_2，低于均衡价格P_0，即$P_2 < P_0$，这时需求量为Q_4，供给量为Q_3，$Q_3 < Q_4$，即供不应求（$Q_4 - Q_3$为供给不足部分）。这样，市场价格就必然上升，一直升到P_0，这时又恢复了供给与需求相等的状态。

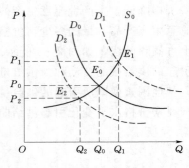

图 2-6 需求变化对均衡
价格的影响

市场上价格与数量的均衡是由需求与供给两种因素来决定的，任何一种因素的变化都会引起均衡的偏移。在图 2-6 中，D_0 是原来的需求曲线，D_0 与 S_0 相交于 E_0，定出均衡数量为 Q_0，均衡价格为 P_0，如果需求量增加，需求曲线 D_0 向右上方移至 D_1，D_1 与 S_0 相交于 E_1，定出均衡价格为 P_1，$Q_1 > Q_0$，$Q_0 > P_0$，这说明由于需求的增加，均衡数量增加了，均衡价格上升了。如果需求量减少，需求曲线 D_0 向左下方移至 D_2，D_2 与 S_0 相交于 E_2，定出均衡价格为 P_2，$Q_2 < Q_0$，$P_2 < P_0$，这说明由于需求的减少，均衡数量减少了，均衡价格下降了。

关于供给的变化对均衡的影响可以作类似的分析。在图 2-7 中，供给增加时，S_0 移至 S_1，这时新的均衡数量为 Q_1，均衡价格为 P_1，$Q_1 > Q_0$，$P_1 < P_0$，这说明供给增加引起均衡数量增加和均衡价格下降；供给减少时，S_0 移至 S_2，这时新的均衡数量为 Q_2，均衡价格为 P_2，$Q_2 < Q_0$，$P_2 > P_0$，说明供给减少引起均衡数量减少和均衡价格上升。

政府为了调控市场，往往会定出物价上限或下限。这时需要采取有关措施，才能维持政府规定的价格，可结合图 2-8 来说明。

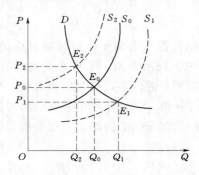

图 2-7 供给变化对均衡
价格的影响

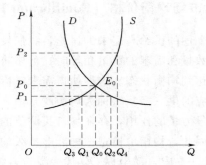

图 2-8 控制物价下限或上限造成
供求平衡的破坏

如果政府为了控制物价上涨而规定商品的最高价格不高于 P_1，$P_1 < P_0$，即物价上限低于均衡价格，这时，$Q_2 > Q_1$，即需求大于供给，$Q_2 - Q_1$ 为供给不足量。为了维持这种价格上限，政府会采用配给制或进口商品。如果政府规定物价下限 $P_2 > P_0$，即物价下限高于均衡价格，这时 $Q_3 < Q_4$，供给大于需求，$Q_4 - Q_3$ 为供给过剩量。为了维持这种物价下限，政府就要收购过剩产品，用于储备、出口和支援。

四、税金和补贴对价格的影响（Tax and Subsidy）

在某些情况下，商品的价格会受到政府的干涉，最明显的是利用税收和补贴的手段，来人为地调整商品价格。政府对商品采用不同税收和补贴政策，都会使商品价格及供需关系发生变化，如图2-9所示。在没有征税和补贴之前，供给与需求曲线分别为 S 和 D，它们的均衡价格点为 E_0，相应价格为 P_0，销售量为 Q_0。

征税后，产品的价格因销售成本的增加而提高，这时供给曲线向上移动到 T 的位置，供需均衡点也从原来的 E_0 移到了 H，均衡价格由 P_0 提高到 P_H，销售量则由 Q_0 减少到 L。可见因征税使价格提高了 P_H-P_0，销售量减少了 Q_0-L。

政府对商品实行补贴，其结果则与征税产生的影响相反，它使原来的供给曲线由 S 下移到 L 的位置，与需求曲线的原交点由 E_0 移到 K。因补贴使均衡价格降低，销售量则由 Q_0 增加到 M，增加了 $M-Q_0$ 的销量。

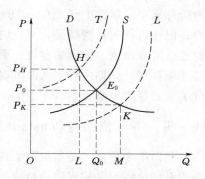

图 2—9　税金和补贴对价格的影响

由此可见，政府可以通过对商品征税和补贴的办法，对商品的价格和销量进行适当的控制和调整，尤其可以通过征税来控制国外商品的输入，以保护国产商品的发展。同样，为了增加外汇收入，可以采取补贴，扩大商品的出口额。

市场商品价格的变化，除了受到供求关系、税收和补贴影响之外，还受到垄断、竞争和国家经济政策等因素的影响。

第三节　各种价格的含义与适应条件

我国在各阶段经济建设和经济评价工作中，曾采用不同的价格体系，其中包括现行价格、时价和实价、财务价格、不变价格、影子价格等，现分述于下。

一、现行价格（Present Price）

所谓现行价格，是指包括通货膨胀（物价上涨率为正）或通货紧缩（物价上涨率为负）影响在内的现在正实行的价格，又称报告期价格。我国现行价格体系包括现行的商品价格和收费标准，其中包括国家定价、国家指导价和市场价格等多种价格形式。

二、时价和实价（Current Price and Actual Price）

所谓时价，是指包括通货膨胀或通货紧缩影响在内的任何时候的当时价格。它不仅体现绝对价格的变化，也反映相对价格的变化。假设在 2000 年初某商品的时价为 100，当时物价年上涨率为 5%，则 2001 年初的时价应为 105。对已发生的费用和效益，如按当年价格计算的，均称为时价。从时价中扣除通货膨胀因素影响后，便可求得实价，实价如以某一基准年价格水平表示的，可以体现相对价格的变化。实价在财务盈利能力分析中采用。

三、财务价格（Financial Price）

所谓财务价格，是指水利建设项目在进行财务评价时所使用的以现行价格体系为基础的预测价格。在现行多种价格形式并存的情况下，财务价格应是预计最有可能发生的价格。影响财务价格变动的因素主要有相对价格变动因素和绝对价格变动因素两类。

《水利建设项目经济评价规范》（SL 72—2013）规定，在进行财务盈利能力分析时应采用实价，即在计算期内各年采用的预测价格，应是在基准年（一般定在工程建设期初）

物价总水平的基础上预测的，只考虑各年相对价格的变化，不考虑物价总水平的变动因素；但在进行项目清偿能力分析时应采用时价，即还要考虑物价总水平的变动因素，用时价进行财务预测、编制损益表、资金来源与运用表以及资产负债表，这样可以比较客观地描述项目在计算期内各年当时的财务状况，使财务清偿能力分析的结果具有说服力，用时价编制的资金筹措计划，才能满足项目实际投资的需要。

四、不变价格（Constant Price）

所谓不变价格，是指由国家规定的为计算各个时期产品价值指标所统一采用的某一时期的平均价格，又称固定价格或可比价格。使用不变价格，是为了消除各个时期价格变动的影响，使不同时期的计划和统计指标具有可比性。国家统计主管部门通常规定，以某年或某季度的平均价格作为某个时期内不变的统一价格，以此计算该时期各年的工农业产值、国内生产总值（GDP）等指标。不变价格具有相对稳定性，随着产品更新换代以及各种产品之间比价关系的变化，不变价格在应用一定时期后也要重新规定。1949 年以来，我国编制过 6 次不变价格：1949—1952 年，统一采用 1950 年 6 月各企业的平均出厂价格；1953—1957 年，统一采用 1952 年第 3 季度全国平均出厂价格；1958—1970 年，统一采用 1957 年 1 月 1 日全国加权平均价格；1971—1980 年，统一采用 1970 年第 4 季度的工业品出厂价格；1981—1990 年统一采用 1980 年的工业品出厂价格；1991—2000 年，统一采用 1990 年的工业品出厂价格；2001—2010 年，统一采用 2000 年的工业品出厂价格；从 2011 年开始使用 2010 年的工业品出厂价格。

对以不同时期的不变价格计算的价值指标进行比较时，要求算出不变价格之间的换算系数，换算成同一时期的价格水平，这样才能正确地比较不同时期的生产水平或经济发展水平，才能计算相应的增长率和平均增长速度，以便比较不同时期、不同地区之间的生产规模和发展速度。

所选的价格水平年不一定与国家规定的不变价格年份相一致，但价格水平年的选择，对于新建工程项目，一般取经济评价工作开始进行的那个年份，也可以选择预计建设开始的那个年份。对于已建工程项目进行后评价时，可根据不同情况选择不同的价格水平年：

（1）对工程项目建设时已作过全面经济评价的，仍可采用建设时进行经济评价所曾采用的那个价格水平年，以便进行前后比较。

（2）对工程项目建设时未作过全面经济评价的，可选择在与工程运行期较近的某一个年份作为价格水平年，以便用目前的价格水平表达工程的费用和效益。

对于不同时期修建的水利水电工程项目，也须采用某一个价格水平年但须进行价格换算后才能进行相互之间的经济比较。

五、影子价格（Shadow Price）

1. 影子价格的基本概念

影子价格是指社会处于某种最优状态下，能够反映社会劳动消耗、资源稀缺程度和最终产品需求状况的价格。

世界上最早提出和命名影子价格的是荷兰计量经济学家，1958 年诺贝尔经济学奖获得者丁伯根，他在研究资源短缺情况下的资源最优配置理论时发现并提出命名的；几乎在同时，苏联经济学家、诺贝尔经济学奖获得者康托罗维奇利用线性规划方法分析研究短缺资源的最优配置原理时，提出了其经济内涵相同的并命名为计划价格的理论。此理论的基本观点是，按资源的影子价格或最优价格，以边际分析方法进行短缺资源分配，可以获得在当时条件下的社会最大经济效益。

有一种观点认为，凡在建设项目经济评价中为排除市场价格不能真正反映商品社会价格而采用的一切其他价格，都属于影子价格的范畴。按此观点，则有理论价格、合理价格、最优计划价格、计算价格等，都属于影子价格的范畴。

美籍荷兰经济学家 T.C 库普曼等人称影子价格为效率价格。因为这种价格可以促使人们自动地从本位利益出发实现资源的有效分配，使整体达到最优。库普曼证明，影子价格就是完全理想竞争条件下的市场价格。当一种商品的真正经济价值没有被完全反映出来时，需要求出其影子价格，这时，机会成本就是其影子价格。

从影子价格的产生，可以给影子价格下个科学定义。所谓影子价格是指商品或生产要素可用量的任何边际变化值对国民经济增长的贡献值。也就是说，影子价格是由国家的经济增长目标和社会资源可利用量的边际变化所决定的。影子价格是动态的、变化的。

人们经常论及消费者对商品愿意支付的价格，按其实质说，所谓消费者愿意支付的价格就是其机会成本，即影子价格。在商品经济条件下，消费者愿意支付的价格，也是市场均衡价格，同时也是影子价格。

2. 影子价格的含义

影子价格来源于数学规划，线性规划问题的对偶解就是影子价格。线性规划的原问题是在市场价格和现有资源的约束下，求解最优产出组合的问题，即资源的最优分配问题。资源的最优分配与最优价格的确定是同一个问题的两个侧面：一方面是线性规划的原问题；另一方面是原问题的对偶问题。

设某企业有 m 种资源，拟生产 n 种产品，各种产品的利润值为 c_j，则如何确定各种产品的产量 x_j，以期获得最大的利润 F，这种计划就是线性规划的原问题，用数学表达式如下：

目标函数：

$$\max F = \sum_{j=1}^{n} c_j x_j \qquad (2-4)$$

约束条件：

$$\begin{cases} \sum_{j=1}^{n} a_{ij} x_j \leqslant b_i \\ x_j \geqslant 0 \end{cases} \quad (i = 1, 2, \cdots, m; \ j = 1, 2, \cdots, n)$$

式中　F——总收入；

　　x_j——第 j 种产品的产出量；

　　c_j——第 j 种产品的价格；

　　a_{ij}——每生产单位第 j 种产品需占用第 i 种资源的数量。

该问题的解 $X = (x_1, x_2, \cdots, x_n)$ 就是最优产出组合，也即资源的最优分配。对于一个企业而言，也就是该企业生产计划模型的解。所求的 $\max F$ 即为在资源最优分配下，产出的最大值。

若从另一个角度考虑这一问题，设该企业的决策者决定企业自身不生产这 n 种产品，而是将生产用的 m 种资源用于卖出，或者外协加工，企业定出收取加工费额度，这一情况如同卖出资源。这时候，该企业的决策者就要考虑给每单位资源如何定价，或在何种价格条件下，企业可以让出外加工活。显然，该决策者在考虑定价时，必须使将生产第 j 种产品所需要的资源用于外加工时所获取的加工费不低于企业自身生产该产品所获得的利润 c_j。

如果给各种资源的定价分别为 y_1，y_2，$\cdots$，y_m，则企业将所有 m 种资源都可用于外加工时所获取的总收入为 $W = \sum\limits_{i=1}^{m} b_i y_i$。

在定价时，企业不可能把价格任意提高，在完全竞争市场的作用下，企业定价只能降低一些，才能找到接受加工的单位或者将资源卖出去。因此，企业的目标只能是获取总收入 W 的最小值，将这一问题用数学语言描述，就得到下述线性规划模型：

目标函数：

$$\min W = \sum_{i=1}^{m} b_i y_i \qquad\qquad (2-5)$$

约束条件：

$$\begin{cases} \sum\limits_{i=1}^{m} a_{ij} y_i \geqslant c_j \\ y_i \geqslant 0 \end{cases}$$

式中　y_i——第 i 种资源的价格；

　　　b_i——现有第 i 种资源的总量；

　　　W——资源的总价值；

其他符号意义同前。

线性规划表达式（2-4）和式（2-5）互为对偶问题。由对偶理论可知，在资源最优配置下，产出的总价值应等于按 y_i 价格计算的作为生产要素的资源的总值，即 $\max F = \min W$。这里的 y_i 值就是第 i 种资源在实现最大利润时的一种价格估算。这种特殊价格称为影子价格。对企业而言，当某种货源的市场价格低于影子价格时，企业应买进这种资源；而当市场价格高于该企业某种资源的影子价格时，企业应设法将这种资源卖出去。这就是影子价格真实的经济内涵。

由此看来，影子价格的经济含义就是能够实现资源最优配置和产业结构优化的市场价格。只有这种价格才能迫使无数个微观企业的决策行为完全符合资源配置的宏观经济目标。

第四节　影子价格的测算方法

关于影子价格的理论及其内涵，本章第三节已作了介绍。对于实际的规划经济工作者，不仅要掌握正确的理论，而且需要掌握切实可行的分析计算方法。

一、常用的影子价格测算方法

影子价格的测算方法很多，但可概括分为两大类：一类是理论方法，即数学方法；另一类是实用方法。所谓数学方法，就是利用线性规划中的对偶解推求影子价格，从理论上讲，这种推求影子价格的方法是合理的、正确的，但在实际解算时却十分困难，因为要把一个国家的成千上万种的资源和产品的配置及生产，都建立在一个庞大的线性规划数学模型内，求解十分困难，所以在实际工作中常采用下列实用测算方法。

（一）国际市场价格法（International Price Method）

所谓国际市场价格，是指在一定时期内某种商品在国际集散中心具有代表性的成交价格。商品国际市场价格的基础是商品的国际价值，即生产该商品所耗费的国际必要劳动量的平均值，但国际市场价格随着商品供求关系的变化而不断地上下波动，因此在同一时间、同一商品在不同的国际市场会产生不同的价格。一般认为，国际市场是发展和竞争较为完善的市场，国际市场价格相对来说还是比较合理的价格，因此在建设项目国民经济评价中，对外贸货物（Traded Goods）一般采用国际市场价格作为参照，以口岸价格（Border Price）为基础测算其影子价格。测算时首先确定外贸货物是进口的还是出口的，建设项目需要的投入物，可否按减少外贸出口货物或增加进口货物计算；项目建成后的产出物，可否按减少外贸进口货物或增加出口货物计算。

（二）成本分解法（Cost Decomposition Method）

成本分解法是确定非外贸货物（Non - Traded Goods）影子价格的一个重要方法。本法原则上应对其边际成本进行分解；如缺乏资料，亦可对其平均成本进行分解。本法要对单位产品成本的主要组成要素进行分解，主要要素有：原材料、燃料和动力、工资薪酬、维修费、折旧费、摊销费、利息净支出以及其他费用等，然后分别测定其影子价格。主要要素中的外贸货物，按外贸货物测定其影子价格；非外贸货物可查国家发展改革委与建设部发布的《建设项目经济评价方法与参数》（第三版）或其他规程规范中所刊登的影子价格或影子价格换算系数，按其规定采用；如无影子价格，则对其进行第二轮分解，分解出来的新的各个要素，用第一轮分解的同样方法测定其影子价格，直至全部主要要素都能测定出影子价格为止。一般进行 2～3 轮分解就能满足要求。在分解计算中，要剔除价差预备费和安装工程、建筑工程中所包括的税金和利润，用资金年回收费用代替年折旧费，用流动资金的年回收值代替流动资金的年利息，其他费用如数额不大，可不作调整。最后将各主要要素按影子价格调整后的费用和不需要调整的费用总加起来，即可求出该产品的影子价格。

（三）机会成本法（Opportunity Cost Method）

所谓机会成本，是指具有多种用途的有限资源（或产品），当把它的甲项用途改为乙项用途时，则甲项用途所放弃的边际效益，就是乙项用途该资源（或产品）的机会成本。短缺物资才具有机会成本，例如某项供水工程可供的水量是有限的，如欲增加工业用水量，势必减少农业用水量，相应减少的农业收益就是增加工业用水量的机会成本。在完全自由竞争的完善市场中，机会成本、边际效益和边际成本三者是相等的，因此可以用这种方法测算某种稀缺资源（或产品）的影子价格。

（四）支付意愿价格法 （Willingness To Pay Price Method）

所谓支付意愿价格，是指消费者愿意为商品或服务支付的价格，是凭消费者对商品的社会经济价值的主观判断而愿意支付的价格。在完善的市场条件下，供需关系曲线所表示的价格，就表达了消费者的支付意愿，故在充分竞争条件下的市场价格就是影子价格。

（五）特殊投入物影子价格计算方法 （Special Inputs Shadow Price Method）

特殊投入物主要指劳动力和土地。

（1）劳动力的影子工资 （Shadow Wage），应能反映该劳动力用于本建设项目而使社会为此放弃的效益（即劳动力的机会成本）加上社会为此新增加的资源消耗费用，即

$$劳动力的影子工资 ＝ 劳动力机会成本 ＋ 新增资源消耗费用 \qquad (2-6)$$

式中，劳动力机会成本与新增资源消耗费用由于测算比较复杂，在具体工作中常按工程设计概算中的工资及福利费乘影子工资换算系数 （Shadow Wage Rate Factor，SWRF）计算。

（2）土地的影子费用等于建设项目占用土地而使社会为此放弃的效益（即土地的机会成本，Opportunity Cost of Land），加上社会为建设项目占用土地而新增加的资源消耗费用，即

$$土地的影子费用 ＝ 土地机会成本 ＋ 新增资源消耗费用 \qquad (2-7)$$

根据我国建设占地和水库淹没土地补偿处理的实际情况，土地的影子费用应按下列三部分调整计算：

（1）按土地的机会成本调整土地补偿费和青苗补偿费等。

（2）按影子费用调整城镇和农村移民迁建费用、工矿企业及交通设施迁移改建费用、剩余劳动力安置费用、养老保险费用等新增资源消耗费用。

（3）剔除建设占地和水库淹没处理补偿费中属于国民经济内部转移支付的费用，例如粮食开发基金、耕地占用税金以及其他税金、国内借款利息和计划利润等。

上述土地机会成本应按拟建项目占用土地而使国民经济放弃该土地最可行用途的净效益现值计算，计算时可根据项目占用土地的种类，选择 2～3 种可行用途（包括现行用途），以其最大年净效益为基础，适当考虑净效益的年平均增长率来计算。

除了上面介绍的几种计算影子价格的方法外，还有几种简化方法，例如通过计算工程项目的经济增产效益除以增产量，得出增加单位产品的边际经济效益作为影子价格。

二、水利建设项目的影子价格测算

水利建设项目主要投入物和主要产出物的影子价格，应分别按主要投入物、特殊投入物和主要产出物三种类型进行测算。

（一）主要投入物的影子价格测算

水利建设项目所用材料，根据需要数量及其对项目费用的影响程度，可划分为主要材料与其他材料两类。柴油、汽油、木材、钢材、水泥、炸药等 6 种为主要材料，其余为其他材料。现分别测算其中的外贸货物、非外贸货物及特殊投入物的影子价格。

1. 外贸货物

外贸货物是指其生产、使用将直接或间接影响国家进出口的货物，按实际发生的口岸价格为基础进行确定，具体定价方法如下。

（1）直接进口（国外产品）。由于国内生产量不足或产品质量不过关等原因，建设项目投入物需靠进口解决。进口货物到达建设项目的影子价格按式（2-8）计算：

进口货物影子价格＝进口货物到岸价×影子汇率×（1＋贸易费用率）

$$＋国内影子杂费 \qquad (2-8)$$

（2）减少出口（国内产品）。我国某些生产企业出产的货物（例如煤炭、有色金属等）是可以出口的，但由于建设项目上马后大量需要这种货物从而减少了出口量，在此情况下，货物到达建设项目的影子价格按式（2-9）计算：

影子价格＝减少外贸出口货物的离岸价×影子汇率

－供应厂矿到口岸的影子运杂费用及贸易费用

$$＋供应厂矿到建设项目的影子运杂费用及贸易费用 \qquad (2-9)$$

（3）间接进口（国内产品）。国内生产企业曾向原有用户提供某种货物，由于建设项目上马后需要国内该生产企业提供这种货物，迫使原有用户靠进口来满足需求。在此情况下，这种货物到达建设项目的影子价格按式（2-10）计算：

影子价格＝进口货物的到岸价×影子汇率＋口岸到原用户的影子运杂费用及贸易费用

－供应厂矿到原用户的影子运杂费用及贸易费用

$$＋供应厂矿到建设项目的影子运杂费用及贸易费用 \qquad (2-10)$$

（4）直接出口。

直接出口货物的影子价格＝（出口货物的离岸价×影子汇率－国内影子运杂费）

$$÷（1＋贸易费用率） \qquad (2-11)$$

其中出口货物的离岸价（Free on Board，F. O. B）可根据《海关统计》对历年的口岸价进行回归和预测，或根据国际上一些组织机构编辑的出版物，分析一些重要货物的国际市场价格趋势。在确定口岸价格时，要注意剔除倾销、暂时紧缺、短期波动等因素的影响，同时还要考虑质量差价。

国内长途运输费按交通运输影子价格换算系数，其中铁路货运影子价格换算系数采用1.84，与其对应的基础价格为2014年调整发布的铁路货运价格；公路货运影子价格换算系数采用1.26，与其对应的基础价格为2014年公路货运实际价格；沿海货运影子价格换算系数采用1.73，内河货运影子价格换算系数采用2.00，与其对应的基础价格为2014年调整发布的全国沿海、内河货运价格；杂费影子价格换算系数采用1.00。

【例2-1】　某水利建设项目位于某省B城上游50km处，项目建设需用木材若干，拟从R国进口，从R国进口的木材由铁路运至B城，再由公路运至项目所在地的有关运距和运杂费见表2-1。求建设项目所在地木材的影子价格。

表2-1　　　　　　　　　　　进口木材运距和运杂费

项目	进口口岸至B城			B城至项目所在地		
	运距/km	运费/(元/m³)	杂费/(元/m³)	运距/km	运费/(元/m³)	杂费/(元/m³)
	2500	83	26	50	12	1.0

解：查有关资料，原木到岸价为72美元/m³，影子汇率为8.91元/美元。

查《水利建设项目经济评价规范》（SL 72—2013）附录A，铁路、公路货运及杂费的

影子价格换算系数分别为 1.84、1.26 及 1.00。由式（2-8）知

$$进口货物影子价格 = 进口货物到岸价 \times 影子汇率 \times (1 + 贸易费用率) + 国内影子运杂费$$
$$= 72 \times 8.91 \times (1 + 6\%) + (83 \times 1.84 + 26 \times 1.0)$$
$$+ (12 \times 1.26 + 1.0 \times 1.0) = 875(元/m^3)$$

因此建设项目所在地进口木材的影子价格为 875 元/m³。

2. 非外贸货物

非外贸货物是指其生产或使用不影响国家进口或出口的货物，除了所谓"天然"的非贸易货物如施工、国内运输和商业等基础设施的产品和服务外，还有由于运输费用过高或受国内、国外贸易政策和其他条件的限制不能进行外贸的货物。

在水利建设项目主要投入物中，非外贸货物一般占大多数，其中某些规格的钢材、水泥、柴油的出厂影子价格，均可在《建设项目经济评价方法与参数》（第三版）中查得。其他非外贸货物的影子价格，可按下列原则和方法确定：

（1）能通过原有企业挖潜增加供应的主要投入物，因不需企业额外增加投资，故按可变成本进行分解定价。

（2）需投资扩大生产规模增加供应的主要投入物，则按全部成本（包括可变成本和固定成本）分解定价。当难以获得分解成本所需资料时，可参照市场价格定价。

（3）无法通过扩大生产规模增加供应的主要投入物，可参照市场价格定价。

（4）非主要投入物可直接采用国家公布的出厂影子价格。

$$非主要投入物影子价格 = 非主要投入物出厂影子价格$$
$$\times (1 + 贸易费用率) + 影子运费 \qquad (2-12)$$

成本分解原则上应按边际成本进行分解，如果缺乏资料，也可分解平均成本。如果必须新增投资扩建以增加所需投入物供应的，应该按其全部成本进行分解；如果可以发挥原有企业生产能力以增加供应的，应按其可变成本进行分解。成本分解的步骤如下：

1）按费用要素列出某种非外贸货物的总财务成本、单位货物的财务成本、单位货物的固定资产投资及流动资金，并列出该货物生产厂的建设期限、建设期各年投资比例等值。

2）剔除上述数据中所包括的税金和利润。

3）对外购原材料、燃料和动力等投入物的费用进行调整，其中有些可以直接使用有关部门发布的影子价格或其换算系数，但对重要的外贸货物应自行测算其影子价格。

4）计算单位货物总投资的资金年回收值（M），以便对折旧费和流动资金利息进行调整。其计算公式为

$$M = (I - S_v - W)[A/P, i_s, n] + (W + S_v)i_s \qquad (2-13)$$

其中
$$I_F = I - W$$

式中　I——换算为生产期（正常运行期）初的总投资现值；

I_F——换算为生产期初的固定资产投资；

W——流动资金占用额；

S_v——计算期末回收的固定资产余值；

i_s——社会折现率，$i_s = 0.08$；

n——生产期，年。

I_F 可由式（2-14）求出

$$I_F = \sum_{t=1}^{m} I_t(1+i_s)^{m-t} \qquad (2-14)$$

式中 I_t——建设期第 t 年调整后的固定资产投资；

m——建设期，年。

因 $I = I_F + W$（设总投资包括固定资产投资及流动资金两部分），故

$$M = (I_F - S_v)[A/P, i_s, n] + (W + S_v)i_s \qquad (2-15)$$

5）对上述分解成本中涉及的非外贸货物，必要时可进行第二轮分解。

综合以上各步骤分解值，即可得到该种货物的分解成本，可作为该种货物的影子出厂价格；再考虑影子运杂费和贸易费用后，即得建设项目所在地该种货物的影子价格。

【例 2-2】 某种钢材为拟建项目的主要投入物，系非外贸货物。为保证对拟建项目的供应，需新增投资扩大该种钢材的生产量，其影子价格应按该种钢材的全部成本分解定价。由于缺乏边际成本资料，现拟采用平均成本进行分解，其财务成本见表 2-2。已知增产每吨钢材所需固定资产投资为 1225 元/t，占用流动资金 180 元/t。求钢材运到建设项目所在地的影子价格。

表 2-2　　　　　　　　　某种钢材单位产品成本分解计算表

项　目	耗用量	财务成本/(元/t)	分解成本（影子价格）/(元/t)
1. 外购原材料、燃料和动力		1076.0	1207.3
原料 A	1.25m³	560.0	600.0
原料 B	0.25t	8.0	8.5
燃料 C	1.4t	202.0	221.7
燃料 D	0.1t	80.0	89.1
电力	300kW·h	66.0	75.0
其他		90.0	90.0
铁路货运		60.0	110.4
汽车货运		10.0	12.6
2. 工资及福利费		42.0	42.0
3. 年折旧费		36.5	
4. 修理费		22.0	22.0
5. 利息支出		9.0	
6. 其他费用		25.0	25.0
7. 资金年回收值			146.9
单位成本		1210.5	1443.2

注　1. 财务成本中的年折旧费，分解为影子价格中的资金年回收值，在分解成本中不再列入。

2. 财务成本中的利息支出，属国民经济内部转移支付，不列入分解成本（影子价格）中。

解：（1）投资调整。固定资产投资中建筑工程费用占 20%，建筑工程影子价格换算系数为 1.1，机电设备及其安装工程和其他工程的费用占 80%，其影子价格换算系数为 1.0，调整后增产每吨钢材的固定资产投资为

$$1225 \times (0.2 \times 1.1 + 0.8 \times 1.0) = 1250(元/t)$$

已知工厂扩建生产规模的建设期 $m = 2$ 年，各年投资比例为 1：1，社会折现率 $i_s = 0.08$，换算到生产期初的固定资产投资为 $I_F = 0.5 \times 1250 \times (1.08 + 1.0) = 1300(元/t)$（建设期投资发生在各年的年末）。

（2）资金年回收费用 M 的计算。已知扩建工厂的生产期 $n = 20$ 年，不考虑其固定资产余值回收，即 $S_v = 0$，则由式（2-15）得资金回收值 M 为

$$M = (I_F - S_v)[A/P, i_s, n] + (W + S_v)i_s$$
$$= 1300 \times 0.1019 + 180 \times 0.08 = 146.9(元/t)$$

（3）外购原料 A 为外贸货物，直接进口，到岸价 50 美元/m³，影子汇率 $= 8.25 \times 1.08 = 8.91$（元/美元）。影子运杂费 10.4 元，贸易费用率为 6%，已知外贸原料 A 为 1.25m³/t，根据式（2-8）可求得

$$影子价格 = 50 \times 1.25 \times 8.91 \times (1 + 6\%) + 10.4 = 600(元/t)$$

（4）原料 B 为非外贸货物，需用量 0.25t/t，国家公布的出厂影子价格 30 元/t，影子运杂费 2.2 元/t，贸易费用率 6%，根据式（2-12）有

$$影子价格 = 30 \times 0.25 \times (1 + 6\%) + 2.2 \times 0.25 = 8.5(元/t)$$

（5）外购燃料 C 为非外贸货物，公布的出厂影子价格 140 元/t，贸易费用率 6%，影子运杂费 10 元/t，需要量 1.4t/t，根据式（2-11）则

$$影子价格 = 140 \times 1.4 \times (1 + 6\%) + 10 \times 1.4 = 221.7(元/t)$$

（6）外购燃料 D 为外贸货物，可以出口，出口离岸价扣减运杂费和贸易费用后为 100 美元/t，需用量 0.1t/t，影子汇率 8.91 元/美元，故

$$影子价格 = 100 \times 8.91 \times 0.1 = 89.1(元/t)$$

（7）增产某种钢材的工厂企业在华北地区，电力影子价格 0.25 元/(kW·h)，耗电量 300kW·h/t，故

$$影子价格 = 0.25 \times 300 = 75(元/t)$$

（8）铁路货运影子价格换算系数为 1.84，财务成本费 60 元/t，故

$$影子价格 = 60 \times 1.84 = 110.4(元/t)$$

（9）汽车货运影子价格换算系数为 1.26，财务成本费 10 元/t，故

$$影子价格 = 10 \times 1.26 = 12.6(元/t)$$

（10）工资及福利费、修理费、其他费用等的影子价格换算系数均为 1.0，可不作调整。

综合以上各项，将财务成本分解计算影子价格的结果列于表 2-2。其中财务成本中的年折旧费经分解成为影子价格中的资金年回收值，其他各项均可一一对应分解求出。

最后，将表 2-2 中的各项影子价格总加起来，即为扩建工厂增产某种钢材的出厂影子价格 1443.2 元/t，再加上由工厂运到建设项目所在地的影子运杂费及贸易费用，即为建设项目购入该种钢材的影子价格。

（二）特殊投入物的影子价格测算

水利建设项目特殊投入物主要指劳动力和土地两项。现分别测算劳动力的影子价格和土地的影子价格。

1. 劳动力的影子价格

劳动力影子工资应能反映该劳动力用于拟建项目而使社会为此放弃的原有效益，以及社会为此而增加的资源消耗。影子工资由劳动力的边际产出（即一个建设项目占用的劳动力，在其他使用机会下可能创造的最大效益）和劳动力就业或转移而引起的社会资源消耗两部分构成，一般采用工资标准乘以影子工资换算系数求得。建设项目的影子工资换算系数一般为1，在有充分依据的前提下，某些特殊项目可根据当地劳动力充裕程度和所用劳动力的技术熟练程度，适当提高或降低影子工资换算系数。

设某水利建设项目财务支出中工资及福利费共5000万元，其中民工、一般工人、技工及技术人员、高级技术人员及管理人员的工资和福利费及其相应的影子工资换算系数，分别列于表2-3。

表2-3 <td align="center">某水利建设项目影子工资计算</td> 单位：万元

工作人员（劳动力）	工资及福利费	影子工资换算系数	影子工资
民工	2000	0.5	1000
一般工人和职工	1500	1.0	1500
技术工人和技术员	1000	1.5	1500
高级技术人员和管理员	500	2.0	1000
合　计	5000		5000

由表2-3，可求出某水利建设项目的影子工资共为5000万元。

水利建设项目一般都大量使用民工作为主要劳动力，由于当地民工来源比较充裕，故其影子工资换算系数采用0.5；技术人员（包括技工）尤其是高级技术人员在当地比较缺乏，技术熟练程度要求比较高，故其影子工资换算系数采用1.5～2.0。考虑到水利建设项目劳动力中，在一般情况下既有民工，也有高级技术人员，故水利建设项目的影子工资综合换算系数可采用1.0，即影子工资＝（工资及福利费）×影子工资综合换算系数＝5000×1.0＝5000（万元）。

2. 土地的影子价格

土地影子费用应能反映该土地用于拟建项目而使社会为此放弃的原有效益，以及社会为此而增加的资源消耗（如居民搬迁费等）。若项目占用的土地为没有什么用处的荒山野岭，其机会成本可视为零；若项目占用的是农业用地，其机会成本为原来的农业净效益，应按项目占用土地的具体情况，计算该土地在整个占用期间的净效益。

国民经济评价中对土地有两种具体处理方式：一是计算项目占用土地在整个占用期间逐年净效益的现值之和，作为土地费用计入项目的建设投资中；二是将逐年净效益的现值换算为年等值效益，作为项目每年的投入，一般可采用第一种方式。现举例说明如下。

【例2-3】 某水利工程水库淹没耕地41万亩，其中旱田占92%，水田占8%，旱田原来都种植小麦，水田都种植水稻。在水库淹没前，旱田小麦年产量290kg/亩，水田稻谷年产量 500kg/亩。后来该地区由于提倡科学种田，各种农作物的年产量均按 $g=2\%$ 的年增产率逐年递增。测算水库淹没 41 万亩耕地的影子费用。

解：（1）小麦影子价格测算。小麦为外贸进口货物，现行到岸价 133 美元/t，影子汇率 $=8.213\times1.08=8.87$（元/美元），贸易费用率 6%，产地至口岸的铁路运费为 36 元/t，铁路货运的影子价格换算系数为 1.84，故国内影子运费 $=36\times1.84=66.2$（元/t）。根据小麦影子价格＝到岸价×影子汇率（1＋贸易费用率）＋国内影子运费 $=133\times8.87\times1.06+66.2=1317$（元/t）。设小麦生产成本 $=1317\times40\%=527$（元/t），故生产每吨小麦的净效益 $NB_1=1317\times(1-40\%)=790$（元/t）。

根据《水利建设项目经济评价规范》（SL 72—2013）式（A.0.3），经换算后得

$$OC_1 = NB_1\frac{1+g}{i_s-g}\left[\frac{(1+i_s)^n-(1+g)^n}{(1+i_s)^n}\right]$$
$$= 790\times0.29\times17\times0.9569 = 3727(\text{元 / 亩})$$

式中　OC_1——水库淹没旱田的机会成本，元/亩；

　　　n——项目占用土地的年数，$n=55$ 年（包括水库建设期 5 年及水库正常运行期 50 年）；

　　　g——小麦年增产率；

　　　i_s——社会折现率，$i_s=0.08$。

（2）水稻影子价格测算。水稻为外贸出口货物，大米现行离岸价 225 美元/t（折合稻谷离岸价 157 美元/t），贸易费用率 6%，产地至口岸的影子运费亦为 66.2 元/t。

稻谷影子价格＝（离岸价×影子汇率－国内影子运费）÷（1＋贸易费率）
$$= (157\times8.87-66.2)\div1.06 = 1251(\text{元 /t})$$

设水稻的生产成本 $=1251\times40\%=500$（元/t），则生产每吨水稻的净效益
$$NB_2 = 1251\times(1-40\%) = 751(\text{元 /t})$$

同理，水库淹没水田的机会成本为

$$OC_2 = NB_2\frac{1+g}{i_s-g}\left[\frac{(1+i_s)^n-(1+g)^n}{(1+i_s)^n}\right]$$
$$= 751\times0.5\times17\times0.9569 = 6108(\text{元 / 亩})$$

（3）水库淹没耕地 41 万亩的机会成本：

机会成本 $= 3727\times41\times92\%+6108\times41\times8\% = 160617$（万元）

（4）水库淹没耕地的社会新增加的资源消耗费用（例如开垦荒地等），根据调查资料可按每亩 6000 元计，则水库淹没耕地 41 万亩的社会新增资源消耗费用 $=6000\times41=246000$（万元）。

（5）水库淹没耕地 41 万亩的影子费用：

土地影子费用＝耕地被淹的机会成本＋新增资源消耗费用
$$= 160617+246000 = 406617(\text{万元})$$

（6）水库淹没耕地的影子价格：

$$SP = \frac{\text{土地影子费用}}{\text{土地面积}} = 406617/41 = 9917(\text{元 / 亩})$$

（三）主要产出物的影子价格测算

水利建设项目的主要产出物为商品水和电。所谓商品水，是指河流中的天然水经过水利工程建筑物的拦、蓄、引等措施，向工农业或向城镇生活供应的水；所谓电，是指水电站引用水库的蓄水利用上下游水位差（水头）发电后向电力系统输送的上网电力（kW）和电量（kW·h）。由于商品水和电力、电量在一般情况下都是非外贸货物，故可用成本分解法及其他方法测算影子水价和影子电价。现分述于下。

1. 用成本分解法测算影子水价

根据《水利建设项目经济评价规范》（SL 72—2013）附录 A 的计算方法，对组成商品水的财务成本的主要要素进行分解调整计算。在主要要素中，如有影子价格或其换算系数的应尽量采用；如无影子价格，则对它进行第二轮分解，直至财务成本中全部主要要素都能确定出影子价格为止。现结合下列案例，用成本分解法测算商品水的影子价格。

【例 2-4】 设某地区淡水资源十分紧缺，为此修建一座跨流域调水工程，建设期 4 年，竣工决算静态投资 25.7 亿元（2000 年价格），2001 年开始正式投入运行，每年可增加供水量 5 亿 m³，现推求该调水工程供水的影子价格（2010 年价格）。

解： 重估该调水工程的固定资产投资（2010 年价格），可采用重置成本法或物价指数法。所谓重置成本法，即如果现在重新修建一座与上述调水工程同等规模但按当前物价水平修建所需的投资值。其计算公式为

$$投资重估值 = \sum_{i=1}^{m} W_i P_i \qquad (2-16)$$

式中　W_i——竣工报告书中第 i 种工程量（例如土方量、石方量、混凝土量等）；

　　　P_i——相应第 i 种工程量的 2010 年单价。

所谓物价指数法，即根据该工程的竣工决算投资及其所采用的计算价格水平年（例如 2000 年）的物价指数，与当前（例如 2010 年）物价指数按增长倍数估算该工程当前所需的投资值。

必须指出，两者计算结果是不同的，因为水利工程各种建筑材料及其他费用的物价指数与统计年鉴所刊登的综合零售物价指数所包含的内容与统计方法是不同的。采用重置成本法所求出的投资值比较符合实际，但计算工作量较大；采用物价指数法比较便捷，但这只是一个估算值。究竟采用什么计算方法，应根据工作要求与具体条件而定。

下面计算该调水工程的影子水价。

（1）竣工决算静态固定资产投资 25.7 亿元（2000 年价格），查统计年鉴：该地区 2010 年综合零售物价比 1990 年物价上涨 1.6636 倍，故该工程固定资产投资重估值约为 42.76 亿元（2010 年价格）。

（2）求供水财务成本。根据该工程的财务报表，工程的年折旧率及摊销费率假设均为 2.5%，故该工程年折旧费及摊销费共为 $42.76 \times 2.5\% \times 10^4 = 10688$（万元）。根据同类工程的年运行费统计资料，年运行费率为 2%，故本调水工程的年运行费为 $42.76 \times 2\% \times 10^4 = 8550$（万元）（以上均为 2010 年价格水平）。已知该工程流动资金向银行借款 1200 万元，年利率为 5%，故流动资金每年的借款利息为 60 万元。

此外，该工程尚需交纳保险费 150 万元，故该工程供水财务成本＝10688＋8550＋

$60+150=19448$（万元）。已知该工程年供水量为 5 亿 m^3，故单位供水量财务成本为 0.389 元 $/m^3$。

（3）求调水工程的固定资产影子投资。现按《水利建设项目经济评价规范》（SL 72—2013）附录 B.3 的方法进行调整计算，其工作步骤如下：

1）剔除建筑工程和安装工程中的计划利润和税金等国民经济内部转移费用 2 亿元（已折算为 2010 年价格水平）。

2）按影子价格调整本调水工程中的主要器材费用。其中钢材的影子价格＝钢材出厂影子价格＋铁路运价×1.84＋杂费×1.0＝3134（元/t）；木材的影子价格＝木材进口到岸价×（1＋贸易费用率）＋铁路运价×1.84＋杂费×1.0＝1145（元/m）；水泥的影子价格＝水泥出厂影子价格＋铁路运价×1.84＋杂费×1.0＝306（元/t）；外购设备的影子价格（折算为人民币）＝2300 万美元×8.91 元/美元（影子汇率）＝20493（万元）。劳动力及其他各项费用，均不作调整。现将该工程各项财务费用及影子费用一并列于表 2-4。

表 2-4　　　　　　　　　调水工程影子投资调整计算　　　　　　　　　单位：万元

项　目	耗用量	财务价格	财务费用	影子价格	影子费用	调整值
建筑工程中计划利润和税金			20000		0	−20000
主要材料，其中：						
钢材	29 万 t	3213 元/t	93177	3134 元/t	90886	−2291
木材	19 万 m^3	1270 元/m^3	24130	1145 元/m^3	21755	−2375
水泥	80 万 t	345 元/t	27600	306 元/t	24480	−3120
外购设备	2300 万美元	8.25 元/美元	18975	8.91 元/美元	20493	+1518
劳动力及其他			243678		243678	0
投资合计			427560		401292	−26268

由表 2-4 可知，该工程财务投资为 427560 万元，经分解调整计算求得固定资产影子投资为 401292 万元。

（4）求固定资产影子投资现值。设计算基准年（点）在生产期初（建设期末），各年投资比例依次为 20%、30%、30% 及 20%，且各年投资均在年末发生和结算，当社会折现率 $i_s=0.08$，则固定资产影子投资现值 $I_F=401292×（1×0.2+1.08×0.3+1.166×0.3+1.160×0.2）=443749$（万元）。

（5）求固定资产影子投资年回收值 M。已知调水工程生产期 $n=40$ 年，若不考虑在生产期末回收固定资产余值 S_v 及设备的中间更新费用，则固定资产影子投资年回收值

$$M_F=I_F[A/P, i_s, n]=443749×0.0839=37231（万元）$$

（6）求影子年运行费。根据统计资料，调水工程年运行费率约为 2%，故影子年运行费＝影子投资×2%＝401292×2%＝8026（万元）。

（7）求流动资金年占用费。该调水工程占用流动资金 1200 万元（一般为年运行费的 15% 左右，作为工程运行周转资金之用），直到生产期末才回收，其年占用费＝流动资金×社会折现率＝1200×0.08＝96（万元）。

（8）求调水工程的影子年费用。影子年费用 N_F ＝固定资产影子投资年回收值 M_F ＋影子年运行费＋流动资金年占用费＝37231＋8026＋96＝45353（万元）。

现将该供水工程的财务年成本与影子年费用所包括的主要项目列于表 2－5，供比较分析。

表 2－5　　　　　　　　　供水工程的财务年成本与影子年费用对照表　　　　　　　单位：万元

项　目	财务年成本	影子年费用	备　注
折旧费与摊销费	10688	37231	影子投资年回收值
年运行费	8550	8026	影子年运行费
流动资金借款利息	60	96	流动资金年占用费
保险费	150	—	国民经济内部转移费用，不列入影子年费用
合　计	19448	45353	年供水量 5 亿 m³

由表 2－5 可知：

1）调水工程单位供水量的财务成本＝19448/50000＝0.389（元/m³），设供水工程投资利税率为 10％，则单位供水量的水价＝（19448＋427560×10％）/50000＝1.244（元/m³）。

附带说明，跨流域调水工程投资较大，供水量相对较小，故供水水价较高，一般主要供应工矿企业生产用水和城镇生活用水（调水工程先向自来水厂供水，经自来水厂加工成自来水后再供应城镇生活等用水）。

2）调水工程单位供水量。影子价格 SP ＝影子年费用 NF/供水量 W＝45353/50000＝0.907（元/m³）。

这是调水工程的单位供水量的理论价格，是工矿企业及其他项目投入物的影子水价，在进行国民经济评价计算建设项目投入物的影子费用时采用。

2. 用成本分解法测算影子电价

由于电力是非外贸货物，所以也可以用成本分解法测算电力的影子价格（简称影子电价）。其计算步骤如下：

（1）水利工程一般具有综合利用效益，因此在测算水电站上网电价之前，水利工程总投资应在各个效益部门之间进行投资分摊，求出水电站应分摊的投资。

（2）根据水电站分摊的投资及其在建设期内各年投资比例，求出折算至生产期初的固定资产投资现值 I_F。

（3）求水电站投资的年回收值 M。根据式（2－15）有

$$M = (I_F - S_v)[A/P,\ i_s,\ n] + (W + S_v)i_s \qquad (2-17)$$

式中　　　　　I_F——折算至生产期初的水电站固定资产投资现值；

　　　　　　　S_v——在计算期末（生产期末）回收的固定资产余值；

　　　　　　　W——流动资金；

　　　　　　　i_s——社会折现率，i_s＝0.08；

$[A/P,\ i_s,\ n]$——资金年回收系数。

（4）求水电站年运行费 C。根据有关资料，将水电站年运行过程中耗用的原材料、燃

料、动力费、工资及福利费，维修费以及其他费用等均按影子价格换算得影子年运行费；亦可由影子投资乘年运行费用率估算求出。

（5）流动资金年占用费。流动资金 W 是周转资金，可按两个月的运行费用或年运行费的 15% 进行估算。流动资金年占用费 $=Wi_s$，（i_s 为社会折现率）。

（6）水电站上网影子电价。

$$SP = 年费用 NF / 水电站年平均上网供电量$$
$$= (M+C)/ 水电站年平均发电量 E$$
$$\times (1-水电厂厂用电率 x-上网前输变电损失率 y) \qquad (2-18)$$

【例 2-5】 某水利建设项目水电站初期规模：装机容量 $N_1 = 90$ 万 kW，年平均发电量 $E_1 = 38.8$ 亿 kW·h，水库防洪库容 $V_{洪1} = 77.2$ 亿 m^3，兴利库容 $V_{兴1} = 102.2$ 亿 m^3；发电年平均引水量 $W_{电1} = 288$ 亿 m^3；灌溉年平均引水量 $W_{灌1} = 3.6$ 亿 m^3。2000 年扩建该水利工程，扩建工程财务投资 417540 万元，根据扩建工程量及其 2000 年影子价格，求出扩建工程的影子投资 $I = 411400$ 万元。扩建后的终期规模：水电站装机容量 $N_2 = 135$ 万 kW，年平均发电量 $E_2 = 50.3$ 亿 kW·h，水库防洪库容 $V_{洪2} = 110$ 亿 m^3，兴利库容 $V_{兴2} = 163.5$ 亿 m^3，发电年平均引水量 $W_{电2} = 319$ 亿 m^3，灌溉年平均引水量 $W_{灌2} = 15$ 亿 m^3。现测算扩建工程后水电站的上网影子电价。

解：（1）计算水电站应分摊扩建工程的影子投资。当水利工程由初期规模扩建至终期规模，防洪库容增加值 $\Delta V_{洪} = V_{洪2} - V_{洪1} = 32.8$（亿 m^3），兴利库容增加值 $\Delta V_{兴} = 61.3$ 亿 m^3，发电引水量增加值 $\Delta W_{电} = 31$ 亿 m^3，灌溉引水量增加值 $\Delta W_{灌} = 11.4$ 亿 m^3。已知扩建工程影子投资 $I = 411400$ 万元，先按所占库容比例在防洪与兴利两大部门之间进行投资分摊，兴利部门应分摊的投资 $I_{兴} = I\Delta V_{兴}/(\Delta V_{洪} + \Delta V_{兴}) = 411400 \times 0.651 = 267822$ 万元；然后按引用水量比例对兴利投资在发电与灌溉之间进行投资分摊，水电站应分摊的投资 $I_{电} = I_{兴}\Delta W_{电}/(\Delta W_{电} + \Delta W_{灌}) = 267822 \times 0.732 = 196045$（万元）。

（2）求水电站扩建投资 $I_{电}$ 折算至生产期初的固定资产投资现值 I_F。已知扩建工程建设期 6 年，各年年初发生的投资按社会折现率 $i_s = 8\%$ 分别折算至生产期初，见表 2-6。

表 2-6　　水电站扩建影子投资折算至生产期初（第 7 年初）的计算

建设期	第1年	第2年	第3年	第4年	第5年	第6年	累计值
扩建投资各年分配/%	6	26	30	25	10	3	100
在各年初的影子投资/万元	11763	50792	58814	49071	19604	5881	196045
折算因子 $[F/P, i_s, t]$	1.587	1.469	1.361	1.260	1.166	1.08	
影子投资现值	18668	74613	80046	61829	22858	6531	$I_F = 264545$

（3）求水电站投资年回收值 M。设水电站生产期 $n = 25$ 年，在生产期末可回收固定资产余值 $S_v = 10000$ 万元；已知水电站影子年运行费 $C = 4000$ 万元，流动资金 $W = 4000 \times 15\% = 600$（万元）。

流动资金年占用费 $Wi_s = 600 \times 0.08 = 48$（万元）。

根据式（2-15）有

$$M = (I_F - S_v)[A/P, \ i_s, \ n] + (W + S_v)i_s$$
$$= (264545 - 10000) \times 0.0937 + (600 + 10000) \times 0.08$$
$$= 24699(万元)$$

（4）求扩建水电站产出物的影子上网电价。根据式（2-16），扩建水电站的上网电价为

$$SP = (M + C)/E(1 - x - y)$$
$$= (24699 + 4000)/[(50.3 - 38.8) \times (1 - 0.005 - 0.02) \times 10^4]$$
$$= 0.26[元/(kW \cdot h)]$$

（5）扩建水电站上网（财务）电价。这可先求出上网供电（财务）成本，再考虑发电利润和税金，即可求出上网电价。

（6）广大用电户支付的电价。由于电力系统内有许多电站（包括水电站和火电站）同时发电向电网供电，然后由供电局统一调度向广大用户供电，其电价除考虑各电站的上网电价外，尚需考虑电网本身的输电、供电系统的各种费用及电网输、供电的税金和利润等，因此，广大用户用电的电价将超过各发电站的加权平均上网电价。

思 考 题 与 习 题

1. 什么叫价值？什么叫价格？两者之间有什么关系？商品价值 $S = C + V + M$ 中，C、V、M 各代表什么？$C + V$ 和 $V + M$ 各代表什么？

2. 什么叫均衡价格？其随着商品供给和需求的变化有什么样的变化规律？

3. 经济评价工作中不同价格的含义及其适用条件分别是什么？

4. 时价与现行价格之间有什么关系？现行价格与财务价格之间、不变价格与可比价格之间各有什么关系？

5. 影子价格与财务价格的性质有什么不同？各在什么情况下使用？如何从现行价格测算财务价格？如何从现行价格测算影子价格？

6. 如何测算劳动力和土地的影子价格？

7. 设某水利供水工程竣工决算静态投资 K 元，建设期为 m 年，工程使用年限为 n 年，年运行费 u 元，工程年供水量为 $W(\text{m}^3)$，试推求单位供水量价格的一般计算公式。

8. 设某水电站竣工决算静态投资 K 元，建设期为 m 年，工程使用年限为 n 年，电站年运行费 u 元，电站年发电量 $E(\text{kW} \cdot \text{h})$，试推求该水电站的上网电价的一般计算公式。

第三章　水利建设项目的费用和效益

水利建设项目的费用，是指水利工程在建设期和运行期所需投入人力、物力和财力等所有投入的货币表示，包括项目建设期、初始运行期和正常运行期投入的固定资产投资、流动资金、项目的年运行费和更新改造资金。

项目的建设期，是指项目开工第一年至项目开始投产的这段时间；项目运行初期，是指项目开始投产至达到设计规模的这段时间；项目的正常运行期，是指项目达到设计规模至经济计算期（经济寿命期）末的这段时间。经济计算期包括建设期、运行初期和正常运行期。

水利建设项目的效益，是指水利工程建设给社会带来的各种贡献和有利影响，它是以有工程比无工程情况下所增加的利益或减少的损失来衡量。效益与水利建设项目费用的计算口径要对应一致，即要求在计算范围、计算内容和价格水平上对应一致，以便使两者具有可比性。

第一节　水利建设项目的投资

广义的投资是指人们的一种有目的的经济行为，即以一定的资源投入某项目，以获取所期望的报酬。所投入的资源可以是资金，也可以是人力、技术或其他的资源。本书所指的投资是狭义的投资，专指资金。

水利建设项目的总投资包括固定资产投资和建设期利息。水利建设项目的费用包括固定资产投资、流动资金、年运行费和更新改造投资。

项目建成投产后最终形成固定资产、无形资产和其他资产。固定资产（Fixed Assets）指使用期限超过一年，单位价值在规定标准以上，并且在使用过程中保持原有物质形态的资产，包括房屋及建筑物、机器设备、运输设备、工具器具等。有些资产虽然多次使用但不满足使用期限和规定价值两个条件的，称为低值易耗品。无形资产（Intangible Assets）是指企业拥有或者控制的没有实物形态的可辨认的非货币资产，包括专利权、商标权、土地使用权、非专利技术、商誉等。一般采用直线法在规定期限内平均分摊。没有规定期限的，按照不少于 10 年的期限平均摊销。其他资产是指除流动资产、长期投资、固定资产、无形资产以外的资产，包括开办费、租入固定资产改良支出，以及摊销期在一年以上的长期待摊费用等。按照有关规定，除购置和建造固定资产以外，所有筹建期间发生的费用，先在长期待摊费用中归集，待企业开始生产经营起计入当期的损益。

一、固定资产投资 （Investment in the Fixed Assets）

固定资产投资是指建设和购置固定资产所需资金的总和，包括水利建设项目达到设计规模所需的由国家、企业和个人以各种方式投入的主体工程和相应配套工程的全部建设费用。

1. 固定资产投资的构成

水利工程固定资产投资包括工程投资、移民和环境、水保投资及预备费等。应根据不同设计阶段的深度要求，按有关规范进行编制。

工程投资包括建筑工程投资、机电设备及安装工程投资、金属结构设备及安装工程投资、施工临时工程投资和独立费用等五部分。

移民和环境、水保投资包括建设征地移民安置补偿费、环境保护工程投资和水土保持工程投资等三部分费用。

预备费包括基本预备费和价差预备费两部分费用。

水利建设项目总投资构成见图3-1。

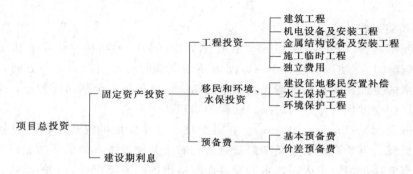

图3-1　水利建设项目总投资构成图

2. 固定资产的几个相关概念

（1）固定资产原值（Original Value of Fixed Assets）：是指固定资产净投资、建设期内贷款利息、投资方向调节税三项之和，扣除无形资产价值和其他资产价值之后的价值。

对于水利建设项目，总投资中包括了建设该项目所需的全部支出，且无形资产和其他资产较少，移民征地费用是物化体现在建筑物成本中的，因此，可以考虑将总投资作为固定资产原始价值。

（2）固定资产净投资（Net Investment of Fixed Assets）：也称为固定资产的造价，是指在水利工程投资中扣除净回收余额、应该核销和转移的投资之后的价值。

（3）应该核销和转移的投资（Logout and Diversion Investment）：例如，施工单位转移费、子弟学校经费、劳保支出、停缓建工程的维修费等；水利工程完工后移交给其他部门或地方使用的工程设施的投资，例如，铁路专用线、永久性桥梁、码头及专用的电缆、电线等投资。

（4）固定资产折旧（Depreciation of Fixed Assets）：在生产过程中，固定资产虽仍能保持原来的实物形态，但其价值逐年递减，随磨损程度以折旧形式逐渐地转移到产品的成本中去，并随着产品的销售而逐渐地获得补偿。这种随固定资产损耗而发生的价值转移称为固定资产折旧。

（5）固定资产净值（Net Fixed Assets）：是指固定资产原值减去历年已提取的折旧费

累计值后的余值，也称固定资产某一时间的账面余额，它反映固定资产的现有价值。为了了解固定资产的新旧程度，常用成新率表示，即

$$固定资产成新率 = \frac{固定资产净值}{固定资产原值}$$

（6）固定资产重置价值（Reset Value of Fixed Assets）：在许多情况下，由于各种原因，固定资产净值往往不能反映当时的固定资产真实价格，需要根据社会再生产条件和市场情况对固定资产的价值进行重置价值的评估，重新评估所确定的固定资产价值称为重估价。固定资产重估价值，应根据资产原值、净值、新旧程度、重置成本、获利能力等因素进行评估。

（7）固定资产残值（Residual Value of Fixed Assets）：是指固定资产在经济寿命期末（即在折旧年限末）报废清理时可以回收的废旧材料、零部件等的价值在扣除清理等费用后的剩余价值。

3．与年限有关的概念

（1）物理使用寿命（Physical Life）。在自然界中任何一种物质（设备、机械、建筑物以及房屋建筑等），在使用的过程中一方面因使用受到的各种损耗；另一方面因自然界的各种破坏因素的侵蚀，使它们逐渐失去正常的功能，直至失去全部功能为止，这时它们只能报废。这样的全过程所持续的时间，就称为物理使用寿命。

（2）技术寿命（Technological Life）。在科学技术迅速发展的时代，产品设备的更新期，其中尤以机械、电子产品的更新期愈来愈短。对于某种设备，如果从功能或经济效益来衡量，它仍有使用价值，但因新技术的发展而制造出的同类新设备，它的高效、快速能创造出更多的经济效益。这样，必然会将原来的设备淘汰。那么，被淘汰的设备是因技术的改进或创新所造成的，故称这种使用时间为技术寿命。

（3）经济寿命（Economic Life）。任何一种物质，在实际使用的过程中，总是通过不断的维护和修理来保持它的正常工作，甚至还需更换各类零部件。这就是说，为保持设备或各种建筑物的正常功能，在日常的维护中，必须耗费一定的维护修理费用。随着这些设备、建筑物的磨损和受损的程度愈来愈严重，相应需要消耗的费用也就愈来愈多。随着设备、建筑物使用年限的增大，平均每年摊还的折旧费是减少的，但平均每年需花费的年运行费是逐渐增大的。两者之和年均费用最小有一个对应的使用年限。通常把设备、建筑物等年均费用最低对应的使用年限，称为经济寿命。

技术寿命对水利工程的影响不大，水利工程经济计算期的选择，主要是由工程的主要建筑结构和大型设备来决定的。因为一项工程中的主要建筑结构失去作用，其他次要的部分，即使完好无损，它也不会再产生什么经济效益。大型水利工程的计算期一般采用 50 年，甚至更长；对中小型工程要短些，一般为 20～30 年。

水利工程中，有些设备的经济寿命比所规定的工程的经济计算期短（金属结构、水力发电机组的经济寿命往往只有 20 年左右），对这些设备就要考虑投入更新费用；而对一些在工程建设中使用的施工机械设备，在工程建成后仍可继续使用的，按折价出售值进行回收。

表 3-1 列出了常见水利工程及设备的一般经济寿命。水利工程的计算期包括建设期、

运行初期和正常运行期（经济寿命）。

表 3 - 1

表 3 - 1　　　　各类水利工程及设备的经济寿命　　　　单位：年

工程及设备类别	经济寿命	工程及设备类别	经济寿命	工程及设备类别	经济寿命	工程及设备类别	经济寿命
防洪、治涝工程	30～50	机电排灌站	15～25	水电站机组设备	20～25	核电站	20～25
灌溉、城镇供水工程	30～50	输变电工程	20～25	小型水电站	15～25		
水电站（土建部分）	40～50	火电站	20～25				

4. 固定资产折旧（Depreciation of Fixed Assets）

固定资产在使用过程中要经受两种磨损，即有形磨损和无形磨损。有形磨损是指由生产因素或自然因素（外界因素和意外灾害等）引起的磨损。无形磨损是由于技术进步使修建同等工程或生产同种设备的成本降低，从而使原工程的固定资产价值降低；或者由于出现新技术、新设备从而引起原来效率低的、技术落后的旧设备贬值甚至报废等。由固定资产的磨损所引起的价值损失，可在经济寿命期内通过提取折旧费的方式予以补偿。固定资产在使用过程中，一方面其实物形态上的价值是逐年递减的；另一方面以折旧基金形式所积存的价值则逐年递增，直到固定资产到达经济寿命，此时所积存的全部折旧基金便可用来更新固定资产，进行再生产。固定资产价值在使用过程中转移到工程、产品成本里，折算成每年所需支出的费用，就是年折旧费。

折旧费的计算方法很多，按折旧速度分有均匀折旧法、加速折旧法、慢速折旧法。在实际工作中，较常用的方法有直线折旧法、工作小时折旧法、余额递减折旧法（或称固定百分率法）和年数和折旧法。

（1）**直线折旧法**（Linear Depreciation Method）。直线折旧法是目前最常用的计算方法，或称均匀折旧法，即假设固定资产净值随使用年限的增加而按比例直线下降，因而每年的折旧费相同，其计算公式如下：

$$年折旧费 f = \frac{固定资产原值 - 期末净残值}{折旧年限 \ T} \tag{3-1}$$

式中　期末净残值——期末回收的残值减去清理费用后的余额，一般占原值的 $3\%\sim5\%$。

各类固定资产的折旧年限由财政部统一规定。

实际工作中常用折旧率计算固定资产折旧费。年折旧率的计算公式为

$$年折旧率 d = \frac{年折旧费}{固定资产原值} \times 100\% = \frac{1 - 净残值率}{折旧年限} \times 100\% \tag{3-2}$$

（2）**工作小时折旧法**（Working Hours Depreciation Method）。因为在一年中有的设备工作时数多，有的设备工作时数少，将设备的使用年限用实际的工作时数表示则反映实际的情况。其计算公式为

$$单位工作小时折旧额 = \frac{固定资产原值 - 期末净残值}{总工作小时} \tag{3-3}$$

$$年折旧费 f = 单位工作小时折旧额 \times 年工作小时数 \tag{3-4}$$

（3）**余额递减折旧法**（Declining Balance Depreciation Method）。余额递减折旧法或称固定百分率法。余额递减折旧法的原理是在不考虑固定资产的净残值下，取一固定折旧

率 d，年折旧费为年初固定资产的净值乘以固定折旧率 d。计算公式为

$$年折旧费 f = 固定资产净值 \times 固定折旧率 \qquad (3-5)$$

当固定折旧率 d 取为直线折旧率的 2 倍时，即 $d=2/$折旧年限 T，这时称为双倍余额递减折旧法（Double Declining Balance Depreciation Method）。

利用这一方法计算折旧费，各年的折旧费不等，早期大、后期小，这样可以尽快回收投资。同时因为固定资产在使用过程中效能逐渐降低，早期的效能高，提供的经济效益也大，以后效能逐年降低，所提供的经济效益也逐年减少。所以，前几年分摊的折旧费应高于后几年。这一方法有利于较快地回收资金，有利于设备的更新，其缺点是计算比较麻烦。

（4）年数和折旧法（Year Number Summation Depreciation Method）。年数和折旧法也是尽快回收资金的一种折旧方法。年折旧率等于年初剩余的使用年限除以使用年限总和，其计算公式为

$$年折旧率 = \frac{折旧年限 + 1 - 固定资产已使用的年数}{折旧年限 \times (折旧年限 + 1) \div 2} \times 100\% \qquad (3-6)$$

$$年折旧费 = (固定资产原值 - 期末净残值) \times 当年折旧率 \qquad (3-7)$$

余额递减折旧法与年数和折旧法均属于加速折旧法。

【例 3-1】 某工厂购进一台机器，购买费用为 80 万元，残值为购买费用的 5%，设备预计使用 10 年，试分别用直线折旧法、双倍余额递减折旧法和年数和折旧法求前 5 年每年应提取的折旧费。

解：残值 $L = 80 \times 5\% = 4$(万元)。

1. 直线折旧法

年折旧费

$$f_1 = f_2 = f_3 = f_4 = f_5 = \frac{80-4}{10} = 7.6(万元)$$

2. 双倍余额递减折旧法

固定折旧率 $d = 2/10 = 0.2$

$$f_1 = 80d = 80 \times 0.2 = 16(万元)$$
$$f_2 = (80-16)d = 64 \times 0.2 = 12.8(万元)$$
$$f_3 = (64-12.8)d = 51.2 \times 0.2 = 10.24(万元)$$
$$f_4 = (51.2-10.24)d = 40.96 \times 0.2 = 9.19(万元)$$
$$f_5 = (40.96-8.192)d = 32.768 \times 0.2 = 6.55(万元)$$

3. 年数和折旧法

第 1 年：
$$d_1 = \frac{10+1-1}{10 \times (10+1) \div 2} \times 100\% = 18.18\%$$
$$f_1 = 76 \times 18.18\% = 13.82 \ (万元)$$

第 2 年：
$$d_2 = \frac{10+1-2}{10 \times (10+1) \div 2} \times 100\% = 16.36\%$$
$$f_2 = 76 \times 16.36\% = 12.44 \ (万元)$$

第 3 年：
$$d_3 = \frac{10+1-3}{10 \times (10+1) \div 2} \times 100\% = 14.55\%$$
$$f_3 = 76 \times 14.55\% = 11.06 \ (万元)$$

第 4 年：
$$d_4 = \frac{10+1-4}{10 \times (10+1) \div 2} \times 100\% = 12.73\%$$
$$f_4 = 76 \times 12.73\% = 9.67 \ (万元)$$

第 5 年：
$$d_5 = \frac{10+1-5}{10 \times (10+1) \div 2} \times 100\% = 10.91\%$$
$$f_5 = 76 \times 10.91\% = 8.29 \ (万元)$$

以上讨论的是固定资产折旧计算方法。无形资产一般采用直线折旧法在规定的期限内平均摊销，没有规定期限的按照不少于 10 年的期限平均摊销。其他资产一般也是采用直线折旧法在规定的期限内平均摊销（不计残值），没有规定期限的按照不少于 5 年的期限平均摊销。

二、流动资金与流动资产 (Circulating Fund and Current Assets)

流动资金是指企业生产经营活动中，在固定资产运行初期和正常运行期内多次的、不断循环周转使用的那部分资金，其实物形态就是流动资产。流动资金主要用于维持企业正常生产所需购买燃料、原材料、备品、备件和支付职工工资等的周转资金，从运行初期前的货币形态到生产过程变成实物形态，再到销售过程又变成货币形态，如此不断地周而复始。流动资金一般包括自有流动资金和流动资金借款两部分，后者规定不应超过流动资金总额的某一比例，其相应支付的借款利息可列入产品的成本费用中。流动资金在项目投产前即开始安排，在运行初期按投产规模比例增加，在项目正常运行期末即其经济寿命结束时收回。

流动资产是指在一年内或超过一年的一个营业周期内变动或耗用的资产。按其形态有货币、存货、应收及预付款、短期投资等。流动资产的货币表现即流动资金。加快流动资金的周转速度，可以节约流动资金，使固定资产得到更有效的利用。

三、建设期和部分运行初期的借款利息

建设期利息是指筹措债务资金时在建设期内发生并按规定允许在投产后计入固定资产原值的利息，即资本化利息。

建设期借款的利率是根据借款的资金来源不同进行加权平均后计算得出的。国外贷款则按协议规定计算，引进外资的汇率按国家规定执行。

建设期借款的利息计算方法有个假设前提，即借款自年初至年末陆续支用，平均起来就是当年借款均在当年年中支用，故按半年计息，其后年份按全年计息。以公式表示如下：

建设期每年应计利息 ＝（年初借款本息累计＋本年借款额 /2）×年利   (3-8)

在一般情况下，水利建设项目在运行初期主体工程已基本建成，但可能有些尾工，如水电站机组正在陆续安装投产发电，故在运行初期既有固定资产投资，又有产品（水库供水和水电站发电）的销售收入。因此，《水利建设项目经济评价规范》（SL 72—2013）规

定，运行初期的借款利息应根据不同情况分别计入固定资产总投资或项目总成本费用。在具体计算时，将当年还款资金（水、电产品销售后的净收入）出现小于当年应付借款利息之前这段时间内发生的借款利息，计入项目固定资产总投资；将当年还款资金出现大于当年应付借款利息之后这段时间内发生的借款利息，计入项目总成本费用。

需要说明的是，固定资产投资方向调节税是根据国家的产业政策和项目经济规模，对项目的固定资产投资额实行差别税率征收的一种税。税率分别为 0、5％、10％、15％和30％五档。目前国家对水利建设项目不征收固定资产投资方向调节税。

四、更新改造投资

更新改造投资是指工程用于固定资产更新和技术改造的专用投资，是保证工程固定资产在新技术基础上进行简单再生产的资金。水利工程更新改造投资包括项目经济计算期内机电设备、金属结构以及工程设施等需要的更新或拓展项目的投资费用。如果该投资投入后延长了固定资产的使用寿命，或使产品质量实质性提高、成本实质性降低等，使可能流入企业的经济利益增加，需将该固定资产投资予以资本化，即计入固定资产原值，并计提折旧；否则该投资只能费用化，不形成新的固定资产。

第二节　年运行费和年费用

一、年运行费 （Annual Operation Cost）

年运行费指维持水利建设项目正常运行每年所需支付的各项费用，包括材料费、燃料及动力费、修理费、职工薪酬、管理费、库区基金、水资源费、其他费用及固定资产保险费等。

1. 材料费

材料费指水利工程及设施在运行维护过程中自身需要消耗的各种原材料、原水、辅助材料、备品备件。可根据临近地区近三年同类水利建设项目统计资料分析计算。电站缺乏资料时可按 2～5 元/（kW·h）计算。

2. 燃料及动力费

燃料及动力费主要是水利工程运行过程中的抽水电费、北方地区冬季取暖费及其他所需的燃料等。抽水电费应根据泵站特性、抽水水量和电价等计算确定；取暖费和其他费用可根据临近地区近三年同类水利建设项目统计资料分析计算。

3. 修理费

修理费主要包括工程日常维护修理费用和每年需计提的大修费基金等。工程修理费按照不同工程类别，按照固定资产价值的一定比例计取。

大修理是指对固定资产的主要部分进行彻底检修并更换某些部件，其目的是恢复固定资产的原有性能。每次大修理所需的费用多、时间长，每隔几年才进行一次，为简化计算，通常将所需的大修理费总额平均分摊到各年。大修理费每年可按一定的大修理费率提取，每年提取的大修理费积累几年后集中使用。大修理费率一般为固定资产原值的 1%～2%。

材料费、燃料及动力费和修理费这些与工程修理维护有关的费用，统称为工程维护费。

4. 职工薪酬

职工薪酬是指为获得职工提供的服务而给予各种形式的报酬以及其他相关支出。职工薪酬包括：职工工资（指工资、奖金、津贴和补贴等各种货币报酬）；职工福利费；医疗保险费、养老保险费、失业保险费、工伤保险费和生育保险费等社会保险费；住房公积金；工会经费和职工教育经费；非货币性福利；因解除与职工的劳动关系给予的补偿；其他与获得职工提供的服务相关的支出。

（1）职工人数应符合国家规定的定员标准。人员工资、奖金、津贴和补贴按当地统计部门公布的独立核算工业企业（国有经济）平均工资水平的 1.0～1.2 倍测算，或参照邻近地区同类工程运行管理人员工资水平确定。

（2）职工福利费、工会经费、职工教育经费、住房公积金以及社会基本保险费的计提基数按照核定的相应工资标准确定。职工福利费、工会经费、职工教育经费的计提比例按照国家统一规定的比例 14%、2% 和 2.5% 计提；社会基本保险费和住房公积金等的计提比例按当地政府规定的比例确定。

（3）缺乏资料时，可参考如下计提比例：福利费 14%，工会经费 2%，职工教育经费 2.5%，养老保险费 20%，医疗保险费 9%，工伤保险费 1.5%，生育保险 1%，职工失业保险基金 2%，住房公积金 10%。计提基数是核定的相应的工资标准。

5. 管理费

管理费主要包括水利工程管理机构的差旅费、办公费、咨询费、审计费、诉讼费、排污费、绿化费、业务招待费、坏账损失等。可根据临近地区近三年同类水利建设项目统计资料分析计算。缺乏资料时，可按工资及福利费的 1～2 倍计算。

6. 库区基金

库区基金是指水库蓄水后，为维护库区安全、岸坡及改建设施维护需花费的费用。该项费用为风险费用，一般难以预计。根据国家现行规定，装机容量在 2.5 万 kW 及以上的发电项目按不高于 0.008 元/(kW·h) 的标准征收。

7. 水资源费

水资源费根据取水口所在地县级以上水行政主管部门确定的水资源费征收标准和多年平均取水量确定。

8. 其他费用

其他费用指水利工程运行维护过程中发生的除职工薪酬、材料费以外的与供水生产经营活动直接相关的支出，包括工程观测费、水质监测费、临时设施费等。可参照类似项目近期调查资料分析计算。缺乏资料时，可直接查用《水利建设项目经济评价规范》（SL 72—2013）中的有关费率标准。

9. 固定资产保险费

固定资产保险费为非强制性险种，有经营性收入的水利工程在有条件的情况下可予以考虑，保费按与保险公司的协议确定。在未明确保险公司或保险公司没有明确规定时，可按固定资产价值的 0.05%～0.25% 计算。

年运行费可按上述 9 项费用之和求出。

也可按式（3-9）求出：

$$年运行费 = 固定资产原值 \times 年运行费率 \tag{3-9}$$

式中年运行费率可参考表 3-2 所列的数据。在项目投产运行初期各年的年运行费，可按各年投产规模比例求出。

表 3-2　　　　　　　　　　　　水利建设项目年运行费率统计值

项　　目	水库工程		灌区工程	水闸工程	堤防工程	泵站工程
	土坝型	混凝土和砌石坝型				
年运行费率/%	2～3	1～2	2.5～3.5	1.5～2.5	2～4	5～7.5

二、年费用（Annual Cost）

在水利建设项目经济分析中，费用是指工程项目在建设期、运行初期（投产期）和正常运行期（生产期）所发生的费用支出，主要包括固定资产投资、更新改造投资、流动资金和各年的年运行费等。所有费用可以用经济计算期（包括建设期、运行初期和正常运行期）内的总值表示，称为总费用，其计算值如式（3-10）所示。也可以将总费用折算为每年的平均支出值，称为年费用。静态经济分析中的年费用计算公式见式（3-11），动态经济分析中的年费用计算公式见式（3-12）。

$$总费用 = 折算到基准点各年费用现值之和 \tag{3-10}$$

$$年费用（静态）= 年基本折旧费 + 年运行费 \tag{3-11}$$

$$年费用（动态）= 资金年回收值 + 年运行费$$

$$= （固定资金 + 流动资金）\times 资金年回收因子 + 年运行费 \tag{3-12}$$

式中　资金年回收因子——本利年摊还因子；

资金年回收值——本利年摊还值。

第三节　成本、利润和税金

一、成本（Cost）

成本是构成产品价格的基本因素。产品价格不变，降低成本，就相应增加了利润。产品成本是衡量企业经营管理水平的一个综合指标。

1. 总成本费用（Total Cost）

水利工程项目总成本费用包括项目在一定时期内为生产、运行以及销售产品和提供服务所花费的全部成本和费用，即包括年运行费（经营成本）、折旧费、摊销费和财务费用，其中年运行费（经营成本）包括材料费、燃料及动力费、职工薪酬、修理费、水资源费、库区基金、管理费、其他费用及固定资产保险费等。

总成本费用可以按经济用途分类计算，也可以按经济内容分类计算。

（1）按经济用途划分。

按成本费用的经济用途划分，也称为制造成本法，是按费用的不同职能归并为产品的成本项目中的费用，即按产品成本项目反映生产费用。可按下式估算：

$$总成本费用＝生产成本＋期间费用 \tag{3-13}$$

其中　　　　生产成本＝直接材料费＋直接燃料和动力费＋直接工资

$$＋其他直接支出＋制造费用 \tag{3-14}$$

$$期间费用＝管理费用＋营业费用＋财务费用 \tag{3-15}$$

直接材料、燃料和动力费是指企业生产经营过程中实际消耗的原材料、辅助材料、备品备件、外购半成品、燃料、动力、包装物等所需的费用。

直接工资是指企业直接从事产品生产人员的工资、奖金、津贴和补贴等。

其他直接支出是指企业直接从事产品生产人员的职工福利费等。

制造费用是指企业各个生产单位（分厂、车间）为组织和管理生产所发生的各项支出，包括各生产单位管理人员职工薪酬、折旧费、矿山维简费、修理费、租赁费、物料消耗、低值易耗品、办公费、差旅费、保险费、设计费、劳动保护费、季节和修理期间的停工损失等。

直接材料、燃料和动力费、直接工资、其他直接支出和制造费用构成产品生产成本。已销售产品的生产成本通常称为产品销售成本。

管理费用是指企业行政管理部门为管理和组织生产经营活动的各项支出，包括公司经费、工会经费、职工教育经费、劳动保险费、待业保险费、董事会费、咨询费、审计费、诉讼费、房产税、车船使用税、土地使用税、印花税、土地使用费、技术转让费、研究开发费、无形资产摊销、递延资产摊销、业务招待费、坏账损失等。公司经费包括工厂总部管理人员职工薪酬、差旅费、办公费、折旧费、修理费、物料消耗、低值易耗品摊销等。

营业费用是指企业在销售产品、自制半成品和提供劳务等过程中发生的各项费用以及专设销售机构的各项经费，包括应由企业负担的运输费、装卸费、包装费、保险费、委托代销手续费、广告费、展览费、租赁费和销售服务费用及销售部门人员职工薪酬、差旅费、办公费、折旧费、修理费、物料消耗、低值易耗品等。

财务费用是指生产经营者为筹集资金而发生的费用。包括在生产经营期间发生的利息支出（减利息收入），汇兑净损失，金融机构手续费以及筹资发生的其他财务费用。该项费用与国家金融政策密切相关，要随时了解掌握国家政策变化情况。

按经济用途划分计算费用，便于进行成本分析，进行同行业之间的比较，评价成本效益，是编制财务报表所要求的、与国际接轨的分类方法。

（2）按经济内容划分。

按经济内容划分，也称为生产要素费用分类法，指企业在一定生产时期发生的费用，包括劳动对象、劳动力和劳动资料方面的投入。可按下式估算：

$$总成本费用＝外购原材料、燃料及动力费＋职工薪酬＋折旧费＋摊销费＋修理费$$

$$＋管理费＋财务费用（利息支出）＋库区基金＋水资源费＋其他费用$$

$$\tag{3-16}$$

折旧费是指项目固定资产的年折旧费；摊销费是生产经营者需计提的管理费组成部

分，主要包括土地资产摊销、无形资产摊销、开办费摊销等。鉴于该项费用提取要求尚无明确规定，可将土地资产、无形资产、开办费等计入固定资产原值，按固定资产折旧办法进行摊销。

这种按经济内容进行成本费用分类，被分为若干要素费用，即按照要素归并费用，所以又称要素费用。此方法便于统计和编制采购计划，用于工程可行性研究与工程规划设计比较简单方便，一般水利工程建设阶段的费用计算，多基于这一分类基础。

对有借款的水利建设项目应分别计算还贷期和还贷以后及整个经营期的年平均总成本费用。

2. 生产成本

一般来说，产品的生产成本是指在一定时期内企业为生产该产品所须支出的全部费用，即包括年折旧费、年运行费（经营成本）、保险费、借款利息等。产品的销售成本则由生产成本和营业费用组成。例如，对电力部门来说，售电成本系由发电成本和供电成本两部分组成，分别由发电厂供电局的折旧费与年运行费等部分计算得出。

此外，在成本中还应计入保险费。参加保险的投保人（或法人）根据规定向保险人（保险公司）缴付保险费。保险分为自愿保险和强制保险两种，洪水保险一般属于强制保险。在水利方面，我国已举办防洪保险和工程财产保险。投保时，应根据规定由投保人与保险公司签订合同，并按期缴纳保险费。投保人应制订维护安全的有关规定，保险公司有权对被保险的财产的安全情况进行检查。保险金额是指被保险对象发生意外事故受到损失时，保险人负责赔偿的最高金额，通常不能超过保险标的实际价值。保险费率是保险公司根据标的危险性的大小、可能发生损失的概率、损失率的大小和经营费用的多少确定的。如果发生保险事故，保险公司按合同规定对事故造成的损失给予赔偿，或者在合同期届满时承担付给保险金的责任。在没有明确保险公司或保险公司没有明确规定时，固定资产保险可按固定资产的 0.25% 计算。参加保险的水利工程，在进行财务评价时应将保险费计入成本中。

流动资金分为自有流动资金和流动资金借款（按规定不应超过总额的 70%）两部分，流动资金借款须每年付息，支付的利息列入产品成本中。

3. 几个相关概念

(1) 固定成本。固定成本是指在一定的时间和范围内，不随产品产量增减而变动的成本，又称为不变成本。如折旧费、修理费、职工薪酬、固定资产保险费、管理费、推销费、财务费用等。当职工薪酬按计件计算时，其成本为可变成本。

(2) 可变成本。可变成本是指在一定的时间和范围内，随产品产量增减而变动的成本。如材料费、燃料及动力费、库区基金、水资源费和其他费用等。

(3) 沉入成本。沉入成本也叫沉没费用，是指以往已经发生的但与当前决策无关的费用。经济活动在时间上是具有连续性的，但从决策的角度看，以往发生的费用只是造成当前状态的一个因素，当前状态是决策的出发点，当前决策所要考虑的是未来可能发生的费用及可能带来的效益。不考虑以往发生的费用。

(4) 机会成本（Opportunity Cost）。机会成本是将一种具有多种用途的有限资源置于特定用途时所放弃的收益。当一种有限的资源具有多种用途时，可能有许多个投入这种资源获取相应收益的机会，如果这种资源置于某种特定用途，必然要放弃其他的资源投入机会，同时也放弃了相应的收益，在所放弃机会中的最佳机会可能带来的收益，就是将这种资源用于特定用途时的机会成本。

使用机会成本的概念从社会观点看可以比较准确地反映把有限的资源用于某项经济活动的代价，从而促使人们比较合理地分配和使用资源。

二、利润（Profit）

利润是指商品按照市场价格或规定价格，实现销售收入后扣除销售成本和税金后的余额。利润是劳动者为社会创造的价值，是用来发展生产，改善人民物质、文化生活的基础，也是国家财政收入的重要组成部分。计算公式如下：

$$销售收入 = 商品销售量 \times 商品价格 \qquad (3-17)$$
$$销售利润 = 销售收入 - 总成本费用 - 销售税金及附加 \qquad (3-18)$$
$$税后利润 = 销售利润 - 所得税 \qquad (3-19)$$

水利建设项目的财务收入包括出售水利产品、提供服务所获得的收入以及可能获得的各种补贴或补助收入。年利润总额应包括出售水利产品和提供服务所获得的年利润，按年财务收入扣除年总成本费用和年销售税金及附加计算。

现行财会制度规定项目实现年利润总额的具体分配办法如下：

（1）项目发生了年度亏损，可以用下一年度所得税前的利润弥补，下一年度不足弥补的，可以在5年内延续弥补，如5年内仍不足弥补，则以后需用缴纳所得税后的利润弥补。年利润总额扣除依法弥补以前年度亏损和应纳所得税后的余额为税后利润。

（2）可供分配利润等于项目实现的利润总额在弥补亏损、交纳所得税后，加上期初未分配利润，分配顺序如下：

1）弥补以前年度亏损（前5年之前）。

2）提取法定盈余公积金。按照本年净利润（税后利润减去年初累计亏损）的10%计提。以前年度累积的法定盈余公积金达到注册资本金的50%时，可以不再提取。

3）向投资者分配利润或股利。企业以前年度未分配的利润可以并入本年度向投资者分配。在提取了法定盈余公积之后，应按照下列顺序进行分配：支付优先股股利；提取任意盈余公积金。任意盈余公积金按照公司章程或者股东会决议提取和使用；支付普通股利。

4）未分配利润。是指实现利润扣除以上各项后的余额。

项目利润总额分配图，如图3-2所示。

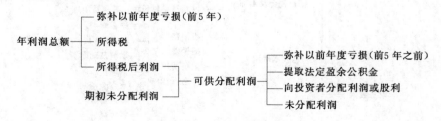

图3-2 项目利润总额分配图

需要注意的是，企业以前年度亏损未弥补完，不得提取法定盈余公积金。在法定盈余公积金未提足前，不得向投资者分配利润。股份有限公司当年无利润时，不得向股东分配股利，但在盈余公积金弥补亏损后，经股东大会特别决议，可以按照不超过股票面值6％的比例用盈余公积金分配股利，在分配股利后，企业法定盈余公积金不得低于注册资本金的25％。

三、税金（Scot）

税金是指国家根据法律规定向纳税人（单位或个人）无偿征收的货币或实物，具有强制性、无偿性和固定性等特征。对纳税人而言，缴纳税金是纳税人为国家提供积累的重要方式；对国家而言，称为税收。税收是国家财政收入的主要来源，可起到调节生产和消费、发展国际贸易、维护国家经济发展的作用。

我国工业企业应当缴纳的税有十多种，水利工程管理单位现应缴纳的税金主要有以下几项：

（1）增值税（Value Added Tax）。增值税是对在我国境内销售货物或者提供加工、修理修配劳务以及报关进口货物入境的单位和个人而征收的一种税金。增值税是以商品销售额为计税依据，同时从税额中扣除上一道环节中已经缴纳的税款。

增值税，实行价外税。如果采用含增值税价格计算销售收入和原材料、燃料动力成本时，相应的财务报表需单列"增值税"；反之，则不单列。一些地区对供水工程征收营业税，在经济评价中其计算方法类似于增值税。按《中华人民共和国增值税暂行条例》，自来水项目增值税率为13％，其他项目增值税率为17％。目前，大中型水电站的增值税税率基本上都采用17％；对于小于50MW的小型水电站增值税率，一些省份执行6％，还有一些省份采用17％，可根据各地有关规定执行。

（2）销售税金及附加。包括城市维护建设税、教育费附加。这属于价内税，以增值税、营业税税额为依据计提。城市维护建设税按照纳税人所在地实行差别比例税率，市区为7％，县城、建制镇为5％，其他地区为1％。教育费附加，附加率应按有关规定执行，没有规定的费率可取3％。

（3）企业所得税。按销售收入扣除总成本费用和有关税金等费用后为应纳税所得额。应纳所得税等于应纳税所得额乘以所得税税率。根据2007年全国人民代表大会通过的《中华人民共和国企业所得税法》，水利水电工程企业所得税率为25％。对于国家或地方有另外规定减征或者免征的按规定执行。

项目财务收入与总成本费用、税金和利润的关系见图3-3。

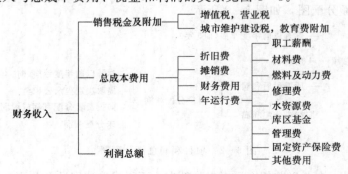

图3-3　项目财务收入与总成本费用、税金和利润的关系图

第四节 工 程 效 益

水利工程效益（Hydraulic Project Benefit）是指项目给社会带来的各种贡献和有利影响的总称，它以有无水利建设项目对比所增加的利益或减少的损失来衡量。效益是评价水利工程有效程度及其建设可行性的重要指标。

一、水利工程效益的分类

工程效益分类的方法很多，从对水利工程综合经济分析与评价的角度来说，大体可以分为以下五类。

1. 功能效益与综合效益（Functional Benefit and Comprehensive Benefit）

按项目在国民经济中的不同作用和功能，将水利工程的效益分为防洪（防凌、防潮）效益、治涝（治碱、治渍）效益、灌溉效益、城镇供水效益、乡村人畜供水效益、水力发电效益、航运效益、水土保持效益、牧区水利效益、水产养殖效益、环境保护效益、滩涂开发效益、水利旅游效益和由上述效益中两项以上效益组成的综合效益等。

2. 直接效益与间接效益（Direct Benefit and Indirect Benefit）

按项目涉及的时空边界范围，将水利工程效益分为直接效益和间接效益。直接效益是指水利工程建成后可以增加的各类产品或增加的经济价值。如水力发电、工农业供水可获得的经济效益，修建防洪、治涝工程可减免的洪、涝灾害损失等。间接效益又称外部效益，是指项目为社会作出贡献而本身并没有得到的那部分效益。如工程建成后由于工农业增产而发展工农业产品和农副产品加工所获得的净收益（有的地方称为"次生效益"）；因修建工程而增加的机械、原料、材料和服务行业的净收益（有的地方称为"诱发效益"）等。

3. 有形效益与无形效益（Tangible Benefit and Intangible Benefit）

按项目效益可定量计算和不可定量计算的情况，将水利工程效益分为有形效益与无形效益。有形效益是指可以用货币或实物指标表示的效益，如防洪效益中可以减免的国民经济损失（可用货币表示）和人口伤亡（可用实物指标表示）。无形效益是指不能用货币和实物指标表示的效益，如水利工程建成后促进地区综合经济和教育事业的发展，促进社会安定和国防安全，提高国际威望等。在对水利工程进行效益分析时，无论有形效益与无形效益，都应全面加以论证分析。对于不能用具体指标表达的无形效益，可以用文字加以详细明确的描述，以便对水利工程的效益进行全面、正确的评估。

4. 国民经济效益（National Economic Benefit）与财务效益（Financial Benefit）

按项目效益的核算单位，将水利工程效益分为国民经济效益（又称经济效益）和财务效益。国民经济效益是指工程项目建成后对国家、全社会所做的贡献，按有、无项目对比的方法，以影子价格和社会折现率计算其直接效益和间接效益。例如，防洪工程建成后除可以减少直接损失外，还可以减少因洪水淹没造成交通受阻中断，致使其他地区因原材料供应不足而造成的间接经济损失等。

财务效益是指工程项目建成后向用户销售水利产品或提供服务所获得的按财务价格计

算的收入，一般称财务收入或销售收入，如工农业供水的水费收入、水力发电的电费收入、防洪保护费收入等。

5. **正效益和负效益**（Positive Benefit and Negative Benefit）

按项目对国民经济发展的作用和影响，将水利工程效益分为正效益和负效益。水利工程建成后，对社会、经济、环境带来的有利影响，称为正效益；对社会、经济、环境造成的不利影响，称之为负效益。例如某水库建成蓄水后，由于水体的巨大压力，可能引起诱发地震；有些水库蓄水后产生大面积浅水区，导致疟蚊滋生繁殖，或者钉螺面积扩大，形成血吸虫病的流行区。修建水库，总要淹没农田、城镇、矿藏、交通干线或文化古迹等，造成资源的损失；发展灌溉工程，可能需要大量引水，如无相应的配套排水措施，可能引起灌区地下水位上升，导致土壤盐碱化和沼泽化等负效益。在水利工程效益分析中，不仅要计算正效益，也要考虑负效益，以便对水利工程进行全面正确的评估。

二、水利工程效益的特点

水利工程的效益与其他工程的效益相比，具有以下几方面的特点。

1. **随机性**（Randomicity）

影响水利工程发挥效益的主要因素是降水、径流、洪水等自然因素，它们具有随机性，故水利工程效益也具有随机性。如防洪效益未遇到大洪水时就很小，遇到大洪水时就很大；再如发电效益，遇上丰水年，发电量多，效益大；遇上枯水年，发电量少，效益小；灌溉工程遇干旱年效益就大，风调雨顺年份灌溉效益就小。

2. **复杂性**（Complexity）

水利工程往往是综合利用工程，具有多方面的综合利用效益，但由于各部门对水利工程的要求和获得效益是很复杂的，有时一致，有时矛盾，有时交叉。例如水库上游地区工农业引水量多，就减少了入库水量，水库下游地区能引用的水量就相应减少了。综合利用水库多预留防洪库容，水库的防洪作用增大，防洪效益就相应增加，但兴利库容减小，灌溉、供水、发电等效益就会相应减少。因此，计算水利工程效益应兼顾不同专业、部门和地区的特点，并划清各功能效益计算的范围，避免遗漏和重复计算。

3. **可变性**（Variability）

水利工程效益是随时间而变化的。如防洪效益，随着国民经济的发展，防洪保护区内的工农业生产也随之发展，在同一频率洪水条件下现在遭受损失远较将来遭受的损失小，即随时间的推移，防洪效益随之增大；再如航运效益，也是随经济的发展、运量的增大、随时间的推移逐步增大。与上述情况相反，也有些效益是随时间推移而逐步减少的。例如，由于泥沙淤积而使水库有效库容逐年减少，效益也随之降低；随着上游地区工农业生产发展用水量增加后，也可能使下游水利工程的一些效益减少；但也有由于上游水库兴建，调节流量增加，而使下游水利工程的发电、航运等效益增大的。所以，为了反映水利工程效益随时间变化的特点，在效益计算中要依据工程的特点研究效益的变化趋势和增长的速率。

4. **公益性**（Public Welfare）

水利是国民经济的基础设施和基础产业，水利建设项目一般具有防洪、灌溉、发电、航运等综合效益，这对减少水旱灾害、提高农业和电力生产、促进交通运输、发展社会经济等均具有重要意义。但有些防洪、治涝工程，主要属社会公益性质的水利建设项目，国民经济效益很大，但无财务收入，需政府或有关部门提供补贴。

除了上述投资、效益和有关的主要财务指标外，水利工程还经常使用如下实物指标：

（1）反映工程效益的指标。例如防洪、治涝面积，灌溉耕地面积，水电站装机容量及年发电量，城市、工业年供水量等。

（2）反映水库淹没损失的指标。例如淹没耕地数，迁移人口数，淹没交通线类型及里程，以及单位人口迁移安置费、单位耕地赔偿费等。

（3）反映主要材料消耗的指标。例如钢材、木材、水泥等主要建筑材料的总消耗量及其相应单位消耗指标，例如每立方米混凝土的三材用量、每万元投资的三材占用量等。

（4）反映工程量、劳动力及工期的指标。例如土石方量的开挖、填筑量，混凝土浇筑量，总工日及高峰劳动力，工程开始发挥效益的时间及总工期等。

（5）单位综合技术经济指标。例如单位库容投资、单位防洪面积投资、单位堤防长度投资、单位灌溉面积投资、单位供水量投资、单位装机容量投资、单位电量投资、单位电能成本等。

思 考 题 与 习 题

1. 水利建设项目总投资包括哪几项？

2. 什么叫固定资产、无形资产？试举例说明。

3. 什么叫固定资产原值、净值、重置价值？固定资产与流动资金的区别何在？试举例说明。

4. 如何确定经济寿命？其与实际使用年限的区别何在？

5. 为什么要进行折旧？直线折旧法和余额递减折旧法各有什么特点？

6. 设某项目固定资产原值为 20 万元，使用寿命为 20 年，残值按固定资产原值的 5% 计算，试分别用直线折旧法、双倍余额递减折旧法、年数和折旧法计算前 5 年的折旧额和固定资产账面值。并绘制不同年份的固定资产折旧后的账面值占原值百分比的变化曲线，比较各种不同折旧方法的折旧速度。

7. 投资、年运行费、年经营成本、大修理费、折旧费、资金年回收费（本利年摊还值）与年费用之间的关系如何？

8. 如何确定项目的年运行费、年费用和总成本费用？如何确定项目的销售税金和利润总额？

9. 什么叫工程的国民经济效益和财务效益？两者有何区别？各在什么情况下应着重测算国民经济效益和财务效益？

10. 某社区为开发新井已用去 5 万元，但还没有得到水。地质顾问估计再花 5 万元保证可以得到供水，但认为也许只要再花 4 万元就可满足需要目标。几公里外有一泉水可作为替代水源，从该处用 4 万元可取得等量供水送至社区，你认为应选择哪个方案？为什么？

第四章 资金的时间价值与资金等值计算

在进行投资项目的评价时，必须考虑资金的时间因素对现金流量产生的影响，即将不同时间点上的货币价值换算成同一时间点上价值，才能作出正确的评价。本章主要讨论资金的时间价值与资金等值计算的有关问题。

第一节 资金的时间价值

资金是在商品货币经济中劳动资料、劳动对象和劳动报酬的货币表现，是国民经济各部门中财产和物资的货币表现。资金是属于商品经济范畴的概念，在商品经济条件下，资金是不断运动着的。资金的运动伴随着生产与交换的进行，生产与交换活动会给投资者带来利润，表现为资金的增值。资金增值的实质是劳动者在生产过程中创造了剩余价值。从投资者的角度来看，资金的增值使资金具有时间价值。因此，资金的时间价值可以定义为：资金在参与经济活动的过程中随着时间发生的增值，也即是资金在生产过程中通过劳动可以不断地创造出新的价值。

资金的时间价值还可以这样理解：资金一旦用于投资，就不能用于现期消费。牺牲现期消费是为了能在将来得到更多的消费，个人储蓄的动机和国家积累的目的都是如此。从消费者的角度来看，资金的时间价值体现为对放弃现期消费的损失所应做的必要补偿。

在工程经济分析中，按是否考虑资金的时间价值分为静态的计算方法和动态的计算方法。静态的计算方法不考虑资金的时间价值，这种方法计算虽然简单，但容易造成资金积压，不符合市场经济活动规律。因此，水利工程在规划、设计、施工及运行管理阶段进行经济分析时，都应采用考虑资金的时间价值的动态计算方法。

第二节 利息和利率

一、利息和利率 (Interest and Interest Rate)

利息指占用资金所付的代价或放弃使用资金所得的补偿。如果将一笔资金存入银行，这笔资金就称为本金。经过一段时间之后，储户可在本金之外又得到一笔利息，相当于储户把钱借给银行所获得的报酬。

这一过程可表示为

$$F_n = P + I_n \tag{4-1}$$

式中 F_n——本利和；

P——本金；

I_n——利息；

n——计算利息的周期，如"年""月"等。

利息通常根据利率来计算。利率是在一个计息周期内所得利息额与本金之比，一般以百分数表示。以 i 表示利率，其表达式为

$$i = \frac{I_1}{P} \times 100\% \qquad (4-2)$$

式中　I_1——一个利息周期的利息。

利率根据计息周期的不同，一般有年利率、季利率、月利率等。我国目前存、贷款计息周期一般为月，金融债券、国库券一般为年，相应利率分别称为月利率（‰）和年利率（％）。

利率在不同的场合有不同的名称，如贴现率、折现率、社会折现率、内部收益率、经济报酬率等，其经济意义是不同的，在以后的学习中应认真领会。

二、单利和复利 （Simple Interest and Compound Interest）

按是否考虑利息的时间价值，利息的计算有单利和复利两类方法。

用单利法计算利息时，不管计息周期 n 的数目有多大，只考虑本金的利息，不计入各周期所增加利息的利息，用单利法计算本利和的公式为

$$F_n = P(1 + ni) \qquad (4-3)$$

我国银行存款和国库券的利息就是以单利计算的。

单利计息对资金时间价值的考虑是不充分的，不能完全反映资金的时间价值。

【例 4-1】　某人借款 500 元，期限 10 年，年利率为 5％，按单利法计算，试问 10 年后某人负债总金额为多少？

解：此处 $P=500$ 元，$n=10$ 年，$i=5\%$。代入式（4-3）得

$$F = 500 \times (1 + 5\% \times 10) = 750(\text{元})$$

故 10 年后某人负债总额 750 元。

复利计算利息时，是用本金加上前段周期的总利息一起计算，即除最初的本金要计算利息外，每一计息周期的利息都要并入本金，再生利息。通常称此法是"利上加利"。复利计息比较符合客观反映资金的活动情况。复利计算的本利和公式为

$$F = P(1 + i)^n \qquad (4-4)$$

【例 4-2】　仍以上为例，试用复利法计算某人 10 年后负债总额。

解：由式（4-4）可得

$$F = 500 \times (1 + 5\%)^{10} = 814(\text{元})$$

故 10 年后某人负债总额 814 元。

我国基本建设贷款等都是按复利计算利息的。

第三节 资金流程图与资金经济等值

一、资金流程图 (Flow Chart)

任何工程项目的建设与运行都有一个时间上的延续过程。对于投资者来说，资金的投入与收益的获取往往构成一个时间上有先有后的现金流量序列。要客观地评价工程项目或技术方案的经济效果，不仅要考虑现金流出与现金流入的数额，还必须考虑每笔现金流量发生的时间。

在工程经济分析中，把投资项目作为一个独立系统，现金流量则反映该项目在寿命周期内流入或流出系统的现金活动。通常，对流入系统的货币收入称为现金流入 (Cash Inflow，CI)，对流出系统的货币支出称为现金流出 (Cash Outflow，CO)，并把某一个时点的现金流入与现金流出的差额称为净现金流量。系统的现金流入、现金流出以及净现金流量统称为现金流量 (Cash Flow，CF)。

为了直观清晰地表达某项水利工程各年投入的费用和取得的收益，避免计算时发生错误，经常绘制资金流程图 (图 4-1)，又称为现金流量图。

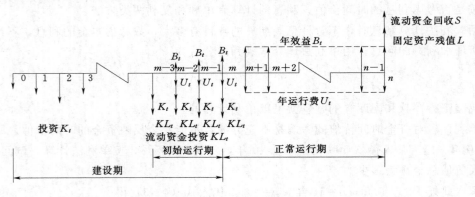

图 4-1 资金流程图

图 4-1 中的横轴是时间轴，向右延伸表示时间的延续。轴线等分成若干间隔，每一间隔代表一个时间单位，通常是"年"（在特殊情况下也可以是季或半年等）。时间轴上的点称为时点，时点通常表示的是该年的年末，同时也是下一年的年初。零时点即为第一年开始之时点。整个横轴又可看成是我们考察的"系统"。

与横轴相连的垂直线，代表流入或流出这个"系统"的现金流量。垂直线的长度根据现金流量的大小按比例画出。箭头向下表示现金流出；箭头向上表示现金流入。资金流程图上还要注明每一笔现金流量的金额。

为了计算上的方便和统一，《水利建设项目经济评价规范》(SL 72—2013) 规定：所有现金流均按年末计算。从图 4-1 上可以很容易看出，每个坐标点均表示该年的年末，且上一年的年末就是下一年的年初。本书按习惯用法，投资均发生在年初，效益及年运行费发生在年末。

在进行经济分析时，应该首先绘制正确的资金流程图，然后再进行计算。

在工程规划设计中所进行的经济比较，要求根据等价的原则，将不同时期的投资费用和经济效益折算到同一个时间，以此来进行各方案的经济比较。对于工程项目，一般情况是，投资在施工时期投入，效益则在工程投入生产之后才能产生。为了进行比较，就必须有共同的时间基础，须引入计算基准年的概念。通常把不同时间点上发生的投资、费用和效益都折算到同一时间水平，这个时间水平称为计算基准年。以计算基准年年初作为计算的基准点，相当于资金流程图中的坐标原点。

计算基准年一般有三种取法：①工程开工的第一年；②工程投入运行的第一年；③施工结束达到设计水平的年份。考虑到工程经济所处的阶段，水利工程经济评价规范规定统一以工程开工的第一年作为基准年。

应注意在整个计算过程中，计算基准年一经确定后就不能随意改变。此外，当若干方案进行经济比较时，虽然各方案的建设期与生产期可能并不相同，但必须选择共同的计算基年。

【例4-3】　某项目需要总投资 8000 万元，第一年和第二年投资额分别为 3000 万元，第三年 2000 万元，第三年开始投产，第三年可达到设计生产能力的 80%，第四年起达到 100%，达到设计生产能力的年收入预计为 4000 万元。项目寿命期为 15 年，可回收固定资产残值 1500 万元。作此项目的资金流程图。

解：作此项目的资金流程图，如图 4-2 所示。

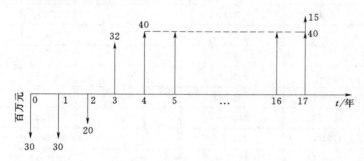

图 4-2　某项目资金流程图

二、资金等值的概念 （the Conception of Capital Equivalence）

在资金时间价值的计算中，等值是一个十分重要的概念。资金等值是指在考虑时间因素的情况下，不等的若干资金，在不同的时间具有相等的经济价值。例如现在的 100 元钱与一年后的 106 元，在数量上并不相等，但如果将这笔资金存入银行，年利率为 6%，则两者是等值的。因为现在存入的 100 元，一年后的本利和为 106 元。

下面以借款还本付息的例子来进一步说明等值的概念。

【例4-4】　某人现在借款 10000 元，在 5 年内以年利率 5% 还清全部本金和利息，则有如表 4-1 中的四种偿还方案。

第 1 方案是等额利息法：在 5 年中每年年底仅偿付利息 500 元，最后第五年末在付息同时将本金一并归还。

表 4-1 四种典型的等值形式 单位：元

偿还方案	年数 (1)	年初所欠金额 (2)	年利息额 (3)=(2)×5%	年终所欠金额 (4)=(2)+(3)	偿还本金 (5)	年终付款总额 (6)=(3)+(5)
等额 利息法	1	10000	500	10500	0	500
	2	10000	500	10500	0	500
	3	10000	500	10500	0	500
	4	10000	500	10500	0	500
	5	10000	500	10500	10000	10500
	合计		2500			12500
一次 支付法	1	10000.00	500.00	10500.00	0	0
	2	10500.00	525.00	11025.00	0	0
	3	11025.00	551.25	11576.25	0	0
	4	11576.25	578.81	12155.06	0	0
	5	12155.06	607.75	12762.81	10000	12762.81
	合计		2762.81			12762.81
等额 本金法	1	10000	500	10500	2000	2500
	2	8000	400	8400	2000	2400
	3	6000	300	6300	2000	2300
	4	4000	200	4200	2000	2200
	5	2000	100	2100	2000	2100
	合计		1500			11500
等额 年金法	1	10000.00	500.00	10500.00	1809.75	2309.75
	2	8190.25	409.51	8599.76	1900.24	2309.75
	3	6290.01	314.50	6604.51	1995.25	2309.75
	4	4294.76	214.74	4509.50	2095.01	2309.75
	5	2199.75	110.00	2309.75	2199.75	2309.75
	合计		1548.75			11548.75

第 2 方案是一次支付法：在 5 年中对本金、利息均不作任何偿还，只在最后一年末将本利一次付清。

第 3 方案是等额本金法：将所借本金作分期均匀摊还，每年末偿还本金 2000 元，同时偿还到期利息。由于所欠本金逐年递减，利息也随之递减，至第五年末全部还清。

第 4 方案是等额年金法：也将本金作分期摊还，每年偿付的本金额不等，但每年偿还的本金加利息总额却相等，即所谓等额支付。

从上面的例子可以看出，如果年利率为 5% 不变，上述四种不同偿还方案与原来的 10000 元本金是等值的。从贷款人立场来看，今后四种方案中任何一种都可以抵偿他现在所贷出的 10000 元，因此，现在他愿意提供 10000 元贷款。从借款人立场来看，他如果同意今后以四种方案中任何一种来偿付借款，他今天就可以得到这 10000 元的使用权。

上述四种不同偿还方案支付的利息差别很大，彼此票面值是不等的，这是因为借款人对本金占有的时间不同，但就其"价值"来说，它们是彼此相等的。

在工程经济分析中，利用资金等值的概念，可以将发生在不同时期的金额，换算成同一时期的金额，然后再进行评价。在资金等值计算中，把将来某一时点的现金流量换算成现在时点的等值现金流量称为"贴现"或"折现"。通常把将来时点的现金流量经贴现后的现金流量称为"现值"，而把与现值等价的将来时点的现金流量称为"终值""期值"或"将来值"。

第四节 资金等值计算公式

由于资金有时间价值，所有不同时点发生的现金流量就不能直接相加或相减，对不同方案的不同时点的现金流量也不能直接相比较，只有通过换算为同一时点后才能相加减或相比较，这个点称为基准点，这个过程称为资金等值计算。

资金等值计算公式即为复利计算公式。首先对基本计算公式中常用的几个符号加以说明，以便后面的讨论。

P——本金或资金的现值（Present Value），现值 P 是指相对于基准点的数值；

F——本利和（Future Value），是指从基准点起第 n 个计息周期末的数值，一般称终值；

A——等额年值（Annual Value），是指一段时间的每个计息周期末的一系列等额数值；

G——等差系列的相邻级差值（Gradient Value）；

i——计息周期折现率或利率（Interest Rate），常以％计；

n——计息周期数（Number of Period），无特别说明，通常以年数计。

值得注意的是计息周期数 n 和利率 i 必须配套使用，即计息周期为年，利率即为年利率；计息周期为月，利率则须为月利率。

按照现金流量序列的特点，可以将资金等值计算的公式分为一次支付、等额多次支付及等差系列等几种基本类型，分别介绍如下。

一、一次支付公式（One-Short Payment Formula）

一次支付又称整付，是指所分析系统的现金流量，无论是流入还是流出，均在一个时间点上一次发生。其典型资金流程图见图 4-3。

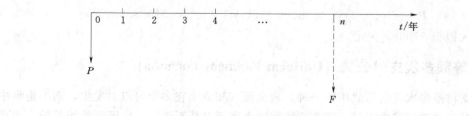

图 4-3 一次支付资金流程图

对于所考虑的系统来说，如果在考虑时间价值的条件下，现金流入恰恰能补偿现金流出，则 F 与 P 就是等值的。

一次支付的等值计算公式有以下两个。

1. 一次支付终值公式（Single Payment Compound Amount Formula）

计算公式为

$$F = P(1+i)^n = P \times (F/P, i, n) \tag{4-5}$$

式中　$(1+i)^n$——一次支付终值因子（Single Payment Compound Amount Factor），通常用符号 $(F/P, i, n)$ 表示。其中，斜线右边大写字母表示已知因素，左边表示欲求的因素。

式（4-5）的经济意义是：已知支出资金 P，当利率为 i 时，在复利计算的条件下，求 n 期期末所取得的本利和。这个问题相当于银行的"整存整取"的储蓄方式。

这个公式是资金等值计算公式中最基本的一个，所有其他公式都可以由此公式推导得到。

【例 4-5】　某企业因某种需要，向银行借款 100 万元，年利率为 8%，借期 10 年，问 10 年后一次归还银行的本利和是多少？

解：$P=100$ 万元，$i=8\%$，$n=10$ 年，由式（4-5）可得

$$F = 100 \times (1+8\%)^{10} = 215.89（万元）$$

即 10 年后应偿还 215.89 万元。

2. 一次支付现值公式（Single Payment Present Value Formula）

这是已知终值 F，求现值 P 的等值公式，是一次支付终值公式的逆运算。由式（4-5）可直接导出

$$P = F(1+i)^{-n} = F(P/F, i, n) \tag{4-6}$$

式中　$(1+i)^{-n}$——一次支付现值因子（Single Payment Present Value Factor），也可记为 $(P/F, i, n)$，它和一次支付终值因子 $(1+i)^n$ 互为倒数。此处 i 称为贴现率或折现率，这种把终值折算为现值的过程称为贴现或折现。

式（4-6）的经济意义是：如果想在未来的第 n 期期末一次收入 F 数额的现金，在利率为 i 的复利计算条件下，求现在应一次支出本金 P 为多少。即已知 n 年后的终值，反求现值 P。

【例 4-6】　如果银行利率 7%，为在 5 年后获得 80000 元，现在应存入银行多少钱？

解：由式（4-6）可得

$$P = F(1+i)^{-n} = 80000 \times (1+7\%)^{-5} = 57038.89（元）$$

即现应存入银行 57038.89 元。

二、等额多次支付公式 （Uniform Payment Formula）

等额支付是多次支付形式中的一种。现金流入和流出在多个时点上发生，而不是集中在某个时点上，这就叫多次支付。现金流数额的大小可以是不等的，也可以是相等的。当现金流序列是连续且相等的，则称为等额序列现金流。等额现金流序列有四个等值计算公式。

1. 等额支付终值公式（Uniform Series Compound Amount Formula）

每年年末有一等额现金流序列，每年的金额均为 A，称为等额年值。在利率为 i 的情况下，n 年后的终值 F 为多少？现金流图见图 4-4。

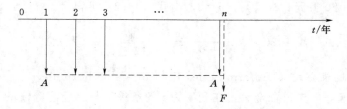

图 4-4 等额序列现金流图之一

上述问题，可将等额序列视为 n 个一次支付的组合，利用一次支付终值公式，推导出等额支付终值公式。

$$F = A + A(1+i) + A(1+i)^2 + \cdots + A(1+i)^{n-1}$$
$$= A[1 + (1+i) + (1+i)^2 + \cdots + (1+i)^{n-1}]$$

利用等比级数求和公式，得

$$F = A\left[\frac{(1+i)^n - 1}{i}\right] = A(F/A, i, n) \qquad (4-7)$$

式 (4-7) 即为等额支付终值公式。

式中 $\dfrac{(1+i)^n - 1}{i}$——等额支付终值因子（Uniform Series Compound Amount Factor），
亦可记为 $(F/A, i, n)$。

式 (4-7) 的经济意义是：对 n 期期末等额支付的现金流量 A，在利率为 i 的复利计算条件下，求第 n 期期末的终值（本利和 F），也就是已知 A、i、n 求 F。这个问题相当于银行的"零存整取"储蓄方式。

【例 4-7】 某人每年年末存入银行 15000 元，如存款利率为 7%，第 6 年末可得款多少？

解： 由式 (4-7) 可得出

$$F = A\left[\frac{(1+i)^n - 1}{i}\right] = 15000 \times \frac{(1+0.07)^6 - 1}{0.07} = 107299.36（元）$$

2. 等额支付偿债基金公式（Sinking Fund Deposit formula）

等额支付偿债基金公式是等额支付终值公式的逆运算。即已知终值 F，求与之等价的等额年值 A。由式 (4-7) 可直接导出

$$A = F\left[\frac{i}{(1+i)^n - 1}\right] = F \times (A/F, i, n) \qquad (4-8)$$

式中 $\dfrac{i}{(1+i)^n - 1}$——基金存储因子（Sinking Fund Deposit Factor）或偿债基金因子，
常以符号 $(A/F, i, n)$ 表示。

式 (4-8) 的经济意义是：当利率为 i 时，在复利计算的条件下，如果需在 n 期期末能一次收入 F 数额的现金，那么在这 n 期内连续每期期末需等额支付 A 为多少，也就是

已知 F、i、n 求 A。

【例 4-8】 某人欲积累一笔资金用于 3 年后建一幢楼房，计划该楼的建设投资是 20 万元。银行利率为 7%，问每年末至少要存款多少？

解： 已知 $F=20$ 万元，$i=7\%$，$n=3$，由式（4-8）可得

$$A = 20 \times \left[\frac{0.07}{(1+0.07)^3 - 1}\right] = 6.22（万元）$$

3. 等额支付现值公式（Uniform Series Present Value Formula）

若在每年年末等额支付资金 A，在利率为 i 的条件下与之经济等值的现值是多少？其现金流图见图 4-5。

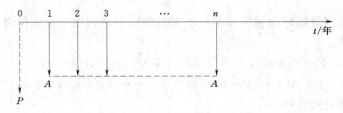

图 4-5　等额支付现金流图之二

这时有

$$P = F\left[\frac{1}{(1+i)^n}\right] = A\left[\frac{(1+i)^n - 1}{i}\right]\frac{1}{(1+i)^n}$$

$$= A\left[\frac{(1+i)^n - 1}{i(1+i)^n}\right] = (P/A, i, n) \tag{4-9}$$

式中 $\dfrac{(1+i)^n - 1}{i\,(1+i)^n}$——等额支付现值因子（Uniform Series Present Value Factor），常用符号 $(P/A, i, n)$。

式（4-9）的经济意义是：在利率为 i，复利计息的条件下，求 n 期内每期期末发生的等额支付现金 A 的现值 P，即已知 A、i、n 求 P。

【例 4-9】 假设某人想在今后 10 年中每年年末得到养老金 5 万元，设利率为 7%，现在应存入多少元？

解： 由式（4-9），可得

$$P = A\left[\frac{(1+i)^n - 1}{i(1+i)^n}\right] = 5 \times \frac{(1+0.07)^{10} - 1}{0.07 \times (1+0.07)^{10}} = 35.12（万元）$$

即应一次性存入 35.12 万元。

4. 等额支付资金回收公式（Capital Recovery Formula）

等额支付资金回收公式是等额支付现值公式的逆运算，即已知现值，求与之等价的等额年值 A。由式（4-9）可直接导出

$$A = P\left[\frac{i(1+i)^n}{(1+i)^n - 1}\right] = P(A/P, i, n) \tag{4-10}$$

式中　$\dfrac{i\ (1+i)^n}{(1+i)^n-1}$——资金回收因子（Capital Recovery Factor），常以 $(A/P,\ i,\ n)$ 表示。这是一个重要的因子，对项目进行技术经济评价时，它表示在考虑资金时间价值的条件下，对应于项目的单位投资，在项目寿命期内每年至少应该回收的金额。如果对应于单位投资的实际回收金额小于这个值，在项目的寿命期内就不可能将全部投资收回。

【例 4-10】 一套设备 50000 元，希望在 5 年内等额收回全部投资，若折现率为 7%，问每年至少应回收多少？

解： 由式（4-10）可得出

$$A = P\left[\frac{i(1+i)^n}{(1+i)^n-1}\right] = 50000 \times \left[\frac{0.07 \times (1+0.07)^5}{(1+0.07)^5-1}\right] = 12194.52（元）$$

三、等差多次支付公式 (Arithmetic Gradient Formula)

水利水电工程的建设往往历时较长，常见的情形是随着工程的进展，机组设备逐年增加，发电效益和年运行费亦随之逐年递增，直至全部发电机组安装完毕。这时，现金流量表现为逐年递增的等差系列，下面就对这种等差系列的资金等值计算进行讨论。

设有一系列等差现金流 0，G，$2G$，…，$(n-1)G$ 分别于第 $1，2，3，…，n$ 年年末发生，求该等差系列在第 n 年年末的终值 F、在第 1 年年初的现值 P，以及相当于等额多次支付类型的年等值 A，假设年利率为 i。等差系列类型的典型现金流量如图 4-6 所示。

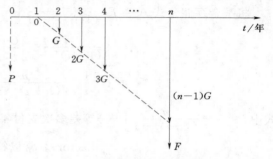

图 4-6　等差系列资金流程图

等差系列现金流量的折算公式有以下三个。

1. 等差支付终值公式（已知 G 求 F）

由图 4-6 可知，该等差系列的终值可以看做是若干不同年数而同时到期的资金总额，则第 n 年年末的终值 F 可以用下式计算：

$$F = G(1+i)^{n-2} + 2G(1+i)^{n-3} + \cdots + (n-2)G(1+i)^1 + (n-1)G \quad (4-11)$$

将式（4-11）左右两边同时乘以 $(1+i)$，得

$$(1+i)F = G(1+i)^{n-1} + 2G(1+i)^{n-2} + \cdots + (n-2)G(1+i)^2 + (n-1)G(1+i)$$
$$(4-12)$$

式（4-12）减式（4-11），得

$$Fi = G(1+i)^{n-1} + G(1+i)^{n-2} + \cdots + G(1+i)^1 - (n-1)G \quad (4-13)$$

再次将式（4-13）左右两边同时乘以 $(1+i)$，得

$$Fi(1+i) = G(1+i)^n + G(1+i)^{n-1} + \cdots + G(1+i)^2 - (n-1)G(1+i) \quad (4-14)$$

式（4-14）减式（4-13），得

$$Fi^2 = G(1+i)^n - nG(1+i) + (n-1)G$$

整理可得

$$F = \frac{G}{i}\left[\frac{(1+i)^n - 1}{i} - n\right] = \frac{G}{i}\left[(F/A, i, n) - n\right] = G(F/G, i, n) \qquad (4-15)$$

式中　$\dfrac{1}{i}\left[\dfrac{(1+i)^n - 1}{i} - n\right]$——等差多次支付终值因子（Arithmetic Series Compound A-mount Factor），常以符号 $(F/G, i, n)$ 表示。

2. 等差支付现值公式（已知 G 求 P）

将一次支付终值公式 $F = P(1+i)^n$，代入式（4-15），可得

$$P = \frac{1}{(1+i)^n}\frac{G}{i}\left[\frac{(1+i)^n - 1}{i} - n\right] = \frac{G}{i}\left[\frac{(1+i)^n - 1}{i(1+i)^n} - \frac{n}{(1+i)^n}\right]$$

$$= \frac{G}{i}\left[(P/A, i, n) - n(P/F, i, n)\right] = G(P/G, i, n) \qquad (4-16)$$

式中　$\dfrac{1}{i}\left[\dfrac{(1+i)^n - 1}{i(1+i)^n} - \dfrac{n}{(1+i)^n}\right]$——等差多次支付现值因子（Arithmetic Series Present Value Factor），常以符号 $(P/G, i, n)$ 表示。

3. 等差支付年值公式（已知 G 求 A）

将基金存储公式 $A = F\left[\dfrac{i}{(1+i)^n - 1}\right] = F(A/F, i, n)$ 代入式（4-15），可得

$$A = \left[\frac{i}{(1+i)^n - 1}\right]\frac{G}{i}\left[\frac{(1+i)^n - 1}{i} - n\right]$$

$$= G\left[\frac{1}{i} - \frac{n}{(1+i)^n - 1}\right] = G(A/G, i, n) \qquad (4-17)$$

式中　$\left[\dfrac{1}{i} - \dfrac{n}{(1+i)^n - 1}\right]$——等差多次支付年值因子（Arithmetic Series Capital Recovery Factor），常以符号 $(A/G, i, n)$ 表示。

【例 4-11】　有一项水利工程，在最初 10 年内，效益逐年成等差增加，具体各年效益见表 4-2。

表 4-2　　　　　　　　　　　　某水利工程各年效益表

年份	1	2	3	4	5	6	7	8	9	10
效益/万元	100	200	300	400	500	600	700	800	900	1000

已知 $i = 7\%$，试问：（1）到第 10 年末的总效益为多少万元（假定效益发生在年末）？（2）这 10 年的效益现值（第一年年初）为多少？（3）这些效益相当于每年均匀获益多少？

解：该问题的资金流程图如下：

由等差系列计算公式的推导过程可知，如果要直接利用这些公式进行计算，就必须满足一定的前提条件，即：系列的第一个值必须为 0，现值折算基准点为系列的第一年（现金流量为 0 的那一年）的年初。

由于本例要求的折现基准点为图中的 0 点，所以不能直接使用前面推导的公式。为此，在图 4-7 中 $P = 100$ 的位置作水平线 a（点划线），将等差系列分为两部分：上半部分依然是一个 $G = 100$ 的等差系列，且 $n = 10$ 年；下半部分成为一个等额系列，且 $A = 100$，$n = 10$。两个系列的计算基准点均为图 4-7 中的 0 点。于是，直接使用公式的条件

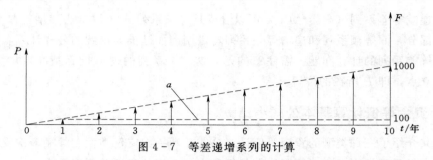

图 4-7 等差递增系列的计算

就满足了，只要对两个系列分别进行计算，两部分之和就是原来的等差系列。

（1）10 年后的效益终值为

$$F = A\left[\frac{(1+i)^n - 1}{i}\right] + \frac{G}{i}\left[\frac{(1+i)^n - 1}{i} - n\right]$$

$$= 100 \times \frac{(1+0.07)^{10} - 1}{0.07 \times (1+0.07)^{10}} + \frac{100}{0.07} \times \left[\frac{(1+0.07)^{10} - 1}{0.07} - 10\right] = 6833.7（万元）$$

（2）10 年的效益现值为

$$P = A\left[\frac{(1+i)^n - 1}{i(1+i)^n}\right] + \frac{G}{i}\left[\frac{(1+i)^n - 1}{i(1+i)^n} - \frac{n}{(1+i)^n}\right]$$

$$= 100 \times \frac{(1+0.07)^{10} - 1}{0.07 \times (1+0.07)^{10}} + \frac{100}{0.07} \times \left[\frac{(1+0.07)^{10} - 1}{0.07 \times (1+0.07)^{10}} - \frac{10}{(1+0.07)^{10}}\right]$$

$$= 3473.9（万元）$$

当然，也可以利用一次支付现值公式将终值直接折算为现值，即

$$P = \frac{F}{(1+i)^n} = \frac{6833.7}{(1+0.07)^{10}} = 3473.9（万元）$$

（3）相当于每年均匀获益为

$$A = a + G\left[\frac{1}{i} - \frac{n}{(1+i)^n - 1}\right]$$

$$= 100 + 100 \times \left[\frac{1}{0.07} - \frac{10}{(1+0.07)^{10} - 1}\right] = 494.6（万元）$$

可见，使用等差系列的计算公式时，最重要的是确定计算基准点，根据基准点可判断是否满足直接使用计算公式的条件，并正确确定计算期的长度。

上述等差系列的计算公式，都是按等差递增的情况推导出来的，如果系列为等差递减，如图 4-8 阴影部分所示，则不能直接使用这些公式进行计算。但是，只要做一些变换，就又可以利用原来的计算式。

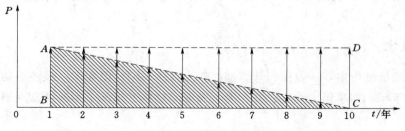

图 4-8 等差递减与等差递增系列的转换

　　图中递减等差系列（阴影 ABC）可以看成是等额系列 $ABCD$ 减去递增等差系列 ACD 后的剩余部分，而等额系列和递增等差系列均可用前面已推导得到的公式计算，于是就解决了递减等差系列的计算问题。需注意的是，这三个系列的现值折算基准点均为图 4-8 中所示的 0 点，即 P 所在的位置。

四、资金等值计算基本公式小结

　　本章共介绍了三种类型的资金等值计算公式，即一次支付类型、等额多次支付类型及等差多次支付系列类型。为了便于比较分析和查阅，将公式汇总列表见表 4-3。

表 4-3　　　　　　　　　　　　　　　资金等值计算基本公式

类型	公式名称	已知	求解	计 算 公 式	系数名称及表示符号
一次支付	一次支付终值公式	P	F	$F=P(1+i)^n$	一次支付终值因子（F/P, i, n）
	一次支付现值公式	F	P	$P=F/(1+i)^n$	一次支付现值因子（P/F, i, n）
等额多次支付	等额支付终值公式	A	F	$F=A\left[\dfrac{(1+i)^n-1}{i}\right]$	等额支付终值因子（F/A, i, n）
	基金存储公式	F	A	$A=F\left[\dfrac{i}{(1+i)^n-1}\right]$	存储基金公式因子（A/F, i, n）
	等额支付现值公式	A	P	$P=A\left[\dfrac{(1+i)^n-1}{i(1+i)^n}\right]$	等额支付现值因子（P/A, i, n）
	资金回收公式	P	A	$A=P\left[\dfrac{i(1+i)^n}{(1+i)^n-1}\right]$	资金回收公式因子（A/P, i, n）
等差多次支付	等差支付终值公式	G	F	$F=\dfrac{G}{i}\left[\dfrac{(1+i)^n-1}{i}-n\right]$	等差多次支付终值因子（F/G, i, n）
	等差支付现值公式	G	P	$P=\dfrac{G}{i}\left[\dfrac{(1+i)^n-1}{i(1+i)^n}-\dfrac{n}{(1+i)^n}\right]$	等差多次支付现值因子（P/G, i, n）
	等差支付年值公式	G	A	$A=G\left[\dfrac{1}{i}-\dfrac{n}{(1+i)^n-1}\right]$	等差多次支付年值因子（A/G, i, n）

　　在以上资金等值计算公式中，一次支付终值公式是最基本的，其他所有公式均可由它推导而来。从理论上讲，资金等值计算只需要这一个公式就可以了。但是，当现金流系列呈现某种规律，如等额、等差时，直接使用那些推导出来的公式会比较方便。

　　其次，等额系列终值公式也比较重要，等额多次支付类型的其他公式均可由等额系列终值公式与一次支付终值公式联合推导得到。

第五节　名义年利率与实际年利率

一、概念

　　在工程经济分析中，一般复利计算都以年为计息周期。但在实际经济活动中，计息周期也可能小于年，如半年、季度、月、周、天等。这样就出现了不同计息周期的利率换算问题。

　　所谓名义年利率（Nominal Annual Interest Rate）是指计息周期不为年，但常以年表示的利率。假如计息周期为月，且月利率为1%，通常称为"年利率12%，每月计息一次"，这个年利率12%称为"名义年利率"。因此，名义年利率等于每一计息周期的利率与每年的计息周期数的乘积。名义年利率忽略了利息的时间价值，是按单利法计算一年所得利息与本金之比。若按单利计息，名义年利率与实际年利率（Effective Annual Interest Rate）是一致的。但是，按复利计算，即考虑利息的时间价值，上述"年利率12%，每月计息一次"的实际年利率则不等于名义年利率。

假如本金1000元，年利率12%，若每年计息一次，一年后本利和为

$$F = 1000 + (1 + 0.12) = 1120(元)$$

按年利率12%，每月计息一次，一年后本利和为

$$F = 1000 \times (1 + 0.12/12)^{12} = 1126.8(元)$$

实际年利率 i 为

$$i = \frac{1126.8 - 1000}{1000} \times 100\% = 12.68\%$$

这个"12.68%"就是实际年利率。

二、名义年利率与实际年利率的关系

设名义年利率为 r，一年中计息次数为 m，则一个计息周期的利率应为 r/m，一年后本利和为

$$F = P(1 + r/m)m$$

利息为

$$I = F - P = P(1 + r/m)m - P$$

按利率定义，得实际年利率 i 为

$$i = \frac{I}{P} = \frac{P(1 + r/m)^m - P}{P} = (1 + r/m)^m - 1$$

所以，名义年利率与实际年利率的换算公式为

$$i = (1 + r/m)^m - 1 \tag{4-18}$$

当 $m = 1$ 时，名义年利率等于实际年利率；当 $m > 1$ 时，实际年利率大于名义年利率。当 $m \to \infty$ 时，即按连续复利计算时，i 与 r 的关系为

$$i = \lim_{m \to \infty}[(1 + r/m)^m - 1] = \lim_{m \to \infty}[(1 + r/m)^{m/r}]^r - 1 = e^r - 1 \tag{4-19}$$

在上例中，若按连续复利计算，实际利率为

$$i = e^{0.12} - 1 = 1.1275 - 1 = 12.72\%$$

思 考 题 与 习 题

1. 什么叫"资金的时间价值"？

2. 利息主要有几种？它们之间有何区别？它们的基本公式是什么样的？它们之间相差有多大？请举例说明。

3. 若本金一定，利息的多少主要与哪两个因素有关？这两个因素对利息影响有多大？

请举例说明。

4. 解释名词：本金、利息、本利和、利率、利息期数，并写出常用符号。

5. 解释名词：等值（等价）、现值、终值、等额年金、计算期，并写出常用符号。

6. "现值"是否指"现在的价值"？"终值"是否指"将来的价值"？

7. 什么是"现金流程图"？绘制现金流程图应遵循哪些基本规则？现金流程图有什么作用？

8. 复利折算的9个基本公式是什么样的？其中9个复利折算因子指的是什么？各有何简记符号？

9. 若本金为3000元，年利率为5%，试分别求出1年、2年、5年、10年、20年、50年、100年后的本利和，用单利、复利两种方法计算并列表对比。

10. 按复利计算以下两题：

（1）现存入银行8000元，年利率5%，则5年后的本利和为多少？

（2）年利率5%，要在5年后得到本利和10000元，现在需存入银行多少钱？

11. 某工程项目建设期为7年，在此期间，每年年末向银行贷款100万元，年利率8%，求在工程建设期结束时应一次还贷多少万元？若该工程在第7年末一次性还银行贷款800万元，则该工程每年年末向银行贷款了多少？

12. 某人打算在银行存款，期望4年内收回全部本利和，而且每年收回金额相等为2000元，若年复利率5%，起初应在银行存入多少钱？

13. 某人以年利率6%借贷了10000元，他期望10年内平均摊还全部本利和，试问每年须摊还多少？

14. 设某水库建成后第1年末供水效益为500万元，随着库区范围内社会经济持续增长，供水量逐年增加，供水效益为一个等差递增序列，$G = 100$万元，$i = 6\%$，则该水库10年后的总效益的是多少？若平摊到每一年，则年均效益是多少？

15. 某机器第1年的运行成本为4000元，以后呈递增趋势，每年增加500元，10年后机器宣告报废，其年利率为10%，试问每年的等值成本为多少？

16. 第12题中，若按月利率1%，在1年内按复利计算12次，试问实际上相当于按什么年复利率计算一次？请写出实际年利率与名义年利率。

17. 某公司生产一种新型电脑，销售价为每台2万元。因有些买主不能一次付清，公司允许分期付款，但按1.5%的月利率计算欠款利息，现有两位买主，请你帮忙计算各自应付的款项：

（1）提货时付款4000元，其余的在5年内半年还一次，每次付款相等，问每次应付款多少？

（2）在3年内每月还500元，不够的在第3年末全部还清，问最后一次要还多少？

第五章 经济效果评价指标和评价方法

工程经济效果评价是投资项目或方案评价的核心内容，是项目决策科学化的重要手段。经济效果评价通常应从两方面加以考察：一是所谓"绝对经济效果检验"，即通过项目方案本身的收益与费用的比较评价方案；二是"相对经济效果检验"，即从多个方案中选择最优方案。在工程经济分析中，两者总是相辅相成的。

项目的经济效果可以用一系列的经济评价指标来反映，它们从不同角度反映项目的经济性。这些指标主要可以分为两类：一类是以货币单位计量的价值型指标，如净现值、净年值、费用现值、费用年值等；另一类是反映资金利用效率的效率型指标，如效益费用比、内部收益率等。由于这两类指标是从不同角度考察项目的经济性，所以在对项目方案进行经济效果评价时，应当尽量同时选用这两类指标而不是单一指标。

按是否考虑资金的时间价值，经济效果评价指标分为静态评价指标和动态评价指标。不考虑资金时间价值的评价指标称为静态评价指标；考虑资金时间价值的评价指标称为动态评价指标。静态评价指标主要用于技术经济数据不完备和不精确的项目初选阶段；动态评价指标则用于项目最后决策的可行性研究阶段。本书中主要讨论动态评价指标及其评价方法。

第一节 净现值（年值）法

一、净现值〔Net Present Value，NPV〕

所谓净现值就是根据项目方案所期望的基准收益率，将各年的净现金流量折算至基准点的现值，也即项目全部效益现值减去全部费用现值的差额，现值法就是用净现值来评价方案是否可行，并选出较优方案的经济分析方法。净现值的计算公式可以表示为

$$NPV = PB - PC = \sum_{t=0}^{n}(B_t - C_t)(1+i)^{-t}$$

$$= \sum_{t=0}^{n}(B_t - K_t - U_t)(1+i)^{-t} \tag{5-1}$$

式中　PB、PC——项目折算至基准点的效益现值及费用现值；

$\quad\quad B_t - C_t$——第 t 年的净效益；

$\quad\quad\quad i$——基准折现率；

$\quad\quad K_t$、U_t——第 t 年的投资及年运行费。

当 $NPV \geqslant 0$，即 $PB \geqslant PC$，表示项目总效益不小于总费用，方案在经济上是可行的；当 $NPV < 0$，即 $PB < PC$，表示项目总效益小于总费用，方案在经济上是不可行的。

在方案比较中，如果遇到项目不易准确定量但效益基本上相等时（如水电与火电方案的比较等），则费用现值 PC 最小的方案是最好的方案；如费用基本相同，则效益现值 PB 最大的方案是经济上最有利的方案。

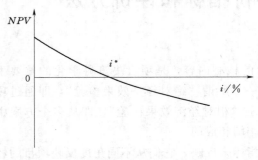

图 5-1　净现值 NPV 与折现率 i 的关系

由净现值的计算表达式可以看出，净现值的大小对折现率 i 比较敏感。若以纵坐标表示净现值，横坐标表示折现率 i，则净现值 NPV 与折现率 i 的关系可以用图 5-1 表示。

可见净现值 NPV 与折现率 i 的关系有如下特点：

（1）净现值随折现率的增大而减小，故基准折现率 i 定得越高，能被接受的方案就越少。

（2）曲线与横轴的交点表示在该折现率 i^* 下，净现值 NPV 等于 0，这个 i^* 是一个具有重要经济意义的折现率临界值，被称为内部收益率，后面再对其作专门分析。

净现值法具有计算简便、直观明了的优点，而且无需进行增量分析，用于寿命期相同的互斥方案尤为合适。而对于寿命期不同的方案则要做些处理，处理的办法有：①以各方案寿命的最小公倍数为公共的计算分析期，期内各方案均有若干次设备更新（假设等额重置）；②以各方案中最短的寿命为计算期，其余方案在期末计算期末残值；③以各方案中最长的寿命为计算期，其余方案进行若干次设备更新（假设等额重置），并计算期末残值。

应该说明，用现值法进行经济评价时，折算率常是已知的，要根据有关部门规范、规程选定。

虽然现值法几乎适用于任何项目经济评价，但由于净现值不考虑各方案投资额的大小，因而不直接反映资金的利用效率；为了考察资金的利用效率，通常用净现值作为净现值的辅助指标。净现值率（$NPVI$）是项目净现值（NPV）与项目投资现值（PC）之比，即 $NPVI = NPV/PC$，其经济含义是单位投资现值所能带来的净现值。

对于单一项目而言，如果 $NPV \geqslant 0$，则 $NPVI = NPV/PC \geqslant 0$；如果 $NPV < 0$，则 $NPVI = NPV/PC < 0$。因此，用净现值率评价单一项目经济效果时，其判别准则与净现值相同。

对于多方案比较，因为净现值不能反映项目的资金利用效率，所以用净现值法来评价方案时，往往会得出投资大的方案优的结论，而这个投资大的方案的单位投资效果或许还不如投资小的方案。因此，对于投资不同的方案，除了进行净现值的比较外，必要时还应进一步计算净现值率。在使用这两个指标进行经济评价时，有时会得出相反的结论。因为用净现值法选择方案，倾向于选择投资大、盈利相对较高的方案，而用净现值率法选择方案，则倾向于选择投资较小而单位投资经济效益较高的方案。在资金短缺的情况下，净现值率的利用就显得十分必要了。因此，在实际工作中，两个指标应结合使用。

在工程经济分析中，还会遇到分析期无限长的问题。例如，存一笔钱到银行，假设银行年利率 i 不变，每年年末均可以从银行提取这笔存款的利息，直至永久。这时利息就是

每年要提取的等额年金 A，本金就是准备存入银行的现值 P，其利息的计算公式为

$$A = Pi \quad 或 \quad P = A/i \tag{5-2}$$

式中　P——核定资金。

式（5-2）仅当 $n \rightarrow \infty$ 时，才能成立，它是极限形式：

$$A = \lim_{n \to \infty} p(A/P, i\%, n) = \lim_{n \to \infty} p \frac{i(1+i)^n}{(1+i)^n - 1}$$

【例 5-1】 某企业欲购新设备，有两种方案（购买费用、年净效益等数据见表 5-1）。复利计，年折算利率为 $i = 8\%$。试选择方案。

表 5-1　　　　　　　　　**两　种　方　案　现　金　流　量**

方案	购买费/万元	年净效益/万元	使用期/年	残值/万元
甲	2000	450	10	80
乙	3000	650	10	150

解： 这是分析期相同的两个方案的经济比较问题，首先画出资金流程图，具体见图 5-2 和图 5-3，其中残值作为收益。

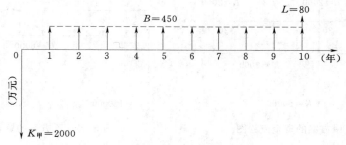

图 5-2　甲方案的资金流程图

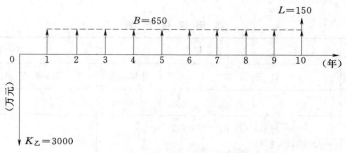

图 5-3　乙方案的资金流程图

根据上述资金流程图，分别计算净现值如下：

$$NPV_甲 = 450(P/A, 8\%, 10) + 80(P/F, 8\%, 10) - 2000$$
$$= 450 \times 6.7101 + 80 \times 0.4632 - 2000$$
$$= 1056.60 (万元)$$

$$NPV_乙 = 650(P/A, 8\%, 10) + 150(P/F, 8\%, 10) - 3000$$
$$= 650 \times 6.7101 + 150 \times 0.4632 - 3000$$
$$= 1431.05 (万元)$$

$NPV_乙 > NPV_甲$，乙方案优。

【例 5-2】 试采用现值法比较表 5-2 所列的两个方案。两种方案同样满足生产要求，已知年折算利率为 8%。

表 5-2   两种方案现金流量

方案	投资/元	使用期/年	年运行费/元	残值/元
甲	50000	20	8000	2000
乙	120000	40	6000	4000

解：首先要注意本题中两个方案的使用期不同，分别为 20 年和 40 年，最小公倍数为 40 年。因此，可选 40 年作为分析期来计算两个方案的费用现值。这种情况下，方案的设备在 20 年末要等额重置一次。其次，本题属于产出相同而比较费用的情况，应以费用小者为佳。画出资金流程图，见图 5-4 和图 5-5。

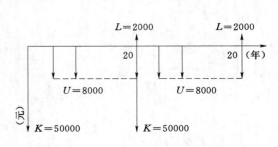

图 5-4 甲方案的资金流程图

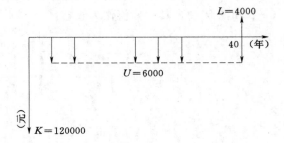

图 5-5 乙方案的资金流程图

具体计算列入表 5-3 中。

表 5-3   费用现值计算   单位：元

项 目	方 案 甲		方 案 乙	
	计 算 公 式	计算结果	计 算 公 式	计算结果
投资		50000		120000
20 年更换设备投资	$(50000-2000)(P/F, 8\%, 20)$ $=48000 \times 0.2145$	10296		
年运行费	$8000(P/A, 8\%, 40)$ $=8000 \times 11.925$	95400	$6000(P/A, 8\%, 40)$ $=6000 \times 11.925$	71550
40 年末之残值	$2000(P/F, 8\%, 40)$ $=2000 \times 0.0460$	-92	$4000(P/F, 8\%, 40)$ $=4000 \times 0.0460$	-184
40 年中总支出		155604		191366

从表 5-3 可以看出，甲方案费用现值小，因此方案甲较优。

【例 5-3】 某企业打算建立一项奖励基金，奖给有贡献的人，每年颁发一次，每次 1

万元，设年利率 8%，问该企业现在一次准备多少资金存入银行，才能保证每年有这笔奖金？

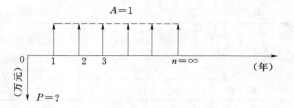

图 5-6 某企业的资金流程图

解：这是属于分析期无限长的问题，作资金流程图如图 5-6 所示。

将 $A=1$ 万元、$i=0.08$，代入公式 $P=A/i$，得 $P=1/0.08=12.5$（万元）。

即：该公司现在只要一次存入 12.5 万元，每年就可以提取 1 万元作为奖励基金，并且可永久提取。

二、净年值（Net Annual Value，简称 NAV）

所谓净年值，是按给定的计算基准折现率，通过资金等值计算，将项目的净现值分摊到寿命期 n 年内的等额年值。净年值法，就是将各个比较方案在项目分析计算期内发生的所有收益和费用，按照最低希望收益率转化为等额年金，即通过资金等值计算将项目净现值分摊到分析期的各年内，根据年金值的大小来判断方案是否可行或进行多方案比较。各方案的净效益年金（NAV）既可通过净现值来计算，也可以通过分别计算出等额效益年金（AB）和等额费用年金（AC）后用（$AB-AC$）来表示。

净效益年金的计算表达式为

$$NAV = NPV(A/P, i, n)$$

$$= \sum_{t=0}^{n} (B_t - K_t - U_t)(1+i)^{-t}(A/P, i, n)$$

$$= \sum_{t=0}^{n} (B_t - C_t)(1+i)^{-t}(A/P, i, n) \qquad (5-3)$$

或 $\qquad NAV = AB - AC$

$$= \sum_{t=0}^{n} B_t(1+i)^{-t}(A/P, i, n) - \sum_{t=0}^{n} C_t(1+i)^{-t}(A/P, i, n) \qquad (5-4)$$

式中 $(A/P, i, n)$——资金回收因子。

用年金法进行经济评价的准则为：对单一项目方案，若 $NAV \geq 0$，则项目在经济上是可行的，反之，则不可行；对多方案优选时，NAV 大的方案为优。

在进行多方案选择时，如各比较方案的产出价值相等，则只需要计算各方案的费用年金 AC，AC 值小的方案为优；如各比较方案的费用相等，则只需计算效益年金 AB，AB 大的方案为优。

将净年值法计算公式及评价准则与净现值作一比较可见，两者只差一个固定因子 $(A/P, i, n)$，由于 $(A/P, i, n) > 0$，故净效益年金法与净现值法进行项目评价时的结论是一致的。

【例 5-4】 某地区要解决增长供电的要求，有两个方案，经济指标见表 5-4。假定年折算利率 8%，试选择方案。

表 5 - 4　　　　　　　　　　　　　　两 个 方 案 经 济 指 标

指标 方案	建设总投资/亿元	年运行费/亿元	年效益/亿元	使用年限/年
火电站	12	0.4	1.3	30
水电站	20	0.1	1.5	50

解： 作出两个方案的资金流程图（图 5 - 7、图 5 - 8）。火电站和水电站使用寿命不同，但不影响方案比较，要比较的是净效益年金。

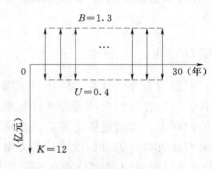

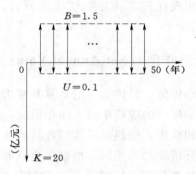

图 5 - 7　火电站的资金流程图　　　图 5 - 8　水电站的资金流程图

火电站效益年金：

$$AB_火 = B = 1.3 亿元$$

火电站费用年金：

$$AC_火 = U + K(A/P, i, n) = 0.4 + 12(A/P, 8\%, 30)$$
$$= 0.4 + 12 \times 0.0888 = 1.47(亿元)$$

火电站净效益年金：

$$NAV_火 = AB_火 - AC_火 = 1.3 - 1.47 = -0.17(亿元)$$

水电站效益年金：

$$AB_水 = B = 1.5 亿元$$

水电站费用年金：

$$AC_水 = U + K(A/P, i, n) = 0.1 + 20(A/P, 8\%, 50)$$
$$= 0.1 + 20 \times 0.0817 = 1.73(亿元)$$

水电站净效益年金：

$$NAV_水 = AB_水 - AC_水 = 1.5 - 1.73 = -0.23(亿元)$$

这两个方案都是经济上不可行方案，从经济效果来看均不可取，最好的方案是维持"零方案"。

【例 5 - 5】 为满足生产需要，某工厂要求从以下两可行方案中选择较优方案。已知折算利率 $i = 8\%$。各方案现金流量见表 5 - 5。

解： 这是属于效益相同的两个方案的选择问题，分别作出两个方案的资金流程图（图 5 - 9、图 5 - 10）。

方案	甲	乙	方案	甲	乙
一次性投资/元	80000	60000	使用期末残值/元	4000	3000
年运行费/元	10000	11000	使用年限/年	12	6

表 5-5　　　　　　　　　　两个方案现金流量

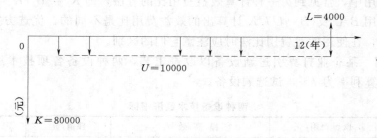

图 5-9　甲方案的资金流程图

甲方案 12 年内每年费用为

$$AC_{甲} = K(A/P, i, n) - L(A/F, i, n) + U$$

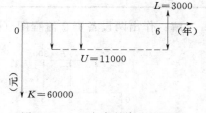

$$= 80000(A/P, 8\%, 12)$$

$$- 4000(A/F, 8\%, 12) + 10000$$

$$= 80000 \times 0.1327 - 4000 \times 0.0527 + 10000$$

$$= 20405(元)$$

乙方案 6 年内每年的年费用为

图 5-10　乙方案的资金流程图

$$AC_{乙} = 60000(A/P, 8\%, 6) - 3000(A/F, 8\%, 6) + 11000$$

$$= 60000 \times 0.2163 - 3000 \times 0.1363 + 11000$$

$$= 23569(元)$$

比较 $AC_{甲}$ 与 $AC_{乙}$ 可知，$AC_{甲} < AC_{乙}$，因此甲方案是较优方案。

通过设想较短使用期的设备由具有同等经济效果的设备更换，这就避开了分析期问题。因此，与现值法相比，年金法对分析期没有那么严格的要求，只要适当注意就可以了。

第二节　效益费用比法

效益费用比（Benefit Cost Ratio）指的是项目效益与费用的比值，可以是项目在整个经济分析期内的效益现值与费用现值之比，也可以是效益年金与费用年金之比。可用公式表示如下：

$$R = \frac{PB}{PC} \quad 或 \quad R = \frac{AB}{AC} \tag{5-5}$$

效益费用比法是按照项目的效益和费用的比值 R 来评价方案的经济合理性的。

一般情况下，当 $R \geqslant 1$，方案在经济上是可行的；当 $R < 1$，方案在经济上是不可行的。对于各自独立的不同方案的比较，R 越大是经济效益越好的方案。进行同一工程项目的不同规模比较时，还应计算增量效益费用比 ΔR。增量分析的原理是：按费用从小到大

排序，对相邻方案进行增量分析，即对增加的费用 ΔC 和增加的效益 ΔB，计算其增量效益费用比 $\Delta R = \Delta B / \Delta C$，并按以下规则判断：

（1）当 $\Delta R \geqslant 1$ 时，$\Delta B \geqslant \Delta C$，说明增加投资、扩大工程规模在经济上是合理的。

（2）当 $\Delta R < 1$ 时，$\Delta B < \Delta C$，说明增加投资、扩大工程规模在经济上是不合理的。

在实际应用中，常见到另一种计算效益费用比的方法，即 $R' = B_0 / K = (B - U)/K$。应该指出，采用 B/C 及 $(B-U)/K$ 计算出的效益费用比是不同的，优选方案的结论也可能相反，因此，在使用效益费用比法时应注意它们的区别。

【例 5-6】 某企业打算引进新设备以改进工艺，两种设备各项技术经济指标见表 5-6，假定折算利率为 7%，试选购设备。

表 5-6　　　　　　　　　　　**两种设备技术经济指标**

方案指标	购置费用/元	提 高 效 益	残值/元	使用期限/年
甲	1100	300 元	0	5
乙	1000	400 元起每年减少 50 元	0	5

解： 作出两设备资金流程图（图 5-11、图 5-12）。

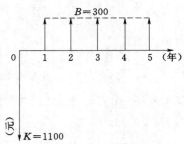

图 5-11　甲设备的资金流程图　　　　图 5-12　乙设备的资金流程图

具体计算时乙设备资金流程图可以分解为以下两图（图 5-13、图 5-14）。

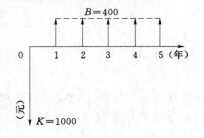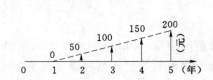

图 5-13　乙设备的资金流程图（1）　　　图 5-14　乙设备的资金流程图（2）

设备效益费用比：

$$R_{甲} = \frac{PB_{甲}}{PC_{甲}} = \frac{300(P/A, 7\%, 5)}{1100} = \frac{300 \times 4.1002}{1100} = \frac{1230}{1100} = 1.12$$

$$R_Z = \frac{PB_Z}{PC_Z} = \frac{400(P/A, 7\%, 5) - 50(P/G, 7\%, 5)}{1000}$$

$$= \frac{400 \times 4.1002 - 50 \times 7.6467}{1000} = \frac{1258}{1000} = 1.26$$

乙设备的效益费用比大，故选乙设备。

【例 5-7】 某工程项目，有三个方案供比较（投资、年收益、年运行费数据见表5-7。假设使用寿命为 20 年，年折算利率为 6%，试分别用效益费用比和增量效益费用比来选择方案。

表 5-7　　　　　　　　　　　　甲、乙、丙方案的现金流量表　　　　　　　　　　单位：万元

方案	投资	年收益	年运行费	残值
甲	400	90	15	12
丙	200	50	7	6
乙	100	18	4	3

解：以甲方案为例，画出资金流程图（图 5-15）。

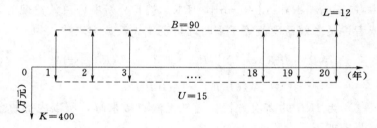

图 5-15　甲方案的资金流程图

（1）计算效益费用比法

$$R_{甲} = \frac{90 \times (P/A, 6\%, 20) + 12 \times (P/F, 6\%, 20)}{400 + 15 \times (P/A, 6\%, 20)}$$

$$= \frac{90 \times 11.4699 + 12 \times 0.3118}{400 + 15 \times 11.4699} = 1.8111$$

$$R_{乙} = \frac{18 \times (P/A, 6\%, 20) + 3 \times (P/F, 6\%, 20)}{100 + 4 \times (P/A, 6\%, 20)}$$

$$= \frac{18 \times 11.4699 + 3 \times 0.3118}{100 + 4 \times 11.4699} = 1.4217$$

$$R_{丙} = \frac{50 \times (P/A, 6\%, 20) + 6 \times (P/F, 6\%, 20)}{200 + 7 \times (P/A, 6\%, 20)}$$

$$= \frac{50 \times 11.4699 + 6 \times 0.3118}{200 + 7 \times 11.4699} = 2.0528$$

（2）计算增量效益费用比

将三个方案按费用从小到大排序，分别是乙、丙、甲。

方案乙→方案丙

$$\Delta R_{乙 \to 丙} = \frac{32 \times (P/A, 6\%, 20) + 3 \times (P/F, 6\%, 20)}{100 + 3 \times (P/A, 6\%, 20)}$$

$$= \frac{32 \times 11.4699 + 3 \times 0.3118}{100 + 3 \times 11.4699} = 2.7377$$

由 $\Delta R_{乙\to丙}>1$ 知，增加投资获得的效益大于所支付的费用，选费用大的方案，即丙方案优于乙方案。

方案丙→方案甲

$$\Delta R_{丙\to甲}=\frac{40\times(P/A,\ 6\%,\ 20)+6\times(P/F,\ 6\%,\ 20)}{200+8\times(P/A,\ 6\%,\ 20)}$$

$$=\frac{40\times11.4699+6\times0.3118}{200+8\times11.4699}=1.5789$$

由 $\Delta R_{丙\to甲}>1$ 知，增加投资获得的效益大于所支付的费用，选费用大的方案，即甲方案优于丙方案。

综合上述比较可得甲方案最优。

第三节 内 部 收 益 率 法

内部收益率（Internal Rate of Return，IRR）就是分析期内总效益现值等于总费用现值时的折现率或者说是净效益现值等于零时的折现率。其数学表达式为

$$NPV(IRR)=\sum_{t=0}^{n}(B_t-C_t)(1+IRR)^{-t}=0 \tag{5-6}$$

或

$$AB(IRR)=AC(IRR) \tag{5-7}$$

由于式（5-6）为 IRR 的高次方程，通常无法直接求解，所以内部收益率的计算一般采用试算法。步骤如下：

假定一个折现率，如所得净现值恰好为零，则此折现率即为该方案的内部回收率。实际上，一次试算就求出内部收益率的可能性很小。

如果净现值大于零，应另选一较大的折现率再算；如果净现值小于零，应另选一较小的折现率再算。

如果以 i_1 值计算，得到 NPV_1 为正值，以 i_2 值计算，得到 NPV_2 为负值。则可用线性内插法计算出内部收益率 IRR，计算公式如下：

$$IRR=i_1+(i_2-i_1)\frac{NPV_1}{NPV_1+|NPV_2|} \tag{5-8}$$

为控制误差，i_2-i_1 一般不应该超过 0.02。

如图 5-16 所示，以线段 AC 作为曲线段 AC 的近似，则线段 AC 与横轴的交点 E 即为 IRR 的近似值。

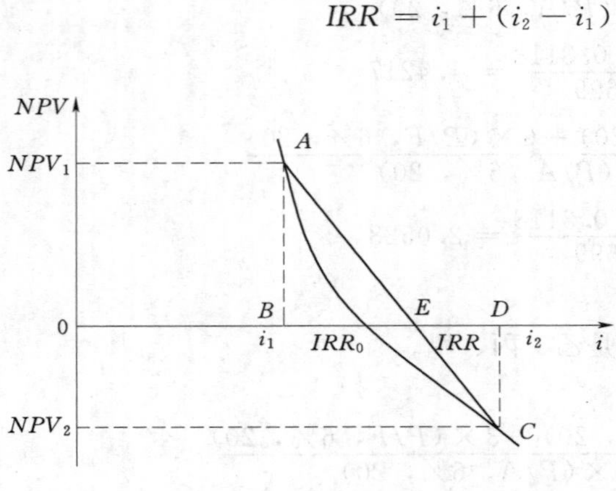

在所有经济评价指标中，除净现值外，内部收益率是另一个最重要的指标，该指标是投资项目财务盈利性分析的重要评价依据。

若基准折现率为 i_0，项目求得的内部收益率为 IRR，则：

（1）当 $IRR\geqslant i_0$ 时，项目在经济上可

图 5-16 线性插值求内部收益率

行，可接受该项目。

（2）当 $IRR < i_0$ 时，项目在经济上不可行，应予拒绝。

对于互斥方案的优选，还须进行增量分析。当各方案寿命期相同时，令对比方案增加的费用 ΔC 和增加的效益 ΔB 相等，然后求解方程的折算率 i_0，即为增加的 IRR。设有互斥方案 A、B：

因为
$$\Delta C = \Delta B$$

即
$$C_A - C_B = B_A - B_B$$

移项得
$$B_A - C_A = B_B - C_B$$

所以
$$NPV_A = NPV_B$$

如图 5-17 所示，J 点为 A、B 两方案净现值曲线的交点，在该点 $NPV_A = NPV_B$，相应的折现率即为 ΔIRR。

由图中可以看出：

当 $i_0 < \Delta IRR$ 时，$NPV_A > NPV_B$，选方案 A；

当 $\Delta IRR < i_0 < IRR_A$ 时，$NPV_A < NPV_B$，选方案 B；

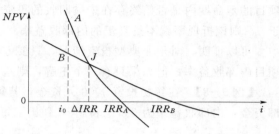

图 5-17 净现值 NPV 与折现率 i 的关系

当 $IRR_A < i_0 < IRR_B$ 时，$NPV_A < 0$，$NPV_B > 0$，方案 A 不可行，选方案 B；

当 $i_0 > IRR_B$ 时，$NPV_A < 0$，$NPV_B < 0$，方案 A、B 均不可行。

如果各方案寿命期不同，只需将对比方案的净现值替换成净年值，令各方案净年值 NAV 相等，然后解方程得到 ΔIRR。

内部收益率的经济含义是指项目对初始投资的偿付能力或项目对贷款利率的最大承受能力。当项目在整个寿命期内按利率 $i = IRR$ 计算时，始终存在着未能回收的投资，只有在项目寿命结束时，才能刚好以每年的净收益将投资完全收回。因此，内部收益率又可定义为项目寿命期末回收投资所获得的利率。

内部收益率的缺点主要是人工计算比较繁琐，需要反复试算。在 Microsoft Excel 中，有 IRR 函数，可以很方便地算出 IRR。从指标本身的特点考虑，IRR 不能反映项目的寿命期及其规模的不同，故不适宜作为项目优先排队的依据。此外，对于非典型的投资项目，可能出现内部收益率的解不唯一的问题。以下就这个问题稍作讨论和分析。

首先说明典型投资的概念。典型投资是指项目投资都发生在工程建设初期，而后期只产生收益和年运行费的情况。在这种情况下，项目寿命初期净现金流量一般为负值（支出大于收入），进入正常生产期后，净现金流量逐渐变为正值（收入大于支出）。在项目整个寿命期内，净现金流量的数值由负变正的情况只发生一次。而对非典型投资，项目寿命后期又追加投资，导致多次出现净现金流量由负变正的情况。通常，绝大多数投资项目都属于典型投资的例子。

在计算 IRR 的表达式中，由于 B 和 C 的折现计算公式中包含 $(1+i)^n$ 项，因此该方程是一个 n 次代数方程。从理论上讲，该方程应该有 n 个解。

对于典型投资项目，其净现值现金流量的正负符号只变化一次，曲线与横轴只有唯一的交点，这个交点对应的 i 即为项目的内部收益率。

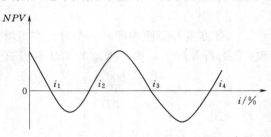

图 5-18 非典型投资下的净现值曲线

而对于非典型投资项目，例如在后期又追加投资的情况下，净现值现金流量的正负符号多次发生变化，这样曲线与横轴将有多个交点，即方程存在多重解，如图 5-18 所示。

这些解中是否有真正的内部收益率呢？这就需要按照内部收益率的经济含义进行检验：即以这些解作为折现率，看在项目的寿命期内是否始终存在未被回收的投资。只要在项目寿命期末的净现值不是刚好等于 0，则该折现率就不是真正的内部收益率。

可以证明，对于非典型投资情况，只要方程存在多个正解，则所有的解都不是真正的项目内部收益率；但如果只有一个正解，则这个解就是项目的内部收益率。

【例 5-8】 在年初投资 5000 元资金，若每年回收 1187 元，则在 5 年内可正好回收全部资金，内部收益率为 6%。表 5-8 列出了每年的投资回收情况。

表 5-8　　　　　　　　　　　投　资　回　收　情　况　　　　　　　　　　单位：元

年	现金流量	年初未回收投资	未回收投资利率为6%的利息	年末回收投资	年末未回收投资
0	−5000				
1	1187	5000	300	887	4113
2	1187	4113	247	940	3173
3	1187	3173	190	997	2176
4	1187	2176	131	1056	1120
5	1187	1120	67	1120	0
合计			935	5000	

【例 5-9】 有 A、B 两个工程方案（投资、年收益、年运行费数据见表 5-9），寿命期都为 10 年，设基准折现率为 10%，用内部收益率对两个方案进行评价。

表 5-9　　　　　　　　　　各年投资运行费及年效益　　　　　　　　　　单位：万元

方案	投资	年收益	年运行费	方案	投资	年收益	年运行费
A	200	50	10	B	340	80	16

解： 利用式（5-6）进行试算，结果列入表 5-10。

表 5-10　　　　　　　　　　A、B 方案内部收益率试算结果表

方案	IRR_1/%	NPV_1（>0）	IRR_2/%	NPV_2（<0）	内部收益率 i/%
A	15	0.76	16	−6.672	15.10
B	13	7.276	14	−6.170	13.54

A、B 两方案的内部收益率都大于基准折现率 10%，需进行增量分析。

令 $NPV_A = NPV_B$，经计算可得 $\Delta IRR_{AB} = 11.23\% > 10\%$，说明 A 方案不如 B 方案。

因此，B 方案为最优方案。

第四节 投资回收年限法

投资回收年限 T_n（Years in Return of Capital Investment，也称为投资回收期）是指以项目的逐年净收益偿还总投资所需的时间，一般以年为单位。投资回收年限是考察项目在财务上的投资回收能力的综合性指标。一般情况下，这一指标越短越好，其计算公式为

$$\sum_{t=0}^{T_n} \frac{(B_t - U_t) - K_t}{(1 + i_0)^t} = 0 \tag{5-9}$$

一般 T_n 从工程建设开始年起算，如果从运行开始年起算，则应加以说明。

对于非典型投资项目，投资回收年限可根据项目现金流量表中累计净现金量计算求得，一般是列表计算。

对于典型投资情况，可以推导投资回收年限的计算公式。如图 5-19 所示，设建设期投资为 K_t，运行期年效益为 B_t，年运行费为 U_t，施工期为 m 年，正常运行期为 n 年。

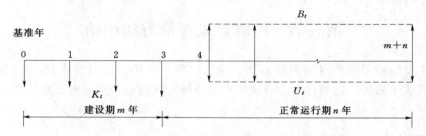

图 5-19 典型投资项目的投资回收年限示意图

将投资折算到基准年，有：$K = \sum_{t=1}^{m} \frac{K_t}{(1+i)^t}$，且运行期年均净效益为 $B_t - U_t$，设在折现率为 i 时，以年均效益 $B_t - U_t$ 偿还总投资 K 需要 T_n 年，有

$$K = (B_t - U_t) \frac{(1+i)^{T_n - m} - 1}{i(1+i)^{T_n - m}} \frac{1}{(1+i)^m}$$

$$\frac{K(1+i)^m}{B_t - U_t} = \frac{1}{i} - \frac{1}{i(1+i)^{T_n - m}}$$

$$\frac{1}{i(1+i)^{T_n - m}} = \frac{1}{i} - \frac{K(1+i)^m}{B_t - U_t} = \frac{B_t - U_t - Ki(1+i)^m}{i(B_t - U_t)}$$

$$(1+i)^{T_n - m} = \frac{B_t - U_t}{B_t - U_t - Ki(1+i)^m}$$

等式两边同时取对数后整理得

$$T_n = m + \{\ln(B_t - U_t) - \ln[B_t - U_t - Ki(1+i)^m]\}/\ln(1+i)$$

$$= m - \frac{\ln\left[1 - \frac{Ki(1+i)^m}{B_t - U_t}\right]}{\ln(1+i)} \tag{5-10}$$

设基准投资回收年限为 T_0，动态投资回收年限的判别准则为：若 $T_n \leqslant T_0$，项目可以被接受；否则应以拒绝。事实上，有战略意义的长期投资往往早期效益较低，而中后期效益较高。回收年限法优先考虑急功近利的项目，可能导致放弃长期成功的方案。此外，不考虑投资回收年限以后的收益，也就不能全面反映项目在寿命期内的真实效益，难以对不同的方案比较选择而做出正确判断。故用它作为评价依据时，有时会使决策失误。所以在多方案比较时，T_n 指标是一个辅助性指标，择优时还应采用前述的几种方法综合考虑。

【例 5 - 10】 某工程预计投资 1500 万元，竣工后年收益 300 万元，年运行费 100 万元，若年折算利率为 8%，使用寿命为 15 年，试计算该工程动态投资回收年限。

解：

$$T_n = m - \frac{\ln\left[1 - \dfrac{Ki(1+i)^m}{B_t - U_t}\right]}{\ln(1+i)}$$

$$= 0 - \frac{\ln\left(1 - \dfrac{1500 \times 0.08 \times 1.18^o}{300 - 100}\right)}{\ln(1+0.08)}$$

$$= 11.91(年)$$

第五节　经济效果评价方法小结

本章主要介绍了四种经济评价方法：净现（年）值法、效益费用比法、内部收益率法、投资回收年限法。这四种方法分别从不同角度对效益和费用进行比较，都属于动态经济分析方法。

一、评价指标比较

（一）净效益（现值或年值）、增量效益费用比及增量内部收益率

需要说明的问题包括两个方面：一是净效益法、效益费用比法、内部收益率法评价方案的结论是一致的；二是净效益法、增量效益费用比法、增量内部收益率法优选方案的准则和结论是一致的。

净效益是以绝对值作为评价方案的依据，效益费用比和内部收益率则是以相对值作为评价方案的依据。但只要仔细观察一下就会发现，只有在净效益不小于零的情况下，才能获得效益费用比不小于 1 和内部收益率不小于最低希望收益率。

增量效益费用比、增量内部收益率也是以净效益最大作为最优准则这一点，要做些说明容易理解。

我们知道，用增量效益费用比法优选方案时，如果 $\Delta B / \Delta C \geqslant 1$，选择投资大的方案，反之，选择小的方案；而当 $(B_2 - B_1)/(C_2 - C_1) \geqslant 1$ 时，即有 $(B_2 - B_1) \geqslant (C_2 - C_1)$，移项可得 $(B_2 - C_2) \geqslant (B_1 - C_1)$。因此，增量效益费用比仍是以净效益最大为准则的。

增量内部收益率是两方案效益增量现值 ΔB 和费用增量现值 ΔC 相等时的回收率。由本章第四节的分析可知，增量内部收益率法的实质仍然是净效益最大作为评价标准的。正因为现值法、年金法、增量效益费用比法、增量内部收益率法的评价准则是相同的。因

此，同样问题用四种方法中的任何一种来评价时，得出的结论是一致的。

（二）净效益与效益费用比

效益费用比法希望以最小的费用获得最大的效益，它与净效益法优选方案的结论可能一致，也可能相反。

可以通过对同一工程项目不同规模的各个方案之间的比较来说明这一问题。对于同一工程不同规模的各个方案，效益 B 和费用 C 之间的关系通常可表示成图 5-20 的形式。

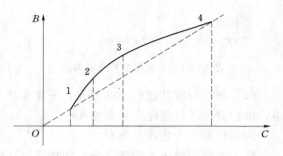

图 5-20　效益 B 与费用 C 的关系

图 5-20 中，在点 1 和点 2 之间，随着费用 C 的增加，$\Delta B/\Delta C > 1$，$B-C$ 值是不断增加的，项目规模增大是有利的；在点 2，$B/C = \max$，表示单位费用的效益最大。在点 2 与点 3 之间，B/C 值逐渐减小，但 $\Delta B/\Delta C$ 仍然大于 1，所以 $B-C$ 值继续增加；在点 3，$\Delta B/\Delta C = 1$、$B-C = \max$，即在点 3 处项目可获得最大净效益；在点 3 与点 4 之间，显然是不利的，因为 $\Delta B/\Delta C < 1$。

如果在点 1、点 2 之间选择方案，净效益法与效益费用比法优选方案的结论是一致的；如果在点 2 与点 3 之间选择方案，净效益法与效益费用比法优先方案的结论是相反的。如果条件允许，应尽可能在点 2 至点 3 之间选择较优方案。

除同一工程项目不同规模之外的其他情况下的多个比较方案，其效益随着费用变化的关系可能没有图 5-20 那样的规律，但用净效益法和效益费用比法优选方案的结论同样是可能一致，也可能不一致。

从图 5-17 也可以看到，内部收益率大的方案，其净效益不一定大。图 5-17 中，方案 B 的内部收益率大，当折现率 $i_0 \geqslant \Delta IRR$ 时，方案 B 的净效益也大，而当 $i_0 < \Delta IRR$ 时，方案 A 的净效益大。

二、评价指标分类

反映项目经济效果的常用指标有净现值、净年值、费用现值、费用年值、内部收益率、动态投资回收期。其中，净现值和内部收益率是两个主要的评价指标，而投资回收期则是兼有反映经济性和风险性功能的辅助评价指标。

就指标类型而言，净现值、净年值、费用现值、费用年值是以货币表示的价值型指标；内部收益率、净现值率和效益费用比则是反映投资效率的效率型指标；投资回收期是兼有经济性和风险性的指标。

在价值型指标中，就考察的内容来看，费用现值和费用年值分别是净现值、净年值的特例，即在方案比选时，前两者只考察项目的费用。就评价结论来说，净现值与净年值是等效评价指标；费用现值和费用年值是等效评价指标。

【例 5-11】 某地区拟建一项供水工程，建设方案有两种（图 5-21、图 5-22）：

（1）现在投资 300 万元，进行初期建设，能满足目前用水要求；再过 25 年后再投资

300 万元进行第二期扩建，以满足增长的用水要求。

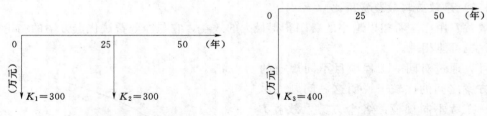

图 5-21　方案甲的资金流程图　　　　图 5-22　方案乙的资金流程图

（2）现在一次性投资 400 万元，一次建成最终规模，若该工程使用期为 50 年，无残值，维护费用予以忽略，年利率 8%。

问选择哪一个建设方案？

解：本问题属于无残值、分析期相同（均取 50 年）、效益相同（即能满足供水要求），因此按照效益相同时，比较费用现值，费用现值小的方案优的原则。

$$B_甲 = B_乙$$
$$PC_甲 = 300 + 300(P/F,\ i\%,\ n)$$
$$= 300 + 300(P/F,\ 8\%, 25) = 300 + 300 \times 0.1460 = 343.8（万元）$$
$$PC_乙 = 400 万元$$

由 $PC_甲 < PC_乙$ 知甲方案优，即分期建设方案。

【例 5-12】　有一果园，大年（丰收）收获 50 万 kg 水果，小年（欠收）收获 25 万 kg，假设大年在先小年在后交替出现，每公斤水果 1.2 元，果园 20 年平均收入多少？若大年、小年互换，果园 20 年总收入多少？平均收入是多少？复利计，年利率 8%。

解：（1）若大年在先小年在后，绘制资金流程图如图 5-23 所示。

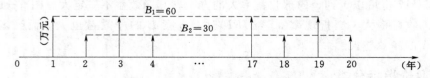

图 5-23　大年在先的资金流程图

具体计算时，可将其分解成以下两个资金流程图（图 5-24、图 5-25）。

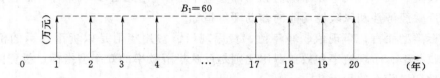

图 5-24　大年在先的资金流程图（1）

图 5-25　大年在先的资金流程图（2）

$$P_1 = B_1(P/A, i, 20) = (50 \times 1.2) \times 9.8181 = 589.086(万元)$$

$$B'_2 = B_2(A/F, i, 2) = (25 \times 1.2) \times 0.4808 = 14.424(万元)$$

$$P_2 = B'_2(P/A, i, 20) = 14.424 \times 9.8181 = 141.616(万元)$$

20 年总收入为

$$P = P_1 - P_2 = 589.086 - 141.616 = 447.470(万元)$$

平均收入为

$$A = P \times (A/P, i, 20) = 447.470 \times 0.1019 = 45.597(万元)$$

(2) 若大小年互换，绘制资金流程图如图 5-26 所示。

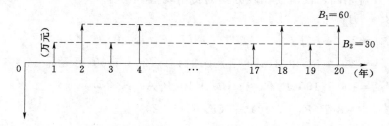

图 5-26　小年在先的资金流程图

$$B_1 = 25 \times 1.2 = 30(万元)$$

$$B'_2 = [(50-25) \times 1.2] \times (A/F, i, 2) = 30 \times 0.4808 = 14.424(万元)$$

平均年收入为

$$B = B_1 + B'_2 = 30 + 14.424 = 44.424(万元)$$

总收入为

$$P = B \times (P/A, i, 20) = 44.424 \times 9.8181 = 436.159(万元)$$

【例 5-13】　某灌区计划建一个灌溉工程，有两个方案供选择（两方案的投资、年运行费、使用期及残值数据见表 5-11），若年利率 8%，复利计，灌溉面积相同，试进行方案优选。

表 5-11　　　　　　　　　两 个 方 案 现 金 流 量

项　目	水库工程	井灌工程	项　目	水库工程	井灌工程
一次投资/万元	250	100	使用期/年	20	10
年运行费/万元	5	10	残值/万元	12	8

解：分别画出两种方案的资金流程图（图 5-27、图 5-28）。

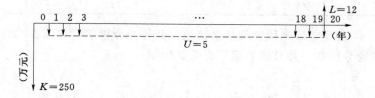

图 5-27　水库工程的资金流程图

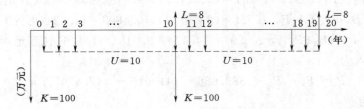

图 5-28 井灌工程的资金流程图

方案一：效益相同，仅需要比较方案的费用现值。

$$B_水 = B_井$$

$$PC_水 = 250 + 5(P/A, i, 20) - 12(P/F, i, 20)$$

$$= 250 + 5 \times 9.818 - 12 \times 0.2145 = 296.5160(万元)$$

$$PC_井 = 100 + 100(P/F, i, 10) + 10(P/A, i, 20)$$

$$- 8(P/F, i, 10) - 8(P/F, i, 20)$$

$$= 100 + 100 \times 0.4632 + 10 \times 9.818 - 8 \times 0.4632 - 8 \times 0.2145$$

$$= 239.0784(万元)$$

$PC_水 > PC_井$，选择井灌工程。

方案二：两方案效益年金相同，只要比较费用年金。

$$AC_水 = 5 + 250(A/P, i\%, 20) - 12(A/F, i\%, 20)$$

$$= 5 + 250 \times 0.1019 - 12 \times 0.0219$$

$$= 30.2122(万元)$$

$$AC_井 = 10 + 100(A/P, i\%, 10) - 8(A/F, i\%, 10)$$

$$= 10 + 100 \times 0.1490 - 8 \times 0.0690$$

$$= 24.3480(万元)$$

$AC_水 > AC_井$，选择井灌工程。

【例 5-14】 设有两种设备，各项指标见表 5-12，年利率 6%，某公司欲购其中之一作技术改造之用，请作出决策。

表 5-12　　　　　　　　两 种 设 备 现 金 流 量

设备指标	购置费用/万元	年均收益/万元	使用期/年	残值/万元
甲	500	100	7	150
乙	900	160	13	200

解：使用一个折算年限来代替最小公倍数，并作为分析期，如图 5-29 所示。

取 10 年作为分析期，并且将残值作为负费用项。

方案甲：

$$B_甲 = B(P/A, i\%, n) = 100(P/A, 6\%, 10) = 736(万元)$$

$$C_甲 = K - L(P/F, i\%, n) + [K - L(P/F, i\%, n)](A/P, i\%, n)$$

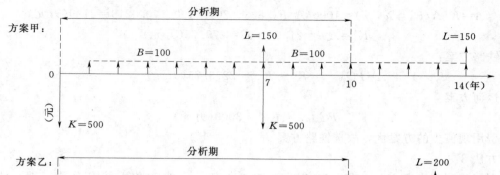

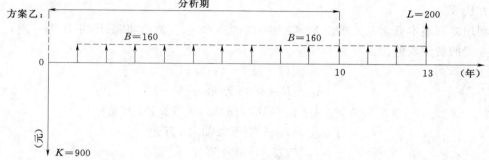

图 5-29　两方案的资金流程图

$$\times (P/A,\ i\%,\ n_1)(P/F,\ i\%,\ n)$$

式中：$n=7$，$n_1=3$，$K=500$，$L=150$，$i=6\%$，$C_甲=527$（万元）。

$$NPV_甲 = B_甲 - C_甲 = 209（万元）$$

方案乙：

$$B_乙 = B(P/A,\ i\%,\ n) = 160(P/A,\ 6\%,10) = 1178（万元）$$

$$C_乙 = [K - L(P/F,\ i\%,\ n_2)](A/P,\ i\%,\ n_2)(P/A,\ i\%,\ n_1)$$

式中：$K=900$，$L=200$，$i=6\%$，$n_2=13$，$n_1=10$。

$$NPV_乙 = B_乙 - C_乙 = 209（万元）$$

$NPV_乙 > NPV_甲$，故选乙设备。

【例 5-15】　解决两个城市之间交通问题的方案有两个（图 5-30、图 5-31），一是修一条铁路，一次投资 2000 万元，然后每 20 年再补加投资 1000 万元，这条铁路就可以永久使用；另一个方案是投资 3000 万元，修一条河，永久使用。用这两个方案均能满足运输的要求，假定年利率是 8%，试选择方案。

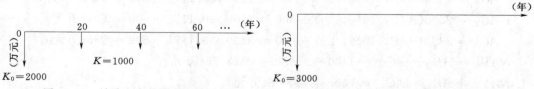

图 5-30　铁路方案的资金流程图　　　　图 5-31　运河方案的资金流程图

解：这两个方案都有无限分析期问题。

方法 1：

将 $K=1000$ 万元作为终值，化成 20 年等额年金 A。

$$A = K(A/F, i\%, n) = 1000(A/F, 8\%, 20) = 1000 \times 0.0219 = 21.9(万元)$$
$$K' = A/i = 21.9/0.08 = 273.75(万元)$$

铁路方案:

$$PC_{铁路} = K_0 + K' = 2273.75(万元)$$

运河方案:

$$PC_{运河} = K_0 = 3000(万元)$$

费用现值少的方案优,故选铁路方案。

方法 2:

利用复利基本概念,先求出 20 年为一期的利率 i_{20},然后将每 20 年作为一期,计算铁路方案的费用现值。

$$i_{20} = (1+i)^{20} - 1 = 3.661$$
$$A_{20} = K = 1000 \text{ 万元}, n = \infty$$
$$K' = A/i = A_{20}/i_{20} = 1000/3.661 = 273.15(万元)$$
$$PC_{铁路} = K_0 + K' = 2273.15 \text{ 万元}$$
$$PC_{运河} = 3000 \text{ 万元}$$

比较,$PC_{运河} > PC_{铁路}$,选铁路方案。

【例 5 - 16】　某城市新建一个工业小区,供水方案有三个,其费用和效益列在表 5 - 13 之中,若三个方案使用期均为 20 年,计算年利率 10%,试选择方案?

表 5 - 13　　　　　　　　　　　方 案 现 金 流 量 表　　　　　　　　　　单位:万元

指标方案	抽地下水/甲	建河川水库/乙	海水淡化/丙
方案投资	1500	2500	3300
年运行费	800	600	600
年效益	1400	900	1400

解:直接求各个方案的效益年金、费用年金,求出各方案的净效益年金(即 $NAV = AB - AC$)。

效益年金:

$$AB_{甲} = 1400 \text{ 万元}, \quad AB_{乙} = 900 \text{ 万元}, \quad AB_{丙} = 1400 \text{ 万元}$$

费用年金:

$$AC_{甲} = 1500(A/P, 10\%, 20) + 800 = 1500 \times 0.1175 + 800 = 976.25(万元)$$
$$AC_{乙} = 2500(A/P, 10\%, 20) + 600 = 2500 \times 0.1175 + 600 = 894(万元)$$
$$AC_{丙} = 3300(A/P, 10\%, 20) + 600 = 3300 \times 0.1175 + 600 = 988(万元)$$
$$NAV_{甲} = AB_{甲} - AC_{甲} = 1400 - 976.25 = 423.75(万元)$$
$$NAV_{乙} = AB_{乙} - AC_{乙} = 900 - 894 = 6(万元)$$
$$NAV_{丙} = AB_{丙} - AC_{丙} = 1400 - 988 = 412(万元)$$

甲、乙、丙三个方案的净效益年金分别是 423.75 万元、6 万元、412 万元。

甲方案净年值最大,故选甲方案,即抽取地下水方案。

【例 5 - 17】　某部门计划兴建电站,以解决不断增长的用电要求,经初步分析,有两个小型水电站可供改建，工程的各项指标见表 5-14，假定年折算利率为 6%，试分别按净现值法和效益费用比法选择方案。

表 5-14　　　　　　　　　　　　两 个 工 程 各 项 指 标

站址指标	改建投资/万元	改建后新增效益/(万元/年)	使用年限/年
甲	4000	639	20
乙	2000	410	20

解：该问题是分析期相同、产出不同的问题，可以用年金法或现值法来解决（图 5-32、图 5-33）。

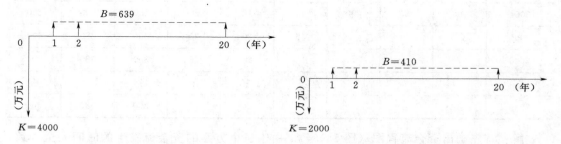

图 5-32　甲电站的资金流程图　　　　　图 5-33　乙电站的资金流程图

现值法：

$$NPV_甲 = PB_甲 - PC_甲 = 639(P/A, 6\%, 20) - 4000$$
$$= 639 \times 11.4699 - 4000 = 3330（万元）$$
$$NPV_乙 = PB_乙 - PC_乙 = 410(P/A, 6\%, 20) - 2000$$
$$= 410 \times 11.4699 - 2000 = 2700（万元）$$

按照"净效益现值大的方案优"准则，应选甲方案。

效益费用比法：

$$R_甲 = \left(\frac{PB}{PC}\right)_甲 = \frac{639(P/A, 6\%, 20)}{4000} = \frac{639 \times 11.4699}{4000} = 1.83$$
$$R_乙 = \left(\frac{PB}{PC}\right)_乙 = \frac{410(P/A, 6\%, 20)}{2000} = \frac{410 \times 11.4699}{2000} = 2.35$$

按照"效益费用比大则方案优"准则，应选乙方案。

增量效益费用比法：方案费用从小到大依次为乙、甲，对方案进行增量分析，方案乙→方案甲，有

$$\Delta R_{乙 \to 甲} = \frac{639(P/A, 6\%, 20) - 410(P/A, 6\%, 20)}{4000 - 2000} = 1.315$$

按照"增量效益费用比大于 1 则增加投资扩大规模可行"准则，应选甲方案。

【例 5-18】　某工程项目共有甲、乙、丙三个方案，各方案的建设期均为 4 年（2001—2004 年），其中包括投产期（2004 年）1 年，生产期均为 50 年（2005—2054 年）。各方案的投资 K_t、年运行费 U_t 及年效益 B_t，见表 5-15。设基准折现率为 10%，基准回

收期为 10 年，试用现值法、年值法、效益费用比法、内部收益率法和投资回收期法选择经济上最有利的方案。

表 5-15　　　　　　　　**某建设项目各方案投资、年运行费及年效益现值**　　　　　　　单位：万元

方案\年份	投资 K_t			年运行费 U_t			年效益 B_t		
	方案甲	方案乙	方案丙	方案甲	方案乙	方案丙	方案甲	方案乙	方案丙
2001	150	200	250						
2002	350	450	550						
2003	150	200	250						
2004	100	150	200	12	18	20	150	200	250
2005				15	20	25	300	380	400
2006				15	20	25	300	380	400
⋮				⋮	⋮	⋮	⋮	⋮	⋮
2054				15	20	25	300	380	400

　　解：首先画出资金流程图（图 5-34）。由于三个方案的资金流发生的时间完全一致，只是数额不等，因此资金流程图是类似的。这里仅给出方案甲的资金流程图。

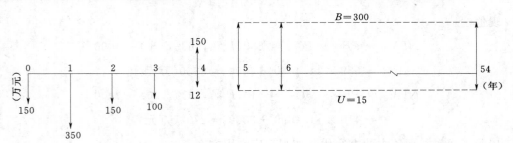

图 5-34　方案甲的资金流程图

方案甲：

总投资现值：

$$K_甲 = 150 + 350(P/F, 10\%, 1) + 150(P/F, 10\%, 2) + 100(P/F, 10\%, 3)$$
$$= 150 + 350 \times 0.9091 + 150 \times 0.8264 + 100 \times 0.7513 = 667.275(万元)$$

总年运行费现值：

$$U_甲 = 12(P/F, 10\%, 4) + 15(P/A, 10\%, 50)(P/F, 10\%, 4)$$
$$= 12 \times 0.6830 + 15 \times 9.9148 \times 0.6830 = 109.773(万元)$$

总效益现值：

$$B_甲 = 150(P/F, 10\%, 4) + 300(P/A, 10\%, 50)(P/F, 10\%, 4)$$
$$= 150 \times 0.6830 + 300 \times 9.9148 \times 0.6830 = 2133.993(万元)$$

同理计算出方案乙、丙的总投资、总年运行费和总效益现值，结果见表 5-16。

表 5 - 16　　　　　　　　各方案的总投资、总年运行费和总效益现值　　　　　　　单位：万元

项目方案	方案甲	方案乙	方案丙
总投资现值 K	667.275	887.07	1106.865
总运行费现值 U	109.773	147.730	182.955
总效益现值 B	2133.993	2709.887	2879.473

（1）现值法：

$$NPV_甲 = 2133.993 - 667.275 - 109.773 = 1356.945（万元）$$
$$NPV_乙 = 2709.887 - 147.730 - 887.07 = 1675.087（万元）$$
$$NPV_丙 = 2879.473 - 182.955 - 1106.865 = 1589.653（万元）$$

以"净现值最大的方案最优"为经济准则，方案乙为最优方案。

（2）年值法：

$$NAV_甲 = NPV_甲(A/P，10\%，54) = 1356.945 \times 0.1006 = 136.489（万元）$$
$$NAV_乙 = NPV_乙(A/P，10\%，54) = 1675.087 \times 0.1006 = 168.514（万元）$$
$$NAV_丙 = NPV_丙(A/P，10\%，54) = 1589.653 \times 0.1006 = 159.919（万元）$$

以"净现值最大的方案最优"为经济准则，方案乙为最优方案。

（3）效益费用比法：

$$R_甲 = \frac{B_甲}{K_甲 + U_甲} = \frac{2133.993}{667.275 + 109.773} = 2.746$$

$$R_乙 = \frac{B_乙}{K_乙 + U_乙} = \frac{2709.887}{887.07 + 147.730} = 2.619$$

$$R_丙 = \frac{B_丙}{K_丙 + U_丙} = \frac{2879.473}{1106.865 + 182.955} = 2.232$$

由于三个方案的效益费用比均大于1，因此在经济上都是可行的。但是，因为它们属互斥方案，应再对各方案进行增量分析。将三个方案按费用从小到大排序，依次是甲、乙、丙。

方案甲→方案乙：

$$\Delta R_{甲乙} = \frac{\Delta B_{甲乙}}{\Delta C_{甲乙}} = \frac{2709.887 - 2133.993}{(887.07 + 147.730) - (667.275 + 109.773)} = 2.234$$

方案乙→方案丙：

$$\Delta R_{乙丙} = \frac{\Delta B_{乙丙}}{\Delta C_{乙丙}} = \frac{2879.473 - 2709.887}{(1106.865 + 182.955) - (887.07 + 147.730)} = 0.665$$

$\Delta R_{甲乙} > 1$，说明增加投资、扩大工程规模所获得的效益大于所支付的费用，因而在经济上是可行的；而 $\Delta R_{乙丙} < 1$，说明再继续扩大工程规模所得效益已不足以补偿所付出的费用，在经济上是不可行的。因此，方案乙是经济上最优的方案。

（4）内部收益率法：利用式（5-6）进行试算，得各方案的内部收益率，结果列于表 5-17。

由表 5-17 可知，各方案的内部收益率均大于基准折现率 i_c（10%），如果它们是独立方案，就可得出以下结论：方案 A、B、C 均是可行的。但由于这些方案属互斥方案，因此还必须对它们做增量分析。

表 5-17　　　　　　　　　**各方案内部收益率试算成果表**

方案	$IRR_1/\%$	NVP_1（>0）	$IRR_2/\%$	NVP_2（<0）	内部收益率 i
甲	23	14.213	24	−21.606	$i=23+(24-23)\times\dfrac{14.213}{14.213+21.606}=23.40\%$
乙	22	34.918	23	−48.525	$i=22+(23-22)\times\dfrac{34.918}{34.918+48.525}=22.42\%$
丙	20	17.496	21	−47.892	$i=20+(21-20)\times\dfrac{17.496}{17.496+47.892}=20.27\%$

令 $NPV_甲=NPV_乙$，经试算得 $\Delta IRR_{甲乙}=20.38\%$。

此时，$NPV_甲=129.99$（万元）$\approx NPV_乙=129.93$ 万元。

又令 $NPV_乙=NPV_丙$，经试算得 $\Delta IRR_{乙丙}=5.83\%$。

此时，$NPV_乙=3847.83$（万元）$\approx NPV_丙=3847.82$（万元）。

由于 $\Delta IRR_{甲乙}>10\%$，说明方案乙优于方案甲；而 $\Delta IRR_{乙丙}<10\%$，说明方案丙不如方案乙。因此，增值分析的结果表明最优方案为乙。

（5）投资回收年限法：由于投产期（2004 年）已开始产生效益和运行费，为便于计算，可将这一年的净效益并入投资，在该年的投资中扣除，则有

$$K_甲=150+350(P/F,10\%,1)+150(P/F,10\%,2)+100(P/F,10\%,3)$$
$$-(150-12)(P/F,10\%,4)$$
$$=150+350\times0.9091+150\times0.8264+100\times0.7513-138\times0.6830$$
$$=573.021（万元）$$

$$K_乙=200+450(P/F,10\%,1)+200(P/F,10\%,2)+150(P/F,10\%,3)$$
$$-(200-18)(P/F,10\%,4)$$
$$=150+350\times0.9091+150\times0.8264+100\times0.7513-182\times0.6830$$
$$=762.764（万元）$$

$$K_丙=250+550(P/F,10\%,1)+250(P/F,10\%,2)+200(P/F,10\%,3)$$
$$-(250-20)(P/F,10\%,4)$$
$$=150+350\times0.9091+150\times0.8264+100\times0.7513-230\times0.6830$$
$$=949.775（万元）$$

由式（5-10）得

$$T_{n,甲}=4-\ln\left(1-\frac{573.021\times0.1\times1.1^4}{300-15}\right)/\ln1.1=7.7（年）$$

$$T_{n,乙}=4-\ln\left(1-\frac{762.764\times0.1\times1.1^4}{380-20}\right)/\ln1.1=7.9（年）$$

$$T_{n,丙} = 4 - \ln\left(1 - \frac{949.775 \times 0.1 \times 1.1^4}{400 - 25}\right)/\ln 1.1 = 8.9(年)$$

由计算结果可知，方案 A、B、C 均在规定的投资回收年限内，因此在经济上都是可行的。

第六节　不同决策结构的评价方法

如果对于任何投资项目方案都能简单地采用前述经济评价指标来决定方案的取舍，则项目（方案）评价就会变得简单易行。然而，实践中项目（方案）及项目群之间的关系是多种多样的，决定了项目（方案）决策结构的多样性和复杂性。如果仅仅掌握几种评价指标，而没有掌握正确的评价方法，就达不到正确进行决策的目的。因此，本节在划分决策类型的基础上，讨论如何针对不同决策结构应用各种评价指标进行项目的评价与优选。

一、独立方案的经济效果评价

独立方案（Independent Alternatives）指作为评价对象的各个方案的现金流是独立的，即接受或舍弃某个方案并不影响其他方案的取舍。因此，独立方案也称为彼此相容方案。如果决策的对象是单一方案，则可以认为是独立方案的特例。

独立方案的采用与否，只取决于方案自身的经济性，因此，多个独立方案与单一项目（方案）的评价准则和方法是相同的。前面介绍过的各种评价指标均适用于独立方案的评价。

用经济效果评价指标（$NPV \geqslant 0$，$NPVI \geqslant 0$，$NAV \geqslant 0$，$IRR \geqslant i_0$，$R \geqslant 1$，$T_n \leqslant T_0$ 等）检验方案自身的经济性，可以称为"绝对效果检验"。凡是通过绝对效果检验的方案，就认为它在经济上是可以接受的，否则就应予拒绝。

对于独立方案而言，经济上是否可行的判据是其绝对经济效果是否优于一定的检验标准。无论采用净现值、净年值、内部收益率和效益费用比当中哪种评价指标，评价结论都是一样的。

二、互斥方案的经济效果评价

互斥方案（Mutually Exclusive Alternatives）是指各方案之间是互不相容、相互排斥的，即在多个方案中至多只能选取一个。

在方案互斥的决策结构形式下，经济效果评价包括了两部分内容：一是考虑各个方案自身的经济效果，即进行绝对经济效果检验；二是考察哪个方案相对最优，称为相对经济效果检验。两种检验的目的和作用不同，通常缺一不可，只有在众多互斥方案中必须选择其中之一时才可以只进行相对效果检验。

进行绝对经济效果检验的方法与前面介绍的单个方案的经济评价方法是相同的。相对经济效果检验即进行多方案优选的方法，应以净效益最大为准则，可采用净现值法、净年值法、费用现值法、费用年值法，采用内部收益率法、效益费用比法、投资回收期法时，还应计算增量内部收益率、增量效益费用比、增量投资回收期，只有当 $\Delta IRR \geqslant i_0$，$\Delta B/\Delta C \geqslant 1$ 及 $\Delta T_n \leqslant T_0$ 时，选择投资大的方案才是有利的，否则应选择投资小的方案。

进行方案相对效果检验时，净现值最大（净年值最大、费用现值和费用年值最小）是正确的判别准则。净现值最大准则的正确性，是由基准折现率——最低希望收益率的经济含义决定的。一般来说，最低期望收益率应等于被拒绝的投资机会中最佳投资机会的盈利率，因此，净现值就是拟采用的方案较之被拒绝的最佳投资机会多得的盈利，其值越大越好，这符合盈利最大化的决策目标要求。

当资金有明显的限制时，应采用净现值率作为净现值的辅助指标进行方案优选。对多方案比选时，不论采用何种经济评价指标，都必须满足方案之间具有可比性的要求，特别要注意的是分析期问题。

三、相关方案的经济效果评价

在多个方案之间，如果接受或拒绝某一方案，会显著改变其他方案的现金流量，或者接受或拒绝某一方案会影响对其他方案的取舍，这些方案是相关方案（Related Alternatives）。方案相关的类型主要有以下几种：

（1）完全互斥型。如果由于技术或经济的原因，接受某一方案就必须放弃其他方案，那么，从决策角度看这些方案是完全互斥的。这也是方案相关的一种类型。特定项目经济规模的确定，厂址方案的选择，特定水力发电水库坝高方案的选择等，都是方案完全互斥的例子。互斥方案的经济效果评价，在前面已作了较充分的讨论。

（2）互相依存型和互补型。如果在两个或多个方案之间，某一方案的实施要求以另一方案或另几个方案的实施为条件，则这两个或多个方案之间具有互相依存性，或者是具有完全互补性。例如，在两个不同的工厂分别生产某种大型机器和与之配套的零部件的项目，就是这种类型的相关方案。互补方案的经济效果评价通常应捆在一起进行。

（3）现金流量相关型。即方案既不完全互斥，也不完全互补，若干方案中任一方案的取舍都会导致其他方案现金流量的改变，这些方案之间具有现金流相关性。例如，有两种技术上都可行的方案，一种是在某大河上建一座收费公路桥；另一种是在桥址附近建收费轮渡码头。虽然这两个方案之间不存在互不相容的关系，也不存在完全互补关系，但任何一方案的实施或放弃都会影响另一方案的收入，从而影响方案经济效果评价的结论。

（4）资金约束导致的方案相关。如果没有资金总额限制，各方案具有独立性，但在资金有限的情况下，接受某方案则意味着不得不放弃另外一些方案，这也是方案相关的一种类型。

（5）混合相关型。在方案众多的情况下，方案间的相互关系可能包括多种类型，我们称之为混合相关型。

实际上，可以将独立方案和互斥方案看成是相关方案的特例，可以认为，独立方案是相关系数为 0 的相关方案，互斥方案是相关系数为 1 的相关方案。

下面就后三种类型的相关方案选择方法作些介绍。

（一）现金流量具有相关性的方案选择

当各方案的现金流量之间具有相关性，但方案之间并不完全互斥时，不能简单地按照独立方案或互斥方案的评价方法进行决策，而应当用一种"互斥型方案组合法"，将各方案组合为互斥方案，计算各互斥方案的现金流量，再按互斥方案的评价方法进行评价。

【例 5－19】 为了满足运输要求，有关部门分别提出要在某两地之间上一条铁路项目和（或）一公路项目。只上一个项目的净现金流量见表 5－18；若两个项目都上，由于货物分流的影响，两项目都将减少净收入，其净现金流量见表 5－19。当基准收益率 $i_0 = 8\%$ 时应如何决策。

表 5－18　只上一个项目时的净现金流量

单位：百万元

方案 ＼ 年份	1	2	3～32
铁路 A	－80	－80	50
公路 B	－40	－40	30

表 5－19　两个项目都上时的净现金流量

单位：百万元

方案 ＼ 年份	1	2	3～32
铁路 A	－80	－80	40
公路 B	－40	－40	20
两项目合计	－120	－120	60

解： 为保证决策的正确性，先将两个相关方案组合成三个互斥方案，再分别计算净现值，分别画出其现金流量图，见图 5－35～图 5－37。

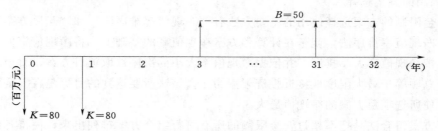

图 5－35　铁路 A 方案的资金流程图

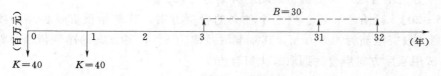

图 5－36　公路 B 方案的资金流程图

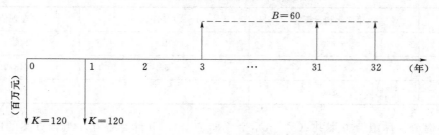

图 5－37　A＋B 方案的资金流程图

计算过程及结果如表 5 - 20 所列。

表 5 - 20　　　　　　三个互斥方案的净现金流量及其净现值　　　　单位：百万元

方案＼年份	1	2	3～32	净现值（$i_0 = 8\%$） $\sum\limits_{t=0}^{32}(B_{0t} - K_t)(1 + 8\%)^{-t}$
铁路 A	−80	−80	50	328.51
公路 B	−40	−40	30	212.52
A＋B	−120	−120	60	347.99

根据净现值评价准则，在三个互斥方案中，A＋B 方案净现值最大且大于零（$NPV_{A+B} > NPV_A > NPV_B > 0$），故 A＋B 方案为最优可行方案。

如用净年值法、增量内部回收率法、增量效益费用比法对表 5 - 20 中的互斥方案进行评价，也会得出相同的结论。

（二）受资金限制的方案选择

在资金有限的情况下，局部看来不具有互斥性的独立方案也成了相关方案。如何对这类方案进行评价选择，以保证在给定资金总额的前提下取得最大的经济效果，就是所谓"受资金限制的方案选择"。

受资金限制的方案选择使用的主要方法有"净现值率排序法"和"互斥方案组合法"。

所谓净现值率排序法，就是在计算各方案净现值率的基础上，将净现值率大于或等于零的方案按净现值率大小排序，并依据净现值率大小的次序选取项目方案，直至所选取方案的投资总额等于最大限度地接近投资限额为止。该法所要达到的目标是在一定的投资限额约束下使所选项目方案的净现值最大。

互斥方案组合法是把不超过资金限额的所有可行组合方案排列出来，使得各组合方案之间是互斥的，再按照互斥方案的选择方法选出最优的组合方案。下面通过实例说明如何采用"互斥方案组合法"对受资金限制的方案进行选择。

【例 5 - 20】 现有甲、乙、丙三个独立的投资方案，其初始投资及各年净收益如表 5 - 21 所列。投资限额为 450 万元，其基准收益率为 8%，各方案的净现值计算结果也列于表中。试用互斥方案组合法选取最优组合方案。

表 5 - 21　　　　　　三个独立方案的净现金流量和经济指标　　　　单位：万元

方案	第 1 年初投资	1～10 年净收入	净现值
甲	−160	45	141.95
乙	−200	52	148.92
丙	−280	64	149.44

解： 构造互斥组合方案共（$2^3 - 1$）个（即 7 个），并计算各互斥组合方案的净现值指标，如表 5 - 22 所列。

表 5－22　　　　　　　甲、乙、丙的互斥组合方案的净现金流量和经济指标

互斥组合方案序号	组合状态			第1年初投资/万元	1～10年净收入/万元	净现值/万元
	甲	乙	丙			
1	1	0	0	－160	45	141.95
2	0	1	0	－200	52	148.92
3	0	0	1	－280	64	149.44
4	1	1	0	－360	97	290.87
5	1	0	1	－440	109	291.39
6	0	1	1	－480	116	298.36
7	1	1	1	－640	161	440.31

注　组合状态中"1"表示方案入选，"0"表示方案不入选。

从表 5－22 中可见，方案 6、方案 7 不符合资金限制条件，首先淘汰掉；应选择组合方案 5（甲、丙），净现值总额为 291.39 万元。

（三）混合相关方案的选择

混合相关方案可通过建立数学规划模型来选择。模型以净现值最大为目标函数，在该目标函数及一定的约束条件下，寻求某一组合方案，使其净现值比其他可能的组合方案的净现值都大。

模型将影响项目方案相关性的各种因素以约束方程的形式表达出来，这些因素主要有以下几类：

（1）人力、物力、资金等资源可用量限制。

（2）方案之间的互斥性。

（3）方案之间的依存性。

（4）方案之间的紧密互补关系。

（5）非紧密互补关系。

（6）项目方案的不可分性。

思 考 题 与 习 题

1. 经济分析的净现值法关键是什么？净现值法对计算期有何要求？什么是重置？为什么要重置？

2. 经济分析的年金法关键是什么？年金法对计算期有何要求？由终值或现值折算成的等额年金，是从哪一年开始至哪一年为止的？

3. 当计算期为无穷时，现值与年金之间的关系如何？

4. 当各方案或一个方案中的各项目使用期不同，而且其中存在"永久使用"的项目时，现值法应如何进行？

5. 什么叫内部收益率？它有什么意义？如何求内部收益率？有几种算法？内部收益率必须大于什么值，方案才是可行的？为什么？内部收益率大的方案好，还是内部收益率

小的方案好？为什么？

6. 什么叫"效益费用比""净效益"？如何求效益费用比和净效益？有几种算法？

7. 净效益必须大于什么值，方案才是可行的？效益费用比必须大于什么值，方案才是可行的？为什么？当各个方案的效益费用比均大于 1.0 时，如何判断方案经济效果的优劣？

8. 某企业欲购置新设备，年利率取 8%，备选方案数据资料见表 5-23。

表 5-23 备选方案数据资料

方案	投资 K/元	寿命期/年	残值/元	年净效益/元
A	10000	5	300	2000
B	12000	5	360	3000
C	15000	5	450	4167

试问应如何决策？用现值法分析之。

9. 已知资料同 [例 5-14]，试分别以 7 年和 13 年作为分析期进行计算。

10. 某公司现有两个生产方案，现欲从中选择一较优方案。已知折算利率 $i_0 = 8\%$。各方案现金流量见表 5-24。试用年值法分析之。

表 5-24 各方案现金流量表

方案	甲	乙	方案	甲	乙
一次性投资/万元	10	7	使用期末残值/万元	0.5	0.4
年运行费/万元	1.2	1.4	使用年限/年	20	10

11. 某工程有两个方案，甲方案：投资 $K_甲$ 万元，无运行、管理、维修费用；乙方案：投资 $K_乙$ 万元，运行、管理、维修费用为 $U_乙$ 万元/年。两种方案使用寿命均为 25 年，年效益也相同，仅乙方案运行、管理、维修费用为一不确定值，问：当 $K_甲 > K_乙$ 时，$U_乙$ 值在什么范围内总是乙优？

12. 某井灌工程投资 100 万元，每年的运行费共 8 万元，使用期 15 年，前 5 年的每年灌溉水量为 $5 \times 10^6 \, m^3$，中间 5 年为每年 $10 \times 10^6 \, m^3$，后 5 年为每年 $15 \times 10^6 \, m^3$。如果希望得到 10% 的收益率，则每立方米水的水费为多少？

13. 某水利工程投资、年运行费、效益数据见表 5-25。

若最低希望收益率为 10%，试用现值法、年金法、效益费用比法、内部收益率法对该工程进行经济分析。

表 5-25 数据表 单位：万元

年份	1	2	3	4	5	6~25
投资	300	400	200	100	—	—
年运行费	—	2	5	10	10	10
效益	—	50	150	300	300	300

14. 设计一个小型水电站，要求选择装机容量，有四个方案数据见表 5-26。

表 5-26   四 个 方 案 数 据 表

方　案	甲	乙	丙	丁
装机容量/kW	3000	4000	5000	6000
平均年发电量/(万 kW·h)	1869	2153	2364	2526
工程投资/万元	415	520	626	723

假定：

(1) 施工期各方案均为 2 年，基准年取为第 2 年末，自第 3 年初起正式投产运行；

(2) 工程投资第 1 年初投入 50%，第 2 年初投入 50%，以后不再有工程投资，年运行费率取 0.02；

(3) 平均年发电量全部为非季节性电量，每度电 0.2 元；

(4) 综合经济使用年限为 40 年；

(5) 最低希望收益率 $r = 10\%$。

要求：

(1) 求出各方案的工程投资折算现值 K_0，各方案的年运行费 AC 及运行费折算现值 PC，各年效益 AB 及效益折算现值 PB；

(2) 求出各方案的投资回收年限，审查经济合理性；

(3) 对经济合理的各方案分别求出净现值，净现值最大的方案为经济最佳方案。

第六章　水利建设项目经济评价

经济评价是对建设项目的费用、效益、经济合理性及财务可行性等所作的分析评估。经济评价包括财务评价和国民经济评价，是项目可行性研究的重要组成部分。本章结合水利工程实际，在简要说明国民经济评价和财务评价的内容、程序及评价指标的基础上，系统阐述国民经济评价和财务评价中费用和效益的识别，并介绍财务评价中资金的来源与融资方案分析、财务报表的编制及财务效果分析以及不确定性分析与风险分析等内容。

投资经济活动是十分复杂的，某些经济数据、参数发生变化是不可避免的，为了分析评价这些因素的变化对投资项目的影响程度，必须进行不确定性分析和风险分析，以保证投资决策的科学性和准确性。

第一节　国民经济评价与财务评价概述

一、国民经济评价与财务评价的关系

国民经济评价（National Economic Evaluation）与财务评价（Financial Evaluation）是同一个项目，且两者有紧密的联系。但两者代表的利益主体不同，从而存在着以下主要区别：

（1）评价角度不同。国民经济评价是在合理配置社会资源的前提下，从国家（社会）经济整体利益的角度出发，考察项目对国民经济的贡献，分析项目的经济效率、效果和对社会的影响，评价项目在宏观经济上的合理性。财务评价是在国家现行财税制度和价格体系的前提下，从项目的角度出发，计算项目范围内的财务费用和效益，分析项目的财务生存能力、偿债能力和盈利能力，评价项目在财务上的可行性。

（2）费用与效益的计算范围不同。国民经济评价着眼于考察社会为项目付出的费用和社会从项目获得的效益，故属于国民经济内部转移的各种补贴等不作为项目的效益，各种税金等不作为项目的费用。财务评价是从项目财务的角度，确定项目实际的财务支出和收入，交纳的各种税金等作为项目的财务支出，而各种补贴等作为项目的收入。国民经济评价要分析、计算项目的间接费用与间接效益，即外部效果。财务评价只计算项目直接的支出与收入。

（3）采用的投入物和产出物的价格不同。国民经济评价采用影子价格，财务评价采用财务价格。

国民经济评价采用的影子价格，是指依据一定原则确定的，比财务价格更为合理的价格。它能更好地反映产品的真实价值，市场供求情况及资源稀缺程度，并能使资源配置更趋于优化合理。财务评价采用的财务价格，是指以现行价格体系为基础的预测价格。国内现行价格包括现行商品价格和收费标准，有国家定价、国家指导价和市场价三种价格形

式。在各种价格并存的情况下，项目财务价格应是预计最有可能发生的价格。

（4）主要参数不同。国民经济评价采用国家统一测定的影子汇率（Shadow Exchange Rate）和社会折现率（Social Discount Rate）。财务评价采用国家外汇牌价和行业财务基准收益率。

社会折现率是项目国民经济的重要通用参数，表征社会对资金时间价值的估算，从整个国民经济角度所要求的资金投资收益率标准来看，代表占用社会资金所应获得的最低收益率。采用适当的社会折现率进行项目国民经济评价，有助于合理使用建设资金，引导投资方向，调控投资规模，促进资金的合理配置。目前，国家规定全国各行业、各地区都统一采用 8% 的社会折现率。考虑到水利建设项目的特殊性，特别是防洪等属于社会公益性质的建设项目，有些效益，如政治效益、社会效益、环境效益、地区经济发展的效益等很难用货币表示，使得这些项目中用货币表示的效益比它实际发挥的效益要小。因此，规定对属于或兼有社会公益性质的项目，可同时采用一个略低的社会折现率进行国民经济评价，供项目决策参考。一般可先按 8% 的社会折现率进行计算和比较，必要时，再按 6% 的社会折现率进行计算和比较。

（5）主要评价指标不同。国民经济评价是从全社会或国民经济综合平衡角度进行经济评价，其评价内容包括盈利能力分析和外汇效果分析，对难以量化的外部效果还需进行定性分析。评价指标有经济净现值、经济内部收益率、经济效益费用比、经济换汇成本等指标。财务评价则是从项目财务核算单位的角度考察项目在财务上的可行性，对盈利项目，其评价指标有财务内部收益率、投资回收期、贷款偿还期等，对于公益性项目，则以产品成本、价格、补偿办法、优惠措施等作为评价指标。

国民经济评价与财务评价比较见表 6-1。

表 6-1　　　　　　　　　　　　国民经济评价与财务评价比较

项　　目	国　民　经　济　评　价	财　务　评　价
评价角度	全社会或整个国民经济	项目核算单位
计算范围	直接效益和直接费用及比较明显的间接效益和间接费用。属于国民经济内部转移支付的利润、税金、贷款利息等不计入项目的费用和效益	直接效益和直接费用。利润、税金、贷款利息等计入项目的费用和效益
价格	影子价格	财务价格
评价标准	社会折现率	部门或行业的基准收益率
主要评价指标	经济内部收益率 经济净现值 经济效益费用比	盈利项目（财务内部收益率、投资回收期、贷款偿还期） 公益项目（产品成本、价格、补偿办法、优惠措施）
主要报表	国民经济效益费用流量表	项目投资现金流量表（全部投资） 项目资本金现金流量表 投资各方现金流量表 利润和利润分配表（损益表） 财务计划现金流量表 资产负债表 借款还本付息计划表 项目投资计划及资金筹措表 总成本费用估算表

国民经济评价旨在把国家各种有限的资源用于国家最需要的投资项目上，使资源得到合理的配置，因此，原则上应以国民经济评价为主，但企业是投资后果的直接承受者，财务评价是企业投资决策的基础。当财务评价与国民经济评价的结论相矛盾时，项目及方案的取舍一般应取决于国民经济评价的结果，但财务评价结论仍然是项目决策的重要依据。当国民经济评价认为可行，而财务评价认为不可行时，说明该项目是国计民生急需的项目，应研究提出由国家和地方的财政补贴政策或减免税等经济优惠政策，使建设项目在财务评价上也可接受。

二、项目经济评价的原则

项目经济评价是一项政策性、综合性、技术性很强的工作，为了提高经济评价的准确性和可靠性，真实地反映项目建成后的实际效果，项目经济评价应在国家宏观经济政策指导下进行，使各投资主体的内在利益符合国家宏观经济计划的发展目标。具体应遵循以下原则和要求：

（1）必须符合国家经济发展的产业政策，投资的方针、政策以及有关的法规。

（2）项目经济评价应在国民经济与社会发展的中长期计划、行业规划、地区规划、流域规划指导下进行。

（3）项目经济评价必须具备应有的基础条件，所使用的各种基础资料和数据，如建设投资、年运行费用、产品产量、销售价格等，务求翔实、准确，避免重复计算，严禁有意扩大或缩小。

（4）项目经济评价中所采用的效益和费用计算应遵循口径对应一致的原则，即效益计算到哪一个层次，费用也算到哪一个层次，例如水电工程，若费用只计算了水电站本身的费用，则在计算发电效益时，采用的电价就只能是上网电价。

（5）项目经济评价应考虑资金的时间价值，以动态分析为主，认真计算国家和有关部门所规定的动态指标，作为对项目经济评价的主要依据。

（6）在项目国民经济评价和财务评价的基础上，做好不确定性因素的分析，以保证建设项目能适应在建设和运行中可能发生的各种变化，达到预期（设计）的效益。

（7）考虑到水利建设项目特别是大型综合利用水利工程项目情况复杂，有许多效益和影响不能用货币表示，甚至不能定量，因此，在进行经济评价时，除做好以货币表示的经济效果指标的计算和比较外，还应补充定性分析和实物指标分析，以便全面地阐述和评价水利建设项目的综合经济效益。

（8）项目经济评价一般都应按国家和有关部门的规定，认真做好国民经济评价和财务评价，并以国民经济评价的结论为主考虑项目或方案的取舍。由于水利建设项目特别是大型水利工程项目规模巨大，投入和产出都很大，对国民经济和社会发展影响深远，经济评价内容除按一般程序进行国民经济评价和财务评价指标计算分析外，还应根据本项目的特殊问题和人们所关心的问题增加若干专题经济研究，以便从不同侧面把兴建水利工程的利弊分析清楚，正确评价其整体效益和影响。

（9）必须坚持实事求是的原则，保证项目经济评价的客观性、科学性和公正性。

对大、中型水利建设项目，在国民经济评价和财务评价的基础上，还应根据具体情况，分析以下经济评价补充指标，并与可比的同类项目或项目群进行比较，分析项目的经济合理性。经济评价补充指标有：①总投资和单位功能投资指标，包括单位库容投资、单位防洪面积投资、单位堤防长度投资、单位灌溉面积投资、单位供水量投资、单位装机容量投资、单位电量投资等；②主要工程量、单位功能的工程量指标，包括单位库容或单位河道、堤防长度的土石方量、钢材、木材、水泥用量等；③水库淹没实物量和工程占地面积、单位功能的淹没占地指标，包括单位库容淹没人口、耕地指标，单位灌溉面积或单位河道、堤防长度挖压占地指标等。

对特别重要的水利建设项目，应站在国民经济总体的高度，从以下几方面分析、评价建设项目在国民经济中的作用和影响：①在国家、流域、地区国民经济中的地位和作用；②对国家产业政策、生产力布局的适应程度；③投资规模与国家、地区的承受能力；④水库淹没、工程占地对地区社会经济的影响。

对工程规模大，初始运行期长的水利建设项目，应分析以下经济评价补充指标，分析评价项目的经济合理性：①开始发挥效益时所需投资占项目总投资的比例；②初期效益分别占项目总费用和项目总效益的比例。

第二节　国民经济评价

国民经济评价，是在一定的社会经济制度下，按照资源合理配置的原则，从国家整体角度考察项目的费用和效益，用货物影子价格、影子汇率、影子工资和社会折现率等经济参数，分析计算项目对国民经济的净贡献，评价项目的经济合理性。

一、国民经济评价的目的和作用

国民经济评价是一种宏观评价，只有多数项目的建设符合整个国民经济发展的需要，才能在充分合理利用有限资源的前提下，使国家获得最大的净效益。我们可以把国民经济作为一个大系统，项目的建设作为这个大系统中的一个子系统，项目的建设与生产，要从国民经济这个大系统中汲取资金、劳力、资源、土地等投入物，同时也向国民经济这个大系统提供一定数量的产出物（产品、服务等）。国民经济评价就是评价项目从国民经济中所汲取的投入与向国民经济提供的产出对国民经济这个大系统的经济目标的影响，从而选择对大系统目标优化最有利的项目或方案，达到合理利用有限资源，使国家获得最大净效益的目的。

我国不少商品的价格不能反映价值，也不能反映供求关系。在这种商品价格严重"失真"的条件下，按现行价格计算项目的投入或产出，不能确切地反映项目建设给国民经济带来的效益与费用支出。国民经济评价采用能反映资源真实价值的影子价格计算建设项目的费用和效益，可以真实反映项目对国民经济的净贡献，得出该项目的建设是否对国民经济总目标有利的结论。

国民经济评价可以起到鼓励或抑制某些行业或项目发展的作用，促进国家资源的合理分配。国家可以通过调整社会折现率这个重要的国家参数来控制投资总规模，当投资规模膨胀时，可适当提高社会折现率，控制一些项目的通过。同时，有了足够数量的、经过充分论证和科学评价的备选项目，便于各级计划部门从宏观经济角度对项目进行排队和取舍，有利于提高计划质量，达到投资决策科学化的目的。

二、国民经济评价的费用与效益

1. 费用与效益的识别

确定建设项目经济合理性的基本途径是将建设项目的费用与效益进行比较，进而计算其对国民经济的净贡献。因此，正确地识别费用与效益，是保证国民经济评价正确性的重要条件和必要前提。

由于国民经济评价是从整个国民经济增长的目标出发，以项目对国民经济的净贡献大小来考察项目的。所以，国民经济评价中所指建设项目的费用应是国民经济为项目建设投入的全部代价，所指建设项目的效益应是项目为国民经济作出的全部贡献。为此，对项目实际效果的衡量，不仅应计算直接费用和直接效益，还应计算项目的间接费用和间接效益。属于国民经济内部转移支付的部分不计为项目的费用或效益。

在辨识和分析计算项目的费用和效益时应按"有无分析法"（即"有项目"和"无项目"情况的费用和效益）计算其增量，按效益与费用计算口径对应的原则确定费用与效益的计算范围，避免重复和遗漏。

2. 直接费用与直接效益

直接费用与直接效益是项目费用与效益计算的主体部分。项目的直接费用主要指国家为满足项目投入（包括固定资产投资、流动资金及经常性投入）的需要而付出的代价。水利建设项目中的枢纽工程（或河渠工程）投资、水库淹没处理（或河渠占地）补偿投资、年运行费用、流动资金等均为水利水电建设项目的直接费用。

项目的直接效益主要指项目的产出物（物质产品或服务）的经济价值。不增加产出的项目，其效益表现为投入的节约，即释放到社会上的资源的经济价值。如水利建设项目建成后水电站（增加）的发电收益，减免的洪灾淹没损失，增加的农作物、树木、牧草等主、副产品的价值，均为水利建设项目的直接效益。

3. 间接费用与间接效益

间接费用又称外部费用，是指国民经济为项目付出了代价，而项目本身并不实际支付的费用。例如项目建设造成的环境污染和生态的破坏。

间接效益又称外部效益，是指项目对社会作了贡献，而项目本身并未得益的那部分效益。例如在河流上游建设水利水电工程后，增加的河流下游水电站出力和电量。

计算间接费用和间接效益时应注意：

（1）"间接"和"直接"是相对的。外部费用和外部效益通常较难计量，为了减少计量上的困难，首先应力求明确项目的"边界"。一般情况下可扩大项目的范围，特别是一些相互关联的项目可以合在一起视为同一项目（联合体）捆起来进行评价，这样可使外部费用和效益转化为直接费用和直接效益。

（2）影子价格中已体现了项目的某些外部费用和效益，则计算间接费用和间接效益时，不得重复计算该费用和效益。

（3）只计算与项目一次相关比较明显、能用货币计量的间接费用和间接效益，不宜扩展过宽。

（4）费用与效益的计算口径要对应一致，即效益计算到哪一个层次（范围），费用也相应要计算到那一个层次（范围）。

4. 转移支付

项目财务评价用的费用或效益中的税金、国内贷款利息和补贴等，是国民经济内部各部门之间的转移支付，不造成资源的实际耗费或增加。因此，在国民经济评价中不能计为项目的费用或效益，但国外借款利息的支付产生了国内资源向国外的转移，则必须计为项目的费用。

三、国民经济评价基本报表及指标

国民经济的基本报表一般包括国民经济效益费用流量表（全部投资）和国民经济效益费用流量表（国内投资）。前者以全部投资作为计算的基础，用以计算全部投资经济净现值、经济内部收益率等指标，评价全部投资的经济效果；后者以国内投资作为计算的基础，将国外借款利息和本金的偿付作为费用流出，用以计算国内投资的经济净现值、经济内部回收率等指标，评价国内投资的经济效果。两者的格式分别见表 6-2 和表 6-3。

表 6-2   国民经济效益费用流量表（全部投资）

项　目	计　算　期/年份								合计
	建设期			运　行　期					
	1	2	…	…	…	…	$n-1$	n	
1. 效益流量 B									
1.1　项目各项功能的效益									
1.1.1 ×××									
1.1.2 ×××									
1.1.3 ×××									
1.2　回收固定资产余值									
1.3　回收流动资金									
1.4　项目间接效益									
1.5　项目负效益									
2. 费用流量 C									
2.1　固定资产投资									
2.2　流动资金									
2.3　年运行费									
2.4　更新改造费									
2.5　项目间接费用									
3. 净效益流量 $B-C$									
4. 累计净效益流量									

计算指标：

    经济内部收益率/%：

    经济净现值（$i_s=$ ）：

    经济效益费用比（$i_s=$ ）：

注 项目各项功能的效益应根据该项目的实际功能计列，项目负效益用负值表示。

表 6-3　　　　　　　　　　　国民经济效益费用流量表（国内投资）

项　　目	计 算 期/年份								合计
	建设期			运 行 期					
	1	2	…	…	…	…	$n-1$	n	
生产负荷/%									
1.　效益流量									
1.1　产品销售（营业）收入									
1.2　回收固定资产余值									
1.3　回收流动资金									
1.4　项目间接效益									
1.5　项目负效益									
2.　费用流量									
2.1　固定资产投资中国内资金									
2.2　流动资金中国内资金									
2.3　经营费用									
2.4　流至国外的资金									
2.4.1　国外借款本金偿还									
2.4.2　国外借款利息支付									
2.5　项目间接费用									
3.　净效益流量 1－2									

计算指标：
　　　　经济内部收益率/%：
　　　　经济净现值（$i_s=$　　%）：

为了编制这些基本报表，还应编制一些辅助报表。在财务评价基础上进行国民经济评价的项目，需要编制国民经济投资调整计算表、国民经济销售收入调整计算表和国民经济评价经营费用调整计算表。

涉及产品出口创汇或替代进口节汇的项目，还应编制经济外汇现金流量表（基本报表）和出口（替代进口）产品国内资源流量表（辅助报表）。经济外汇现金流量表的基本格式见表 6-4。

表 6-4　　　　　　　　　　　国民经济外汇流量表

项　　目	计 算 期/年份								合计
	建设期			运 行 期					
	1	2	…	…	…	…	$n-1$	n	
生产负荷/%									
1.外汇流入									
1.1　产品销售（外汇）收入									
1.2　外汇借款									
1.3　其他外汇收入									
2.外汇流出									
2.1　固定资产投资中外汇支出									
2.2　进口原材料									

项　目	计　算　期/年份							合计
	建设期			运　行　期				
	1	2	…	…	…	…	$n-1$	n	
2.3　进口零部件								
2.4　技术转让费								
2.5　偿付外汇借款本息								
2.6　其他外汇支出								
3.净外汇流量 1－2								
4.产品替代进口收入								
5.净外汇效果 3＋4								

计算指标：
　　经济外汇净现值（$i_s=$　　%）：
　　经济外汇成本或经济节汇成本：

注　技术转让费是指生产期支付的技术转让费。

国民经济评价内容包括盈利能力分析和外汇效果分析，对难以量化的外部效果还需进行定性分析。其评价指标有经济净现值、经济内部收益率、经济效益费用比、经济换汇成本等指标。

1. 经济净现值（$ENPV$）

经济净现值反映项目对国民经济所作贡献的绝对指标，以用社会折现率（i_s）将项目计算期内各年的净效益折算到计算期初的现值之和表示。其表达式为

$$ENPV = \sum_{t=0}^{n}(B-C)_t(1+i_s)^{-t} \qquad (6-1)$$

项目的经济合理性应根据经济净现值（$ENPV$）的大小确定。当经济净现值大于或等于零（$ENPV \geqslant 0$）时，该项目在经济上是合理的。

2. 经济内部收益率（$EIRR$）

经济内部收益率表示项目占用的费用对国民经济的净贡献能力，反映项目对国民经济所作贡献的相对指标，它是项目计算期内各年净效益现值累计等于零时的折现率。其表达式为

$$\sum_{t=0}^{n}(B-C)_t(1+EIRR)^{-t} = 0 \qquad (6-2)$$

式中　$EIRR$——经济内部收益率；

　　　　B——年效益，万元；

　　　　C——年费用，万元；

　　　　n——计算期，年；

　　　　t——计算期各年的序号；

　　$(B-C)_t$——第 t 年的净效益，万元。

项目的经济合理性应按经济内部收益率（$EIRR$）与社会折现率（i_s）的对比分析确定。当经济内部收益率大于或等于社会折现率（$EIRR \geqslant i_s$）时，该项目在经济上是合理的。

3. 经济效益费用比（$EBCR$）

经济效益费用比是反映项目单位费用对国民经济所作贡献的相对指标，以项目效益现

值与费用现值之比表示。其表达式为

$$EBCR = \frac{\sum_{t=0}^{n} B_t (1+i_s)^{-t}}{\sum_{t=0}^{n} C_t (1+i_s)^{-t}} \qquad (6-3)$$

式中　$EBCR$——经济效益费用比；

$\quad\quad B_t$——第 t 年的效益，万元；

$\quad\quad C_t$——第 t 年的费用，万元。

项目的经济合理性应根据经济效益费用比（$EBCR$）的大小确定。当经济效益费用比大于或等于（$EBCR \geqslant 1$）时，该项目在经济上是合理的。

4. 经济换汇成本

当项目生产直接出口产品或替代进口产品时，应计算经济换汇成本，它是用影子价格、影子工资和社会折现率计算的为生产该产品而投入的国内资源现值（以人民币表示）与经济外汇净现值（通常以美元表示）之比，亦即换取 1 美元的外汇所需要的人民币（元）金额，是分析、评价项目实施后在国际上竞争能力的指标。其表达式为

$$经济换汇成本 = \frac{\sum_{t=0}^{n} DR_t (1+i_s)^{-t}}{\sum_{t=0}^{n} (FI_t - FO_t)(1+i_s)^{-t}} \qquad (6-4)$$

式中　DR_t——项目在第 t 年为生产出口产品或替代进口产品所投入的国内资源（包括投资和经营成本），元；

$\quad\quad FI_t$——第 t 年的外汇流入量，美元；

$\quad\quad FO_t$——第 t 年的外汇流出量，美元。

经济换汇成本（元/美元）小于或等于影子汇率时，表明该项目产品出口或替代进口是有竞争力的，从获得或节约外汇的角度考虑是合算的。

当项目产出只有部分外贸品（出口或替代进口）时，应将生产外贸品部分所耗费的国内资源价值从国内贸源总耗资中划出，然后用上式计算。

第三节　财　务　评　价

财务评价又称财务分析，是按国家现行财税制度和价格，从财务角度对水利建设项目的费用、效益及生存能力、偿债能力、盈利能力等所作的分析评估，其目的是考察项目在财务上的可行性。

一、水利工程财务评价的内容和特点

水利工程具有防洪（防凌）、治涝、灌溉、发电、城镇供水、乡村人畜供水、航运、水产养殖、旅游等多种功能。因此，水利工程的财务评价，应根据项目的功能特点和财务收支情况区别对待：

（1）对水力发电、供水等年财务收入大于年总成本费用的经营性项目，应根据国家现行财税制度和价格体系，在计算项目财务费用和财务效益的基础上，全面分析项目的财务生存能力、偿债能力和盈利能力，判断项目的财务可行性。

（2）对灌溉等年财务收入大于年运行费用但小于年总成本费用的准公益性项目，应重点核算水利项目的灌溉供水成本和水费标准，进行财务生存能力分析；对使用贷款或部分贷款建设的项目需做项目偿债能力的分析，计算和分析项目的借款偿还期等。在某些情况下，可将水利项目与农业项目捆在一起，以灌溉区为单位进行财务分析与评价。

（3）对防洪、防凌、治涝等无财务收入或财务收入很少的公益性项目，主要是进行财务生存能力分析，研究提出维持项目正常运行需由国家补贴的资金数额和需采取的经济优惠措施及有关政策。

（4）对具有综合利用功能的水利建设项目，除把项目作为整体进行财务评价外，还应进行费用分摊计算，各功能分摊的费用计算出来后，再按（1）～（3）的要求分别进行财务评价。

水利建设项目的财务收入包括出售水利产品、提供服务所获得的收入以及可能获得的各种补贴或补助收入。出售水利产品的水利建设项目有水力发电、供水等；提供服务的水利建设项目有防洪、治涝等。补贴收入包括依据国家规定的补助定额计算的定额补助和属于国家财政扶持领域的其他形式补助，如各种政府补贴收入、亏损补贴、减免增值税转入等。水利建设项目的水、电产品销售收入按净供水量、上网电量及其对应价格计算。

水利建设项目的财务支出包括建设项目总投资、年运行费（经营成本）、更新改造投资、流动资金和税金等。水利建设项目总投资包括固定资产投资和建设期利息。按照水利工程设计概（估）算编制规定中项目总投资剔除价差预备费及建设期利息后即为项目静态总投资。固定资产投资中的价差预备费根据预测的物价上涨指数计算。借款利息要根据不同的资金筹措方案进行计算。其他各项费用可直接采用工程设计概（估）算中的数值。

对财务价格中的价格变动因素，在进行项目财务偿债能力分析和盈利能力分析时，需做不同处理。进行偿债能力分析时，计算期内各年采用的预测价格，是在基准年（建设期第1年）物价总水平基础上，既考虑相对价格变化，又考虑物价总水平上涨因素的价格，物价总水平上涨因素一般只考虑到建设期末。如受条件限制，财务价格中未考虑物价总水平上涨因素的，需就这一因素变动对项目偿债能力的影响进行敏感性分析。进行盈利能力分析时，计算期内各年采用的预测价格，是在基准年（建设期第1年）物价总水平基础上，只考虑相对价格变化，不考虑物价总水平上涨因素的价格。

财务评价可分为融资前分析和融资后分析。一般宜先进行融资前分析，在融资前分析结论满足要求的情况下，再进行融资后分析。融资前分析只进行盈利能力分析，编制项目财务现金流量表，计算全部投资财务内部收益率、全部投资财务净现值和全部投资投资回收期等指标，以作为投资决策与融资方案研究的依据和基础。融资后分析应在融资前分析和初步融资方案基础上，考察建设项目的财务生存能力、偿债能力和盈利能力，判断其财务可行性，也用于比选融资方案，为投资者进行融资决策提供依据。

在项目运行期间，是否能从各项经济活动中得到足够的净现金流量是项目能否持续生存的条件。财务生存分析中一般根据财务计划现金流量表考察项目计算期内各年的投资活动、融资活动和经营活动所产生的各项现金流入和流出，计算净现金流量和累计盈余资金，分析项目是否有足够的净现金流量维持正常运营。水利建设项目运营前期的还本付息负担较重，要特别注重运营前期的财务生存能力分析。公益性水利项目本身没有能力实现自身资金平衡，需政府补贴。对于有贷款的项目，需进行偿债能力分析。通过计算利息备付率和偿债备付率指标，判断项目偿债能力。

财务盈利能力分析包括动态分析（折现现金流量分析）和静态分析（非折现盈利能力分析）。融资后的动态分析包括资本金现金流量分析和投资各方现金流量分析。静态分析主要依据损益表（利润与利润分配表）、财务计划现金流量表等，计算资本金净利润率、总投资利润率等。

二、资金来源与融资方案

水利建设项目应根据项目的性质和市场需求，分析项目可能的财务收益和所需费用，通过对资金结构、资金来源和融资条件等方面分析比选，进行多方案比较，根据财务分析结果提出合理的融资方案，为国家、地方政府和有关投资部门对项目的前期立项决策提供依据。

资金来源与融资方案应符合国家法律、政策、财务税收制度和银行信贷条件，其计算方法和主要参数按财务评价的有关规定执行。

1. 资金来源

项目的资金来源包括资本金和债务资金。水利建设项目的资本金一般为投资项目资本金，是指在项目总投资中由投资者认缴的出资额，对投资项目来说是非债务资金，项目法人不承担这部分资金的任何利息和债务，投资者可按其出资的比例依法享有所有者权益，也可转让其出资，但不得以任何方式收回。

资本金的来源可以是货币或非货币形式，水利建设项目的资本金以货币形式为主，其来源主要如下：

（1）政府投资：包括中央和地方政府的财政预算内资金、水利建设基金、国债资金及其他可用于水利建设的财政性资金等。

（2）企业资本金：包括国家授权的投资机构和企业法人的所有者权益、折旧资金及投资者按照国家规定从资金市场上筹措的资金。

（3）个人资本金：社会个人合法所有的资金。

（4）国家规定的其他可以用作投资项目资本金的资金。

债务资金包括银行贷款和债券等，其来源主要如下：

（1）国内商业银行贷款。

（2）政策性银行贷款：国家开发银行、中国进出口银行、中国农业发展银行等政策性银行。

（3）外国政府贷款。

（4）国外银行贷款：包括世界银行、亚洲开发银行、日本海外协力基金及其他国外贷款等。

(5) 企业债券和融资租赁。

项目资本金与债务资金的比例应符合下列要求:

(1) 符合金融机构信贷规定及债权人有关资产负债比例要求。

(2) 各级政府投入的资本金一般不大于公益性功能分摊的投资。

(3) 满足防范财务风险的要求。包括产品数量和价格是否能够被市场接受,项目运行初期是否具备财务生存能力和基本还贷能力,投资者权益是否达到期望要求等。

(4) 以发电为主的水利建设项目的最低资本金比例为 20%;以城市供水(调水)为主的水利建设项目的最低资本金比例原则上不低于 35%;其他水利建设项目的资本金比例根据贷款能力测算成果和项目具体情况确定,但不得低于 20%。

2. 融资方案

项目融资方案,也称资金筹措方案,需说明建设项目所需资金的不同来源和出资方、出资方式和数额及债务资金的额度与使用条件,并提供相关的证明材料与文件(包括有关的意向书、协议书、承诺函等)。

应根据项目财务收支情况确定融资方案测算范围。具有水、电等产品销售收入且财务收入大于年总成本费用的水利建设项目应进行融资方案测算;无财务收入或年财务收入小于年运行费的项目可不测算融资方案,应分析建设资金来源;年财务收入大于年运行费用但小于年总成本费用的项目,应根据财务状况酌情确定是否测算融资方案。

调查水、电产品供需情况与市场前景,以及本工程产品的市场竞争力,分析其他水源、电源对本工程的影响及不同用户对水价、电价等的承受能力。应根据费用分摊成果测算水、电产品的成本。

根据可能的水价(电价)方案、贷款期限和还款方式、工程效益发挥流程、投资收益要求等测算条件,拟定不同的融资方案,测算各方案的贷款能力和所需资本金额度。若需短期借款,应分析短期借款的年份、数额及可靠性,并满足相关规定要求。

水价(电价)方案的拟定至少应采用下述两种方法:

(1) 参考近期建设的类似水利建设项目的供水(电)价格,根据地区国民经济发展水平和规划,以及水资源开发利用与电力供需状况进行预测。

(2) 考虑用户的支付意愿和支付能力拟定。

(3) 供、受双方协议商定水利产品价格。

(4) 根据工程费用分摊成果核算水、电产品成本,按成本和投资利润要求拟定。

(5) 经价格主管部门或政府有关部门核定批准的政策性价格。

对于拟申请国家投资作为资本金的项目,应测算还贷期内全部资本金均不分配利润的方案,作为项目最大贷款能力方案和融资基本方案。在此基础上,根据项目法人资本金收益要求测算其他融资方案。

拟采用多种债务资金的项目,应根据各债务资金使用条件,测算不同债务资金结构方案对项目融资能力的影响。

融资方案测算成果应包括各种测算条件和不同资本金、贷款本金和建设期利息、融资成本和主要财务指标等。融资方案测算成果按表 6-5 选列。

表6-5   **融资方案测算成果汇总表**   单位：万元

方 案 编 号			方案1	方案2	方案3	方案4	…
水价方案/(元/m³)							
电价方案/(元/kW·h)							
贷款偿还期方案/年							
达产率方案/%							
应付利润方案/%							
静态总投资	资本金	政府投资					
		其他投资方1					
		其他投资方2					
		…					
		小计					
	债务资金	借款1					
		借款2					
		…					
		小计					
	合 计						
	债务资金比例/%						
建设期利息							
总投资							
全部投资财务内部收益率/%							
资本金财务内部收益率/%							

在初步明确融资主体和资金来源的基础上，应对融资方案资金结构的合理性和融资风险进行综合分析，结合融资后财务分析，比选确定资金筹措方案。

为减少融资风险损失，对融资方案实施中可能存在的资金供应风险、利率风险和汇率风险等风险因素应进行分析评价，并提出防范风险的措施。

3. 资金结构与财务风险

这里所说的资金结构是指投资项目所使用资金的来源及数量构成；这里的财务风险是指与资金结构有关的风险。不同来源的资金所需付出的代价（资金成本）是不同的。选择资金来源与数量不仅与项目所需要的资金量有关，而且与项目的效益有关。因此，有必要对资金结构加以分析。下面以自有资金与借款的比例说明资金结构和财务风险之间的关系。

一般来说，在有借款资金的情况下，全部投资的效果与自有资金投资的效果是不相同的。就投资利润率指标来说，全部投资的利润率一般不等于贷款利率。这两种利率差额的结果将为企业所承担，从而使自有资金利润率上升或下降。

设全部投资为 K，自有资金为 K_0，贷款为 K_L，全部投资利润率为 R，自有资金利润率 R_0，贷款利率为 R_L，根据投资利润率公式，可有

$$K = K_0 + K_L$$

$$R_0 = \frac{KR - K_L R_L}{K_0} = R + \frac{(R - R_L)K_L}{K_0} \qquad (6-5)$$

由式（6-5）可知，当 $R > R_L$ 时，$R_0 > R$；当 $R < R_L$ 时，$R_0 < R$；且自有资金的利润率与全部投资利润率的差别被资金构成比 K_L/K_0 所放大，这种放大效应称为财务杠杆效应。贷款与全部投资之比 K_L/K 称为债务比。

【例 6-1】 某项工程有三种方案，全部投资利润率 R 分别为 8％、12％ 和 15％，贷款利率为 12％，试比较债务比为 0（不借债）、0.4 和 0.8 时的自有资金利润率。

解： 全部投资由自有资金和贷款构成，因此，若 $K_L/K = 0.5$，则 $K_L/K_0 = 1$；其余类推。利用式（6-5）对三种方案分别进行计算，计算结果列于表 6-6。

从表 6-6 中可以看出，当 $R < R_L$ 时，债务比越大，R_0 越低，甚至为负值；当 $R = R_L$ 时，R_0 不随债务比改变；当 $R > R_L$ 时，债务比越大，R_0 越高。出现这种情况的原因是企业对债务的财务负担是固定的，并不因企业经营状况的好坏而改变。对于方案一，$R > R_L$，借贷资金的贡献小于其成本，不得不把一部分自有资金的盈利用于支付利息；对于方案二，$R = R_L$，借贷资金对项目的贡献恰好等于其成本；对于方案三，$R < R_L$，借贷资金的贡献大于其成本，其超过成本的贡献都归到自有资金名下，从而放大了自有资金的利润率。

表 6-6   不同债务比下的自有资金利润率

债务比方案	$K_L/K = 0$ ($K_L/K_0 = 0$)	$K_L/K = 0.5$ ($K_L/K_0 = 1$)	$K_L/K = 0.8$ ($K_L/K_0 = 4$)
方案一 ($R = 8\%$)	8％	4％	−8％
方案二 ($R = 12\%$)	12％	12％	12％
方案三 ($R = 15\%$)	15％	18％	27％

假设投资在 20 万～100 万元范围内，上述三个方案的投资利润率不变，贷款利率为 12％，若企业拥有自有资金 20 万元，现在来分析该企业在以上三种情况下如何选择投资构成。

对于方案一，如果全部投资为自有资金 20 万元，则企业每年可得利润 1.6 万元；如果除自有资金 20 万元以外贷款 20 万元，则可得总利润 3.2 万元，在贷款偿还之前，每年要付息 2.4 万元，企业获利 0.8 万元；如果除自有资金 20 万元以外贷款 80 万元，则可得总利润 8 万元，每年应付利息 9.6 万元，企业则亏损 1.6 万元。显然，这种情况下，企业不宜贷款，贷款越多，损失越大。

对于方案二，贷款多少对企业的利益没有影响。

对于方案三，如果仅用自有资金 20 万元投资，企业每年获利为 3.0 万元，如果贷款 20 万元，则在偿付利息后，企业可获利 3.6 万元；如果贷款 80 万元，在付息后企业获利可达到 5.4 万元。在这种情况下，企业有贷款比无贷款有利，贷款越多越有利。

由上面的分析可见，资金结构对企业的利益会产生很大影响。因此，选择合适的资金结构，是提高企业盈利能力的一个重要措施。

以上是在项目投资效益具有确定性时的情形。当项目的效益不确定时，选择不同的资金结构，所产生的风险是不同的，在上例中，若项目的利润率估计在 8％～15％之间，企业如果选择自有资金和贷款各半的结构，企业利润将在 0.8 万～3.6 万元之间；如果企业选择自有资金占 20％、贷款占 80％的结构，企业利润将在－1.6 万～5.4 万元之间。由此可见，使用贷款，企业将承担风险。贷款比例越大，风险也越大；相应地，企业获得更高利润的机会也越大。企业需要权衡风险与收益的关系进行决策。采用风险分析方法对项目本身和资金结构作进一步的分析，有利于企业选出最佳决策方案。

从资金借给者的角度来看，为减少资金投放风险，常常拒绝过高的贷款比例。企业在计划投资时，必须与金融机构协商借款比例和数量。

三、基本财务报表编制

水利建设项目财务评价应视项目性质按表 6-7～表 6-13 编制项目投资现金流量表、项目资本金现金流量表、投资各方现金流量表、损益表（利润与利润分配表）、财务计划现金流量表、资产负债表、借款还本付息计划表等基本报表。

水利建设项目财务报表还应按表 6-14 和表 6-15 编制项目投资计划与资金筹措表和总成本费用估算表等辅助报表。

属于社会公益性质或财务收入很少的水利建设项目财务报表可适当减少。

表 6-7 为项目投资现金流量表（全部投资），该表是从项目自身角度出发，不区分投资的资金来源，以项目全部投资作为计算基础，考核项目全部投资的盈利能力，为项目各个投资方案进行比较建立共同基础，供项目决策研究。

表 6-7　　　　　　　　　　　项目全部投资现金流量表　　　　　　　　单位：万元

项　目	计　算　期/年份								合计
	建设期			运　行　期					
	1	2	…	…	…	…	$n-1$	n	
1. 现金流入									
1.1　销售收入									
1.2　提供服务收入									
1.3　补贴收入									
1.4　回收固定资产余值									
1.5　回收流动资金									
2. 现金流出									
2.1　固定资产投资									
2.2　流动资金									
2.3　年运行费									
2.4　销售税金及附加									
2.5　更新改造投资									

续表

项　目	计　算　期/年份								合计
	建设期		运　行　期						
	1	2	…	…	…	…	$n-1$	n	
3. 所得税前净现金流量（1－2）									
4. 累计所得税前净现金流量									
5. 调整所得税									
6. 所得税后净现金流量（3－5）									
7. 累计所得税后净现金流量									

计算指标：　　　　　　　　　　　所得税前　　　　　　　　　　　所得税后

全部投资财务内部收益率/%：

全部投资财务净现值（$i_c=$　%）：

全部投资回收期/年：

注　本表假定全部投资均为自有资金，考察全部投资的盈利能力。

表 6-8 为资本金现金流量表（涉及外汇收支的项目为国内投资），该表是从项目投资者的角度出发，以投资者的出资额作为基础，进行息税后分析。将各年投入的项目资本金、各年缴付的所得税和借款本金偿还、利息支付作为现金流出，考核项目资本金的盈利能力，供项目投资者决策研究。

表 6-9 为投资各方现金流量表，一般情况下，投资各方按股本比例分配利润和分担亏损及风险，因此投资各方利益一般是均等的，没有必要计算投资各方的内部收益率。只有投资各方有股权以外的不对等的利益分配时，才需计算投资各方的内部收益率。

表 6-8　　　　　　　　　　　　**资 本 金 现 金 流 量 表**　　　　　　　　　单位：万元

项　目	计　算　期/年份								合计
	建设期		运　行　期						
	1	2	…	…	…	…	$n-1$	n	
1. 现金流入									
1.1 销售收入									
1.2 提供服务收入									
1.3 补贴收入									
1.4 回收固定资产余值									
1.5 回收流动资金									
2. 现金流出									
2.1 项目资本金									
2.2 长期借款本金偿还									
2.3 短期借款本金偿还									
2.4 长期借款利息支付									
2.5 短期借款利息支付									

项　目	计　算　期/年份								合计
	建设期			运　行　期					
	1	2	…	…	…	…	$n-1$	n	
2.6　年运行费									
2.7　销售税金及附加									
2.8　所得税									
2.9　更新改造投资									
3.净现金流量（1－2）									

计算指标：

　　资本金财务内部收益率/%：

注　本表以自有资金（资本金）为计算基础，考察自有资金的盈利能力。

表 6-9　　　　　　　　　　　　　投资各方现金流量表　　　　　　　　　单位：万元

项　目	计　算　期/年份								合计
	建设期			运　行　期					
	1	2	…	…	…	…	$n-1$	n	
1.现金流入									
1.1　实分利润									
1.2　资产处置收益分配									
1.3　租赁费收入									
1.4　技术转让或使用收入									
1.5　其他现金流入									
2.现金流出									
2.1　实际出资额									
2.2　租赁资产支出									
2.3　其他现金流出									
3.净现金流量（1－2）									

计算指标：

　　投资各方财产内部收益率/%：

表 6-10 为损益表，反映项目计算期内各年营业收入、总成本费用、利润总额等情况，以及所得税和税后利润的分配，用于计算总投资收益率、项目资本金净利润率等指标。

表 6-10　　　　　　　　　　　　　　　　损　益　表

项　目	计　算　期/年份								合计
	建设期			运　行　期					
	1	2	…	…	…	…	$n-1$	n	
供水量/万 m³									
供水水价/(元/m³)									
上网电量/(亿 kW・h)									

续表

项 目	计 算 期/年份								合计
	建设期			运 行 期					
	1	2	…	…	…	…	$n-1$	n	
上网电价/[元/(kW·h)]									
1. 销售收入									
1.1 供水收入									
1.2 发电收入									
1.3 其他收入									
2. 补贴收入									
3. 销售税金及附加									
4. 总成本费用									
5. 利润总额 (1+2-3-4)									
6. 弥补前年度亏损									
7. 应纳税所得额 (5-6)									
8. 所得税									
9. 税后利润 (5-8)									
10. 期初未分配利润									
11. 可供分配的利润 (9+10)									
12. 提取法定盈余公积金									
13. 可分配利润 (11-12)									
14. 各投资方应付利润:									
其中：××方									
××方									
15. 未分配利润 (13-14)									
16. 息税前利润 (利润总额+利息支出)									
17. 息税折旧摊销前利润 (息税前利润+折旧+摊销)									

注 法定盈余公积金按净利润计提。

表 6-11 为财务计划现金流量表。反映项目计算期各年的投资。融资及经营活动的现金流入和流出，用于计算累计盈余资金，分析项目的财务生存能力。

表 6-11   **财务计划现金流量表**   单位：万元

项 目	计 算 期/年份								合计
	建设期			运 行 期					
	1	2	…	…	…	…	$n-1$	n	
1. 经营活动净现金流量 (1.1-1.2)									
1.1 现金收入									
1.1.1 销售收入									

项　目	计　算　期/年份								合计
	建设期			运　行　期					
	1	2	…	…	…	…	$n-1$	n	
1.1.2　增值税销项税额									
1.1.3　补贴收入									
1.1.4　其他流入									
1.2　现金流出									
1.2.1　年运行费（经营成本）									
1.2.2　增值税进项税额									
1.2.3　销售税金及附加									
1.2.4　增值税									
1.2.5　所得税									
1.2.6　其他流出									
2.投资活动净现金流量（2.1－2.2）									
2.1　现金流入									
2.2　现金流出									
2.2.1　固定资产投资									
2.2.2　更新改造投资									
2.2.3　流动资金									
2.2.4　其他流出									
3.筹集活动净现金流量（3.1－3.2）									
3.1　现金流入									
3.1.1　项目资本金投入									
3.1.2　项目投资借款									
3.1.3　短期借款									
3.1.4　债券									
3.1.5　流动资金借款									
3.1.6　其他流入									
3.2　现金流出									
3.2.1　长期借款本金偿还									
3.2.2　短期借款本金偿还									
3.2.3　债券偿还									
3.2.4　流动资金借款本金偿还									
3.2.5　长期借款利息支出									
3.2.6　短期借款利息支出									
3.2.7　流动资金利息支出									
3.2.8　应付利润（股利分配）									
3.2.9　其他流出									
4.净现金流量（1＋2＋3）									
5.累计盈余资金									

表 6-12 为资产负债表，综合反映水利项目在计算期内各年末资产、负债和所有者权益的增值或变化及对应关系，以便考察项目资产、负债、所有者权益的结构情况，用以计算资产负债率等指标，进行清偿能力分析。

表 6-12 　　　　　　　　　　　　　资 产 负 债 表 　　　　　　　　　　　单位：万元

项　目	计 算 期/年份								合计
	建设期			运 行 期					
	1	2	…	…	…	…	$n-1$	n	
1. 资产									
1.1　流动资产总额									
1.1.1　货币资金									
1.1.2　应收账款									
1.1.3　预付账款									
1.1.4　存货									
1.1.5　其他									
1.2　在建工程									
1.3　固定资产净值									
1.4　无形及递延资产净值									
2. 负债及所有者权益（2.4+2.5）									
2.1　流动负债总额									
2.1.1　短期借款									
2.1.2　应付账款									
2.1.3　预收账款									
2.1.4　其他									
2.2　项目投资借款									
2.3　流动资金借款									
2.4　负债小计（2.1+2.2+2.3）									
2.5　所有者权益									
2.5.1　资本金									
2.5.2　资本公积金									
2.5.3　累计盈余公积金									
2.5.4　累计未分配利润									

计算指标：
资产负债率/%：

表 6-13 为借款还本付息计划表，综合反映项目计算期内各年借款额、借款本金及利息偿还额、还款资金来源，并计算利息备付率及偿债备付率等指标，进行项目偿债能力分析。

表 6-13　　　　　　　　　　　借款还本付息计划表

项　目	计　算　期/年份								合计
	建设期			运　行　期					
	1	2	...	...	...	...	$n-1$	n	
1. 借款及还本利息									
1.1　年初借款本息累计									
1.1.1　本金									
1.1.2　利息									
1.2　本年借款									
1.3　本年应计利息									
1.4　本年还本									
1.5　本年付息									
2. 还款资金来源									
2.1　未分配利润									
2.2　折旧费									
2.3　摊销费									
2.4　其他资金									
2.5　计入成本的利息支出									

注　计算指标：利息备付率1%；偿债备付率1%。

表 6-14 为项目投资计划与资金筹措表，明细列出各年投资计划和资金来源。

表 6-14　　　　　　　　　　项目投资计划与资金筹措表

项　目	建　设　期/年份					合计
	1	2	3	...	n	
1. 总投资						
1.1　固定资产投资						
1.2　建设期利息						
2. 流动资金						
3. 资金筹措						
3.1　资本金						
3.1.1　用于固定资产投资						
××方						
……						
3.1.2　用于流动资金						
××方						
……						
3.1.3　其他资金						
3.2　债务资金						
3.2.1　用于固定资产投资						

项　　目	建　设　期/年份					合计
	1	2	3	…	n	
××借款						
××债券						
……						
3.2.2 用于建设期利息						
××借款						
××债券						
……						
3.2.3 用于流动资金						
××借款						
××债券						
3.3 其他资金						
……						

表 6-15 为总成本费用估算表，明细反映出总成本的各项组成。为便于计算经营成本，表中须列出各年折旧费、摊销额、借款利息额。

表 6-15　　　　　　　　　　总 成 本 费 用 估 算 表

项　　目	计　算　期/年份								合计
	建设期			运　行　期					
	1	2	…	…	…	…	$n-1$	n	
1. 年运行费									
1.1 材料费									
1.2 燃料及动力费									
1.3 修理费									
1.4 职工薪酬									
1.5 管理费									
1.6 库区资金									
1.7 水资源费									
1.8 其他费用									
1.9 固定资产保险费									
2. 折旧费									
3. 摊销费									
4. 财务费用									
4.1 长期借款利息									

续表

项　　目	计　算　期/年份							合计
	建设期			运　行　期				
	1	2	…	…	…	…	$n-1$	n	
4.2　短期借款利息									
4.3　流动资金借款利息									
4.4　其他财务费用									
5. 总成本费用（1+2+3+4）									
5.1　固定成本									
5.2　可变成本									

上述 9 张财务评价报表可以根据水利建设项目的功能情况增减，如涉及外汇收支的项目应增加财务外汇平衡表；属于社会公益性质或财务收入很少的水利建设项目，财务报表可适当减少。各财务报表之间的关系如图 6-1 所示。

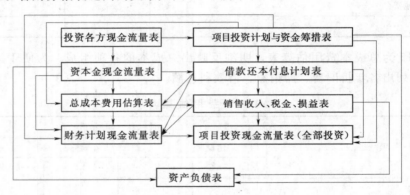

图 6-1　各财务报表之间的关系

四、财务评价指标

水利建设项目的财务评价包括盈利能力分析、偿债能力分析和财务生存能力分析。

水利建设项目财务评价指标包括全部投资财务内部收益率、资本金财务内部收益率、投资各方财务内部收益率、财务净现值、投资回收期、总投资利润率、项目资本金利润率、利息备付率、偿债备付率和资产负债率。

财务评价指标根据财务报表计算。下面介绍主要财务评价指标的计算方法。

1. 盈利能力分析

盈利能力分析的指标应在项目现金流量表、资本金现金流量表和投资各方现金流量表的基础上，计算项目全部投资财务净现值和财务内部收益率、项目资本金财务内部收益率、投资各方财务内部收益率、投资回收期、总投资利润率和项目资本金净利润率。

（1）财务净现值（FNPV）。财务净现值是指按行业基准收益率或设定的折现率（i_c），将项目计算期内各年净现金流量折现到建设期初的现值之和。它是考察项目在计算

期内盈利能力的主要动态评价指标。其表达式为

$$FNPV = \sum_{t=0}^{n} (CI_t - CO_t)(1 + i_c)^{-t} \qquad (6-6)$$

式中 CI_t——第 t 年现金流入量；

CO_t——第 t 年现金流出量；

i_c——财务基准收益率；

n——计算期。

财务净现值可根据财务现金流量表计算。财务净现值 $FNPV \geqslant 0$ 时，项目在财务上是可行的。

（2）财务内部收益率（FIRR）。财务内部收益率是指项目在整个计算期内各年净现金流量值累计等于零时的折现率，它反映项目所占用资金的盈利率，也是考察项目盈利能力的主要动态评价指标。其表达式为

$$\sum_{t=0}^{n} (CI_t - CO_t)(1 + FIRR)^{-t} = 0 \qquad (6-7)$$

式中符号意义同前。

财务内部收益率可根据财务现金流量表中的净现金流量用试算法计算求得。当项目财务内部收益率大于或等于行业基准收益率或设定的折现率 i_c 时，即认为其盈利能力已满足最低要求，在财务上是可以考虑接受的。

（3）投资回收期（P_t）。投资回收期是考察项目在财务上的投资回收能力的主要静态指标，是指以项目的净收益抵偿全部投资所需的时间。投资回收期（以年表示）一般从建设开始年算起，如果从投产年算起，应予说明。其表达式为

$$\sum_{P_t=0}^{n} (CI_t - CO_t) = 0 \qquad (6-8)$$

式中符号意义同前。

投资回收期可根据财务现金流量表（全部投资）中累计净现金流量计算求得。计算公式为

$$P_t = \left(\begin{matrix} 累计净现金流量 \\ 开始出现了正值年份数 \end{matrix} \right) - 1 + \frac{上年累计净现金流量绝对值}{当年净现金流量} \qquad (6-9)$$

若 $P_t \geqslant$ 标准投资回收期（P_b），表明项目投资能在规定的时间内收回。

（4）总投资利润率（ROI）。总投资利润率表示总投资的盈利水平，应以项目达到设计能力后正常年份的年息税前利润或运营期内年平均息税前利润（EBIT）与项目总投资（TI）的比率表示。其表达式为

$$ROI = \frac{EBIT}{TI} \times 100\% \qquad (6-10)$$

式中 $EBIT$——项目达到设计能力后，正常年份的年息税前利润或运营期内年平均息税前利润；

TI——项目总投资。

（5）资本金净利润率（ROE）。资本金净利润率表示项目资本金的盈利水平，应以项目达到设计能力后正常年份的年净利润或运营期内年平均净利润（NP）与项目资本金（EC）的比率表示。其表达式为

$$ROE = \frac{NP}{EC} \times 100\% \tag{6-11}$$

式中　NP——项目达到设计能力后，正常年份的年净利润或运营期内年平均净利润；

　　　　EC——项目资本金。

项目资本金净利润率高于同行业的净利润率参考值，表明用项目资本金净利润率表示的盈利能力满足要求。

2. 偿债能力分析

偿债能力分析应在损益表（利润与利润分配表）、借款偿还计划表和资产负债表的基础上，计算利息备付率（ICR）、偿债备付率（CSCR）和资产负债率（LOAR）等指标，以分析判项目在计算期各年的偿债能力。

（1）利息备付率（ICR）应以在借款偿还期内各年的息税前利润（EBIT）与该年应付利息（PI）的比值表示，其表达式为

$$ICR = \frac{EBIT}{PI} \tag{6-12}$$

式中　EBIT——息税前利润；

　　　　PI——计入总成本费用的应付利息。

利息备付率应大于1，并结合债权人的要求确定。

（2）偿债备付率（CSCR）应以借款偿还期内各年用于计算还本付息的资金（EBITCA−T_{ax}）与该年应还本付息金额（PC）的比值表示，其表达式为

$$CSCR = \frac{EBITCA - T_{ax}}{PC} \tag{6-13}$$

式中　EBITCA——息税前利润加折旧和摊销；

　　　　T_{ax}——企业所得税；

　　　　PC——应还本付息金额，包括还本金额和计入总成本费用的全部利息。融资租赁费用可视同借款偿还。运营期内的短期借款本息也应纳入计算。

如果项目在运行期内有维持运营的投资，可用于还本付息的资金应扣除维持运营的投资。偿债备付率应大于1，并结合债权人的要求确定。

（3）资产负债率应以项目负债总额对资产总额的比率表示，其表达式为

$$LOAR = \frac{TL}{TA} \times 100\% \tag{6-14}$$

式中　TL——期末负债总额；

　　　　TA——期末资产总额。

在长期债务还清后，不再计算资产负债率。

3. 财务生存能力分析

财务生存能力分析也可称为资金平衡分析，应在财务分析辅助表和损益表（利润与利润分配表）的基础上编制财务计划现金流量表，考察计算期内的投资、融资和经营活动所产生的各项现金流入和流出，计算净现金量和累计盈余资金，分析项目是否有足够的净现金流量维持正常运营，以及各年累计盈余资金是否出现负值。若累计盈余资金出现负值，应进行短期借款，并分析该短期借款的年份（不超过 5 年）、数额和可靠性。

常用的财务评价和分析指标如图 6 - 2 所示。

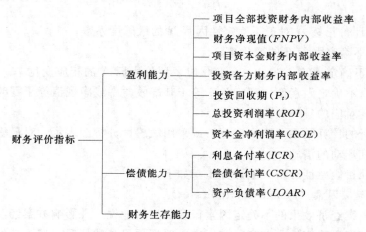

图 6 - 2　常用的财务评价和分析指标

第四节　不确定性分析与风险分析

一、不确定性分析 (Uncertainty Analysis)

经济评价中所采用的数据绝大多数来自于测算和估算，因此具有一定的不确定性。分析这些不确定因素对经济评价指标的影响，考察经济评价结果的可靠程度，称为不确定性分析。对项目经济评价进行不确定性分析的主要目的有两个：一是预测经济评价指标发生变化的范围，分析工程获得预期效果的风险程度，为工程项目决策提供依据；二是找出对工程经济效果指标具有较大影响的因素，以便在工程的规划、设计、施工中采取适当的措施，把它们的影响限制到最小限度。

不确定性分析一般包括敏感性分析、盈亏平衡分析。盈亏平衡分析只用于财务评价，敏感性分析可同时用于财务评价和国民经济评价。对于有财务效益的重要水电项目进行财务的盈亏平衡分析。对于特别重要的水利建设项目，应进行风险分析。

（一）敏感性分析 (Sensitivity Analysis)

敏感性分析旨在研究和预测项目主要因素发生浮动时对经济评价指标的影响，分析最敏感的因素和对评价指标的影响程度。它是不确定性分析中最常用、最基本的一项分析。

敏感性分析是根据项目特点，分析、测算固定资产投资、效益、主要投入物的价格、产出物的产量和价格、建设期年限及汇率等主要因素，一项指标浮动或多项指标同时浮动对主要经济评价指标的影响。并据此找出最为敏感的因素，再进行必要的补充研究，以便验证计算结果的可靠性和合理性。

必要时可计算敏感度系数和临界点，找出敏感因素。

敏感度系数（SAF）以项目评价指标变化率与不确定性因素变化率之比表示，按式（6－15）计算。

$$S_{AF} = \frac{\Delta A/A}{\Delta F/F} \tag{6-15}$$

式中　S_{AF}——评价指标 A 对于不确定性因素 F 的敏感度系数；

$\Delta F/F$——不确定因素 F 的变化率；

$\Delta A/A$——不确定因素 F 发生 ΔF 变化时，评价指标 A 的相应变化率。

临界点应以不确定因素使内部收益率等于基准收益率或净现值等于零时，相对基本方案的变化率或其对应的具体数值表示。

敏感性分析的计算结果，应列表分析或采用敏感性分析图表示。对最敏感的因素，应研究提出减少其浮动的措施。

水利建设项目敏感性分析一般计算步骤如下：

1. 选择不确定因素（Sensitivity Indicator）

影响投资方案经济效果的不确定因素很多，严格地说，凡影响方案经济效果的因素在某种程度上都带有不确定性。在实际应用中一般视项目具体情况，按可能发生且对经济评价产生较大不利影响的方式来进行选择。

水利建设项目计算期内可能发生浮动的风险因素很多，项目国民经济评价与财务评价的风险因素可归纳为六类。

（1）项目收益风险：产出品的数量与预测价格；

（2）投资风险：土建工程量、设备选型与数量、土地征用和拆迁安置费、人工、材料价格、机械使用费及取费标准等；

（3）融资风险：资金来源、供应量与供应时间等；

（4）建设期风险：工期延长；

（5）运行成本风险：投入的各种原料、材料、燃料、动力的需求量与预测价格、劳动力工资、各种管理取费标准等；

（6）政策风险：税率、利率、汇率及通货膨胀率等。

由于水利工程效益的随机性大，因而工程效益的变化除考虑一般变化幅度外，还要考虑大洪水年或连续枯水年出现时对防洪、发电、供水等效益的影响程度。

2. 确定各因素的变化幅度及其增量

进行敏感性分析时，可就计算期内主要因素中一项指标单独发生浮动或多项指标同时发生浮动对经济评价指标的影响和其敏感程度进行分析。选取哪些浮动因素，可根据项目的具体情况，按最可能发生、对经济评价较为不利的原则分析确定。主要因素浮动的幅度，可根据项目的具体情况确定，也可参照下列变化幅度选用：

（1）固定资产投资：＋10％～＋20％。

（2）效益：-10%～-20%。

（3）建设期年限：增加或减少1～2年。

（4）利率：提高或降低1～2个百分点。

3. 选定进行敏感性分析的评价指标

由于敏感性分析是在确定性分析的基础上进行的，一般可只在确定性分析所使用的指标内选用。经济评价指标较多，没有必要全部进行敏感性分析，一般可只对主要经济评价指标，如国民经济评价中的经济净现值（$ENPV$）和经济内部收益率（$EIRR$），财务评价中的财务净现值（$FNPV$）、财务内部收益率（$FIRR$）、投资回收期（P_t）等进行分析，应根据项目需要研究确定。

4. 计算某种因素浮动对项目经济评价指标的影响和其敏感程度

在算出基本情况时的经济评价指标的基础上，按选定的因素和浮动幅度计算其相应的评价指标，同时将所得到的结果绘成图表，以利分析研究和决策。

依据每次变动因素的数目多寡，敏感性分析可分为单因素敏感性分析和多因素敏感性分析。变动一个因素，其他因素不变条件下的敏感性分析，叫做单因素敏感性分析；变动两个以上因素的敏感性分析，叫做多因素敏感性分析。

敏感因素的变化可以用相对值或绝对值表示。相对值是使每个因素都从其原始取值变动一个幅度，例如±10%，±20%，…，计算每次变动对经济评价指标的影响，根据不同因素相对变化对经济评价指标影响的大小，可以得到各个因素的敏感性程度排序。用绝对值表示的因素变化可以得到同样的结果，这种敏感性程度排序可用列表或作图的方式来表述。

图6-3为经济内部收益率敏感性分析示意图。图中固定资产投资和效益变动对经济内部收益率的影响线，可根据项目的分析成果点绘。两线与社会折现率线的交点 A 和 B 为临界点，相应横坐标分别是固定资产投资和效益允许变动的最大幅度。若项目固定资产投资和效益超过临界点，该项目在经济上是不合理的。其他经济评价指标的敏感性分析

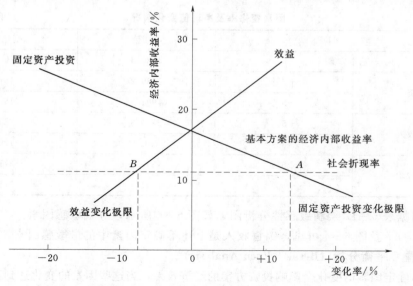

图6-3　经济内部收益率敏感性分析示意图

图，可用类似的方法绘制。

【例 6-2】　某项目的财务现金流量计算表见表 6-16，试对该项目进行敏感性分析（折现率 8%）。

表 6-16　　　　　　　　　某项目的财务现金流量计算表（全部投资）　　　　单位：万元

序号	项　目	合计	年　份						
			1	2	3	4	5	6～22	23
1.	现金流入	39800				1000	1600	2000	3200
1.1	销售收入	38600				1000	1600	2000	2000
1.2	回收固定资产余值	500							
1.3	回收流动资金	700							
2.	现金流出	28322.5	1150	2150	1600	683.9	998.2	1207.8	1207.8
2.1	固定资产投资	4200	1150	2150	900				
2.2	流动资金	700			700				
2.3	经营成本	19562.5				583.9	838.2	1007.8	1007.8
2.4	销售税金	3860				100	160	200	200
3.	净现金流量	11477.5	-1150	-2150	-1600	316.1	601.8	792.2	1992
4.	折现系数		0.926	0.857	0.794	0.735	0.681	6.208	0.170
5.	净现值	1720.9	-1064.9	-1842.6	-1270.4	232.3	409.8	4918	338.7

解：（1）设定分析的指标为净现值。

（2）选择可能对项目效益影响较大的不确定因素。根据提供的资料，可选择项目总投资、销售收入、经营成本三个不确定因素。

（3）根据不确定因素的变化率，计算这几个因素对分析指标的影响。设项目总投资、销售收入、经营成本三个因素的变化率均为 5%，净现值指标变化情况见表 6-17。

表 6-17　　　　　　　　　因素变化率及净现值变化情况　　　　　　　　　单位：万元

项　目		净现值	变化值
基本方案		1720.3	0
投资	+5%	1539.2	-181.1
	-5%	1901.5	181.2
销售收入	+5%	2449.3	729.0
	-5%	991.3	-729.0
经营成本	+5%	1349.0	-371.3
	-5%	2091.7	371.4

（4）根据表 6-17 绘制敏感性分析图，如图 6-4 所示，寻找敏感因素。

从表 6-17 及图 6-4 可见，销售收入是上述不确定因素中的最敏感因素。

（二）盈亏平衡分析（Break-Even Analysis）

各种不确定因素的变化会影响投资方案的经济效果，当这些因素的变化达到其一临界值时，就会影响方案的取舍。盈亏平衡分析的目的就是要找出这种临界值，判断投资方案对不

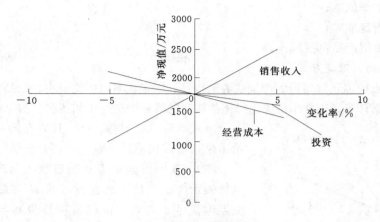

图 6-4 净现值敏感性分析图

确定因素变化的承受能力。具体来说就是研究在一定市场条件下，通过计算项目正常运行年份的盈亏平衡点（Break Even Point，BEP），分析项目收入与成本的平衡关系。

1. 销售收入、生产成本与产品产量的关系

项目的销售收入与产品销售量（如果按销售量组织生产，产品销售量等于产品产量）的关系有两种情况，第一种情况：该项目的生产销售活动不会明显地影响市场供求状况。假定其他市场条件不变，产品价格不会随着该项目的销售量的变化而变化，可以看作是一个常数。销售收入与销售量是线性关系。即

$$B = PQ \tag{6-16}$$

式中 B——销售收入；

$\quad$ P——单位产品价格；

$\quad$ Q——产品销售量。

第二种情况：该项目的生产销售活动将明显地影响市场供求状况，随着该项目产品销售量的增加，产品价格有所下降，这时销售收入与销售量之间不再是线性关系，对应于销售量 Q，销售收入为

$$B = \int_0^{Q_0} P \, Q \mathrm{d}Q \tag{6-17}$$

项目投产后，生产成本可以分为固定成本与可变成本两部分。固定成本主要包括工资（计件工资除外）、折旧费、无形资产及其他资产摊销费、修理费和其他费用等。为简化计算，财务费用一般也作为固定成本。可变成本主要包括材料费、燃料动力费、包装费、计件工资、水资源费等。可变成本总额中的大部分与产品产量成正比例关系。也有一部分可变成本与产品产量不成正比例关系，如与生产批量有关的某些消耗性材料费、模具费及运输费等。通常称这部分可变成本为半可变成本，一般可以近似地认为它也随产量成正比例变动。

总成本是固定成本与可变成本之和，它与产品产量的关系也可以近似地认为是线性关系，即

$$C = C_f + C_v Q \tag{6-18}$$

127

式中　C——生产成本；

　　　C_f——固定成本；

　　　C_v——单位产品可变成本。

2. 盈亏平衡点及其确定

盈亏平衡点应以正常年份的产量或者销售量、固定成本、可变成本、产品价格和销售税金及附加等数据计算。正常年份应选择还款期间的第一个达产年和还款后的年份分别计算。

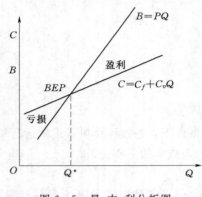

图 6-5　量-本-利分析图

将式（6-16）与式（6-18）在同一坐标图上表示出来，可以构成线性量-本-利分析图（图 6-5）。

图 6-5 中纵坐标表示销售收入与产品成本，横坐标表示产品产量。销售收入线 B 与总成本线 C 的交点称盈亏平衡点，也就是项目盈利与亏损的临界点。在 BEP 的左边，总成本大于销售收入，项目亏损；在 BEP 的右边，销售收入大于总成本，项目盈利；在 BEP 点上，项目不亏不盈。

根据上图，盈亏平衡点也可以用产品产量、产品销售价格、生产能力利用率、单位产品变动成本等表示。在盈亏平衡点，销售收入 B 等于总成本 C。即

$$PQ = C_f + C_v Q \tag{6-19}$$

盈亏平衡产量：

$$Q^* = C_f/(P - C_v)$$

若按设计能力进行生产和销售，则盈亏平衡价格：

$$P^* = C_f/Q + C_v$$

若项目生产能力为 Q_0，则盈亏平衡生产能力利用率：

$$E^* = Q^*/Q_0 \times 100\%$$

若按设计能力进行生产和销售，则盈亏平衡单位产品变动成本：

$$C_v^* = P - C_f/Q_0$$

通过计算盈亏平衡点，结合市场预测，可以对项目发生亏损的可能性做出大概的判断。

【例 6-3】　某工业项目年设计生产能力为生产某种产品 3 万件，单位产品售价 3000 元，生产总成本为 7800 万元，其中固定成本 3000 万元，总变动成本与产品产量成正比例关系，求以产量、生产能力利用率、销售价格、单位产品变动成本表示的盈亏平衡点。

解： 计算单位产品变动成本：

$$C_v = (7800 - 3000) \times 10000/30000 = 1600(元/件)$$

盈亏平衡产量：

$$Q^* = 3000 \times 10000/(3000 - 1600) = 21400(件)$$

盈亏平衡生产能力利用率：

$$E^* = 3000 \times 10000 \times 100\%/[(3000 - 1600) \times 3 \times 10000] = 71.43\%$$

盈亏平衡销售价格：

$$P^* = 1600 + 3000 \times 10000/(3 \times 10000) = 2600(元/件)$$

盈亏平衡单位产品变动成本：

$$C_v^* = 3000 - 3000 \times 10000/(3 \times 10000) = 2000(\text{元/件})$$

通过计算盈亏平衡点，结合市场预测，可以对投资方案发生亏损的可能性作出大致判断。在［例6-3］中，如果未来的产品销售价格及生产成本与预期值相同，项目不发生亏损的条件是年销售量不低于 21400 件，生产能力利用率不低于 71.43%；如果按设计能力进行生产并能全部销售，生产成本与预期值相同，项目不发生亏损的条件是产品价格不低于 2600 元/件；如果销售量、产品价格与预期值相同，项目不发生亏损的条件是单位产品变动成本不高于 2000 元件。

二、风险分析（Risk Analysis）

经济风险分析可通过识别风险因素，采用定性与定量结合的方法，估计风险因素发生的可能性及对项目影响程度，评价风险程度并揭示影响项目的关键风险因素，提出相应对策。对于特别重要的水利建设项目，应进行经济风险分析。

（一）风险识别（Risk Recognition）

风险识别应根据项目的特点选用适当的方法，识辨影响项目的主要风险因素，建立项目风险因素的层次结构图，判断各因素间的相关性与独立性。

不确定分析找出的敏感性因素可以作为风险因素识别和风险估计的依据。

（二）风险估计（Risk Measurement）

风险估计是在风险识别之后，估算风险事件发生的概率及其后果的严重程度，通过定量分析的方法测定风险发生的可能性及对项目的影响程度。

风险估计应采用主观概率和客观概率的统计方法，确定风险因素的变化区间及概率分布，计算项目评价指标的概率分布、期望值及标准差。客观统计数值（如水位、流量等）出现的概率称为客观概率，人为预测和估计数值的概率称为主观概率。水利建设项目风险分析前期的风险估计主要是主观估计。

（三）风险评价（Risk Evaluation）

风险评价应根据风险识别和风险估计的结果，依据项目风险判别标准，找出影响项目成败的关键风险因素。应根据风险评价的结果，研究规避、控制与防范风险的应对措施，为项目全过程风险管理提供依据。

风险评价的判别标准可以采用以经济指标的累计概率或标准差为判别标准。

根据项目特点及评价要求，水利建设项目经济风险分析可区别以下 3 种情况进行：

（1）经济风险和财务风险分析可直接在敏感性分析的基础上，确定各变量的变化区间及概率分布，计算项目净现值的概率分布、期望值及标准差，并根据计算结果进行风险评估。

（2）对于特别重大的水利建设项目，需要进行专题风险分析时，风险分析应按风险识别→风险估计→风险评价→风险应对的步骤进行。

（3）在定量经济风险分析有困难时，可对风险采用定性分析。

考虑到对不确定性因素出现的概率进行预测和估算难度较大，各地又缺乏这方面的经验。为此，对一般大、中型水利建设项目，只要求采用简单的风险分析方法，就净现值的期望值和净现值大于或等于零时的累计概率进行研究，并允许根据经验设定不确定因素的概率分布，这样可使计算大为简化。对特别重要的大型水利建设项目，则应根据决策需要进行较完善的风险分析。在定量经济风险分析有困难时，可对风险采用定性的分析，简单的经济风险分析方法的计算步骤如下：

(1) 选定影响项目经济评价指标的主要风险因素。

(2) 拟定各风险因素可能出现的各种情况。

(3) 分析确定或根据经验设定各风险因素出现各种情况的概率。

(4) 计算各种可能情况的净现值及其概率，并计算项目净现值的期望值。

(5) 计算项目净现值大于或等于零的累计概率，并绘制累计概率曲线图。

（四）风险分析方法（Risk Analysis Method）

风险分析方法很多，有定性分析，也有定量分析，其中定性分析方法有专家调查法、层次分析法等，定量分析方法主要包括概率分析和模特卡罗模拟法。本书主要介绍概率分析（Probability Analysis）。

概率分析是指运用概率与数理统计理论研究计算各种风险因素的变动情况，确定他们的概率分布、期望值以及标准差，进而估计对项目经济效益影响程度的一种定量分析方法。概率分析一般计算项目的净现值的期望值以及净现值大于或等于零的累计概率，累计概率越大，说明项目承担的风险越小。概率分析中运用的主要参数是期望值和标准差。

1. 期望值（均值）

期望值也称数学期望值，它是随机事件的各种变化量与相应概率的加权平均值。期望值代表了不确定因素在实际中最可能出现的值。离散型随机变量及连续型随机变量期望值的计算公式是不一样的。离散型随机变量是指发生的可能变化为有限次数，并且每次发生的概率值为确定的随机变量。项目净现值的期望值计算公式为

$$E(NPV) = \sum_{i=1}^{m} NPV_i P_i \qquad (6-20)$$

式中　$E(NPV)$——项目净现值的期望值；

　　　　m——随机变量个数；

　　　　i——随机变量的序号，$i=1$，2，$\cdots$，m；

　　　　NPV_i——第 i 个净现值可能出现的离散值；

　　　　P_i——对应于 NPV_i 的概率值。

如果已知净现金流量中每个时间点的现金流量期望值为 $E(X_t)$，则项目的净现值期望为

$$E(NPV) = \sum_{t=0}^{n} E(X_t)(1 + i_0)^{-t} \qquad (6-21)$$

式中　i_0——项目折现利率；

　　　　n——项目计算期；

　　　　t——项目计算期的序号，$t=0$，1，2，$\cdots$，n。

2. 标准差（均方差）

标准差就是能够表示数学期望值与实际值的偏差程度的一个概念，有时也叫均方差。

净现值的标准差 σ 可定义为

$$\sigma(NPV) = \sqrt{D(NPV)} \qquad\qquad (6-22)$$

$$D(NPV) = \sum_{i=1}^{m} [NPV_i - E(NPV)]^2 P_i \qquad\qquad (6-23)$$

式中　$\sigma(NPV)$ ——净现值的标准差；

$D(NPV)$ ——净现值的方差。

标准差指标越小，说明实际发生的可能情况与期望值越接近，期望值的稳定性也越高，项目风险就小，反之亦然。因此，一个好的项目应该具有较高的期望值和较小的标准差。

（五）风险分析的应用

1. 净现值期望值计算

下面通过实例分析计算来加以说明。

【例 6 - 4】　某项目年产量 200 万件。建设期为 2 年，经营期 10 年，在不确定因素的影响下，其投资的变动、销售价格和年经营成本可能发生如表 6 - 18～表 6 - 20 所列的变化。试计算净现值期望值。

表 6 - 18　　　　　　　　　　投资的变动

年　份	投资/万元			
	1		2	
可能发生情况	Ⅰ	Ⅱ	Ⅰ	Ⅱ
数值	1000	1100	2000	2200
概率	0.8	0.2	0.7	0.3

表 6 - 19　　　　　　　　　　销售价格

年　份	销售价格/（元/件）		
	3～12		
可能发生情况	Ⅰ	Ⅱ	Ⅲ
数值	4	6	7
概率	0.4	0.4	0.2

表 6 - 20　　　　　　　　　　年经营成本

年　份	年经营成本/万元		
	3～12		
可能发生情况	Ⅰ	Ⅱ	Ⅲ
数值	180	200	220
概率	0.3	0.4	0.3

解：计算各年净现金流量的期望值。

第一年：

$$E_1 = -1000 \times 0.8 - 1100 \times 0.2 = -1020（万元）$$

第二年：
$$E_2 = -2000 \times 0.7 - 2200 \times 0.3 = -2060（万元）$$

第3～12年：
$$E_{3\sim12} = 200 \times (4 \times 0.4 + 6 \times 0.4 + 7 \times 0.2) - (180 \times 0.3 + 200 \times 0.4 + 220 \times 0.3)$$
$$= 880（万元）$$

求净现值 NPV 的期望值 $E(NPV)$（按折现率8%计算）：
$$E(NPV) = -1020 - 2060 \times (P/F, 8\%, 1) + 880 \times (P/A, 8\%, 10)(P/F, 8\%, 1)$$
$$= -1020 - 2060 \times 0.9259 + 880 \times 6.7101 \times 0.9259$$
$$= 2540.0（万元）$$

2. 净现值大于等于零的累计概率的计算

仍以实例分析计算来加以说明。

【例6-5】 某项目需投资20万元，建设期1年。根据预测，项目生产期的年收入（各年相同）为5万元、10万元和12.5万元的概率分别为0.3、0.5和0.2。在每一收入水平下生产期2年、3年、4年和5年的概率分别为0.2、0.2、0.5和0.1，按折现率8%计算，试对项目净现值的期望值进行累计概率分析。

解： 以年收入10万元、生产期4年的事件为例，计算各可能发生事件的概率和净现值。

事件发生的概率为
$$0.5 \times 0.5 = 0.25$$
$$净现值 = -200000 + 100000 \times [(1+8\%)^{-2} + (1+8\%)^{-3}$$
$$+ (1+8\%)^{-4} + (1+8\%)^{-5}] = 10.67（万元）$$
$$加权净现值 = 10.67 \times 0.25 = 2.6677（万元）$$

按上述方法将不同情况分别计算，并把结果列表，见表6-21。再将表6-21中的加权净现值从小到大排列，并计算出累计概率，计算结果详见表6-22。

表6-21　　　　　　　　　　　　净现值及加权净现值计算表

序号	概率	净现值/万元	加权净现值/万元
1	0.06	−11.74	−0.7044
2	0.06	−8.07	−0.4842
3	0.15	−4.67	−0.7005
4	0.03	−1.52	−0.0456
5	0.10	−3.49	−0.3490
6	0.10	3.86	0.3860
7	0.25	10.67	2.6675
8	0.05	16.97	0.8485
9	0.04	0.64	0.0256
10	0.04	9.83	0.3932
11	0.10	18.33	1.8330
12	0.02	26.21	0.5242
合计	1.00		4.3943

表 6 - 22 净现值累计概率表

序号	加权净现值（万元）从小到大排序	加权净现值对应概率	累计概率
1	−0.7044	0.06	0.06
2	−0.7005	0.15	0.21
3	−0.4842	0.06	0.27
4	−0.3490	0.10	0.37
5	−0.0456	0.03	0.40
6	0.0256	0.04	0.44
7	0.3860	0.10	0.54
8	0.3932	0.04	0.58
9	0.5242	0.02	0.60
10	0.8485	0.05	0.65
11	1.8330	0.10	0.75
12	2.6675	0.25	1.00

$$P(NPV \geqslant 0) = 1 - P(NPV < 0) = 1 - 0.44 = 0.56$$

所以，这个项目的净现值的期望值为 4.3943 万元。净现值大于或等于零的概率为 0.56。

第五节 改、扩建项目经济评价

改、扩建项目是指改建、扩建、技术改造、迁建、停车复建和更新改造的水利建设项目，不包括更换旧设施（设备）或重建的项目。由于改、扩建项目与现有工程设施存在着既相对独立又互相依存的特殊关系，为此，评价时需认真搜索现有技术经济资料和数据，并在此基础上分析计算期内费用和效益的变化趋势，预测无该项目时有关资料和数据。现有技术经济资料和数据主要包括：现有工程设施的固定资产原值、固定资产净值、年运行费、流动资金和效益等。现有工程设施的年运行费、流动资金和效益，一般可采用改、扩建前一年的数值，如该年无代表性，可另选其他年份或采用近几年的平均值。

一、改、扩建项目的特点

改、扩建项目一般是在老的建设项目基础上的增容扩建和改建，不可避免地与老企业发生种种联系，以水利工程改、扩建项目为例，与新建项目相比，改、扩建项目具有以下主要特点。

1. 与老企业的密切相关性

水利工程改、扩建项目一般在不同程度上利用了已建工程的部分设施，如拦水坝等，以增加装机容量和电量。同时，新增投资、新增资产与原有投资和资产相结合而发挥新的作用。由于改、扩建项目与老企业各方面密切相关，因此，项目与老企业的若干部门之间不易划清界限。

2. 效益和费用的显著增量性

改、扩建项目是在已有的大坝电站、厂房设备、人员、技术基础上，进行追加投资（增量投资），从而获得增量效益。一般来说，追加投资的经济效果应比新建项目更为经济，因此，改、扩建项目的着眼点应该是增量投资经济效果。

3. 改、扩建项目目标和规模的多样性

改、扩建项目的目标不同，实施方法各异，其效益和费用的表现形式则千差万别。其效益可能表现为以下一个方面或者几个方面的综合：

（1）增加产量，如水利工程改、扩建项目表现为增加发电量、增加装机容量、增加水库库容、增加供水量等。

（2）扩大用途，如因库容扩大而增加养殖、防洪、灌溉、供水等效益。

（3）提高质量，如提高水库的调节性能，增发保证电量和调峰电量，提高供电、供水的可靠性。

（4）降低能耗，如提高机组效率，降低水头损失，降低输电线路损失、变电损失等。

（5）合理利用资源，如充分利用水力资源，扩大季节性电能的利用等。

（6）提高技术装备水平、改善劳动条件或减轻劳动强度，如增加自动化装置，采用遥控遥测、遥调设备和设施，减少值班人员，减轻劳动强度，节省劳动力和改善工作环境等。

（7）保护环境，如保护水环境、保持生态平衡、增加旅游景点和旅游效益等。

改、扩建项目的费用不仅包括新增固定资产投资和流动资金、新增运行费用，还包括由于改、扩建项目带来的停产或减产损失和原有设施的拆除费用。

4. 经济计算的复杂性

改、扩建项目的经济计算原则上采用有无对比法。无项目是指不建该项目时的方案，它考虑在没有该项目情况下整个计算期项目可能发生的情况。采用有无对比法计算项目的效益和费用，实际就是计算项目的增量效益和费用。由于改、扩建项目目标的多样性和项目实施的复杂性，这使得经济计算和评价变得较为复杂，特别是增量效益的计算更加复杂。

二、增量效益和费用的识别与计算

1. 增量效益的识别与计算

改、扩建项目的增量效益（Incremental Benefit）可能来自增加产量、扩大用途、提高质量，也可能来自降低能耗、合理利用资源、提高技术装备水平等一个或者几个方面的综合，这给增量效益的识别与计算带来较大困难，通常是将有项目的总效益减去无项目的总效益即为增量效益，以避免漏算或重复计算。

2. 增量费用的识别与计算

增量费用（Incremental Cost）包括新增投资、新增经营费用，还包括由于改、扩建该项目可能带来的停产或减产损失，以及原有设施拆除费用等。

（1）沉没费用。沉没费用在改、扩建项目经济评价中经常遇到。改、扩建项目主要是分析增量效益和增量费用，而增量效益并不完全来源于新增投资，其中一部分来自原有固定资产潜力的发挥。从有、无项目对比的观点来看，没有本项目，原有的潜力并不能产生增量效益，改、扩建项目的优点也正是利用了原有设施的潜力。因此，沉没费用来源于过去的决策行为，与现行的可行方案无关。

有些项目在过去建设时，已经考虑到了今天的扩建，因而预留了一部分发展的设施。比如引水管道预留了过流能力，厂房预留了安装新设备的位置，变压器考虑了将来的增容等，如果不进行改、扩建，这笔投资无法收回，在此情况下进行改、扩建，这笔投资作为沉没费用。还有些项目是停建后的复建，已花的部分投资也是沉没费用，只计算原有设施现时还可卖得的净价值。

改、扩建项目大都是在旧有设施基础上进行的，或多或少都会利用旧设施，不论潜力有多大，已花掉投资都属于沉没费用。

改、扩建项目经济评价，原则上应在增量效益和增量费用对应一致的基础上进行。因此，沉没费用不应计入新增投资中。在实际工作中，还会经常遇到分期建设问题，凡在第一期工程建设中为二期工程花掉的投资，都只应在第一期工程中计算二期工程经济评价中不再计入这部分投资。

（2）增量固定资产投资的计算。对有项目而言，固定资产投资应包括新增投资和可利用的原有固定资产价值并扣除拆除资产回收的净价值。由于改、扩建过程中带来的停产或减产损失，应作为项目的现金流出列入现金流量表中。对于无项目而言，原有投资应采用固定资产的重估值。

增量投资是有项目对无项目的投资额。对于停建后又续建的项目，其原有投资为沉没费用，不应计为投资，但应计算其卖得的净价值。

（3）增量经营成本的计算。改、扩建项目如果有几种目标同时存在，要计算有无此项目的差额，以避免重复计算或漏算。

三、改、扩建项目经济评价

改、扩建项目具有一般建设项目的共同特征。因此，一般建设项目的经济评价原则和基本方法也适用于改、扩建项目。但因它是在现有企业基础上进行的，在具体评价方法上又有其特殊性。总的原则是考察项目建与不建两种情况下效益和费用的差别，这种差别是项目引起的，一般采用增量效果评价法，其计算步骤是：首先计算改、扩建产生的增量现金流，然后根据增量现金流进行增量效果指标计算（如增量投资内部收益率、增量投资财务净现值等），最后根据指标计算结果判别改、扩建项目的可行性。

增量现金流的计算是增量法的关键步骤。计算增量现金流的正确方法是"有无"法，即用进行改、扩建和技改（有项目）未来的现金流减去不进行改、扩建和技改（无项目）对应的未来的现金流。有无法不作无项目时现金流保持项目前水平不变的假设，而要求分别对有、无项目未来可能发生的情况进行预测。

由于进行改、扩建与不进行改、扩建两种情况下都有相同的原有资产，在进行增量现金流计算时互相抵消，这样就不必进行原有资产的估价，这是我们所希望的。按照通常的理解，在计算出增量效果指标后，若 $NPV>0$ 或 $IRR>i_0$，则应进行改、扩建改造投资。

然而，能否这样下结论仍然是个有待讨论的问题。

【例6-6】　某企业现有固定资产500万元，流动资产200万元，若进行技术改造须投资140万元，改造当年生效。改造与不改造的每年收入、支出如表6-23所示，假定改造、不改造的寿命期均为8年，折现率$i_0=8\%$，问该企业是否应当进行技术改造？

表6-23　　　　　　　　　　　　　某企业改造与不改造的收支预测

方案	不改造		改造	
年份	1～8	8	1～8	8
年销售收入	600		650	
资产回收		250		300
年支出	495		520	

解：（1）画出增量法的资金流程图，如图6-6所示。

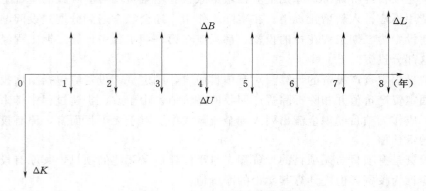

图6-6　增量法的资金流程图

$$\Delta K=140\text{万元}, \quad \Delta L=300-250=50(\text{万元})$$
$$\Delta B-\Delta U=(650-520)-(600-495)=25(\text{万元})$$

（2）计算增量投资财务净现值NPV：

$$NPV=-140+25(P/A,8\%,8)+50(P/F,8\%,8)=30.69(\text{万元})$$

因为$NPV=30.69>0$，可以说企业进行技术改造比不改造好，至少经济效益有所改善。但不能做出应当改造的结论。因为，增量法所体现的仅仅是相对效果，它不能体现绝对效果。相对效果只能解决方案之间的优劣问题，绝对效果才能解决方案能否达到规定的最低标准问题。从理论上说，互斥方案比较应该同时通过绝对效果和相对效果检验。

改造时投资财务净现值NPV_1：

$$K=840\text{万元}, \quad L=300\text{万元}, \quad B-U=130\text{万元}$$
$$NPV_1=-840+130(P/A,8\%,8)+300(P/F,8\%,8)=69.2(\text{万元})$$

不改造时投资财务净现值NPV_2：

$$K=700\text{万元}, \quad L=250\text{万元}, \quad B-U=105\text{万元}$$
$$NPV_2=-700+105(P/A,8\%,8)+250(P/F,8\%,8)=38.51(\text{万元})$$

此时，$NPV_1>NPV_2$，且两者都大于0，因此，该项目应进行改造。

总量法的优点在于它不仅能够显示出改、扩建与否的相对效果，还能够显示出改、扩建与否的绝对效果。但总量法的缺点在于要对原有资产进行估价，好在现实经济生活中，改、扩建项目评价一般情况下只需要进行增量效果评价，只有当企业面临亏损，需要将企业关闭、拍卖还是进行改、扩建做出决策时，才需要同时进行增量效果评价和总量效果评价。

第六节　区域经济和宏观经济影响分析

水利建设项目区域经济影响分析系指从区域经济的角度出发，分析项目对所在区域乃至更大范围的经济发展的影响；宏观经济影响分析系从国民经济整体角度出发，分析项目对国家宏观经济各方面的影响。

对特大型或有重大影响的水利建设项目，除进行国民经济评价、财务评价外，还要进行区域经济和宏观经济影响分析，对直接影响范围为局部区域的项目进行区域经济影响分析，对直接影响范围为国家经济全局的项目进行宏观经济影响分析。

具备下列全部或部分特征的水利建设项目，需进行宏观经济影响分析：

（1）工程规模巨大，或跨区域供水、供电的骨干水利建设项目。

（2）由于该水利建设项目的实施，使其所在的区域或国家的经济结构、社会结构，以及群体利益等有较大改变。

（3）项目导致技术进步和技术转变，引发关联产业或新产业群体的发展变化。

（4）对生态和环境影响大，范围广。

（5）对国家经济安全影响较大。

（6）对国家长期财政收支影响较大，或对国家进出口影响较大。

（7）其他对区域经济或宏观经济有重大影响的项目。

一、区域经济和宏观经济影响分析内容

区域经济和宏观经济影响分析应立足于项目的实施对促进和保障经济有序高效运行和可持续发展的作用，分析的重点是项目与区域发展战略和国家长远规划的关系，应分析项目的直接贡献和间接贡献，以及项目的有利影响和不利影响。

区域或宏观经济影响分析应遵循系统性、综合性、定性分析与定量分析结合的原则，可将项目的总产出、总投入、资源、劳动进出口总额等作为区域或宏观经济的变量，通过构造经济数学模型，分别计算"有项目"与"无项目"时的相关指标。常用的经济数学模型包括经济计量模型、经济递推优化模型、全国或地区投入产出模型、系统动力学模型和动态系统计量模型等。

特大型水利建设项目的区域经济影响分析包括对区域现存发展条件、经济结构、城镇建设、劳动就业、土地利用、生态环境等方面实现和长远影响的分析；特大型水利建设项目的宏观经济影响分析包括对国民经济总量增长、产业结构调整、生产力布局、自然资源开发、劳动就业结构变化、物价变化、收入分配等方面影响的分析，以及国家承担项目建设的能力即国力的分析、项目时机选择对国民经济影响的分析等。

特大型水利建设项目对区域经济和宏观经济的影响是多方面的，既有有利的影响（正

效益），也有不利的影响（负效益）。项目的总效益应为正效益和负效益相抵扣并扣除实际投资后的余额。

项目可能的贡献或不利影响主要包括下列内容：

（1）水利建设项目对区域或宏观经济的直接贡献表现在：由于满足水电供应，对经济增长的贡献；优化经济结构的贡献；居民收入增长的贡献；增长劳动就业与扶贫的贡献；改善生态环境的贡献：按有无该水利项目，说明对减少大气排放的 CO_2、粉尘等的贡献，改善小环境气候的贡献等；对地方或国家财政收入的贡献，如增值税、所得税、资源税、营业税等税费。

（2）水利建设项目对区域或宏观经济的间接贡献表现在：对人口合理分布流动和城市化的影响，由于水利建设项目的建设，农村人口集中，促进城市的形成、繁荣和扩大及建设社会主义新农村等方面；相关产业的带动，如可带动建材、加工、机电等产业发展；基础设施建设，生产生活条件的改善，提高居民生活质量；其他资源合理开发、有效利用的贡献，土地增值的贡献；技术进步，提高产业国际竞争力的贡献；克服经济瓶颈和均衡发展的贡献等。

（3）项目产生的不利影响主要包括占用土地资源，包括耕地、林地、草地等；生态环境影响主要包括水库淹没历史文化遗产、矿产资源、产生建设征地和移民安置、出现供求关系失衡、冲击地方传统经济等。

二、区域经济和宏观经济影响分析指标体系

水利建设项目区域或宏观经济影响分析的指标体系，由总量指标、结构指标、社会与环境指标和国力适应性指标等构成，各项指标应与国家统计的口径一致，具体包括下列内容。

1. 总量指标

总量指标反映项目对国民经济的贡献：包括增加值、净产值、纯收入、财政收入等经济指标；总量指标可计算当年价格值、净现值总额和折现年值。

（1）增加值是指项目投产后对国民经济的净贡献，即每年形成的国内生产总值。对项目而言，按收入法计算增加值比较方便。

增加值＝项目范围内全部劳动者报酬＋固定资产折旧＋生产税净额＋营业盈余

$$(6-24)$$

（2）净产值是指项目全部收益扣除各项费用（不包括工资及附加）后的余额。

（3）社会纯收入是指净产值扣除工资及附加后的余额。

增加值、净产值和社会纯收入可分别由各自的总现值折算。具体计算时，应根据项目发挥效益的类别逐项计算。

2. 结构指标

结构指标反映项目对经济结构的影响：主要包括三次产业结构、就业结构等指标。

（1）产业结构可以以各产业增加值来计算，反映各产业在国内生产总值中所占份额大小。

（2）就业结构包括就业的产业结构、就业的知识结构等，前者指各产业就业人数的比

例，后者指不同知识水平就业人数的比例。

（3）影响力系数是指特大型建设项目所在的产业，当它增加产出满足社会需求，每增加一个单位最终需求时，对国民经济各部门产生的增加产出的影响。

影响力系数大于 1 表示该产业部门增加产出对其他产业部门产出的影响程度超过社会平均水平，影响力系数越大，该产业部门对其他产业部门的带动作用越大，对经济增长的影响越大。

3. 社会与环境指标

社会与环境指标主要包括就业效果指标、收益分配效果指标、资源合理利用指标和环境影响效果指标等。为了分析项目对贫困地区的经济效益，可设置贫困地区收益分配比重指标，分析项目对贫困地区收益分配的贡献。

（1）就业效果指标。劳动力就业效果一般用项目单位投资带来的新增就业人数表示：

$$单位投资就业效果 = \frac{新增就业人数}{项目总投资}（人/万元） \tag{6-25}$$

$$直接就业效果 = \frac{本项目新增就业人数}{本项目的直接投资}（人/万元） \tag{6-26}$$

$$间接就业效果 = \frac{相关项目新增就业人数}{相关项目投资}（人/万元） \tag{6-27}$$

式中新增就业人数包括本项目与相关项目所新增就业人数，项目总投资包括直接投资和间接投资。

（2）收益分配效果，分配效果指标用于检验项目收益分配在国家、地方、企业、职工间的分配比重是否合理，主要有以下几项：

$$国家收益分配比重 = \frac{项目上缴国家的收益}{项目的总收益} \times 100\% \tag{6-28}$$

$$地方收益分配比重 = \frac{项目上缴地方的收益}{项目的总收益} \times 100\% \tag{6-29}$$

$$企业收益分配比重 = \frac{企业的收益}{项目的总收益} \times 100\% \tag{6-30}$$

$$职工收益分配比重 = \frac{职工的收益}{项目的总收益} \times 100\% \tag{6-31}$$

（3）对资源和环境的影响效果指标。对资源和环境的影响效果指标主要有节能效果指标、节约时间效果指标、节约用地效果指标、节约水资源效果指标等几类。

节能效果以项目的综合能耗水平来反映，项目的综合能耗水平低于社会平均能耗水平，则说明项目具有较好的节能效果，计算公式如下：

$$项目的综合能耗水平 = \frac{项目的综合能耗}{项目的净产值} \tag{6-32}$$

4. 国力适应性指标

国力适应性指标反映国家的人力、物力和财力承受重大项目的能力，一般采用项目使用的资源占全部资源总量的百分比或财政资金投入占财政收入或支出的百分比表示。

国家财力是指一定时期国家拥有的资金实力。财力承担能力一般通过国内生产总值（或国民收入）增长率、特大型建设项目年度投资规模分别占国内生产总值（或国民收入)、全社会固定资产投资和国家预算内投资等指标的比重来衡量。对运用财政资金的项目，财政投资占财政收入比例的高低反映财政对项目资金需求承受能力的大小。

物力承担能力评价一般通过特大型建设项目对能源、钢材、水泥和木材能主要物资的年度需要量占同期产量的比重来衡量。国力承担能力评价需要结合对国家未来经济发展的预测来进行。

思 考 题 与 习 题

1. 项目投资的国民经济评价和财务评价有何区别？在投资项目的国民经济分析中，识别费用和效益的基本原则是什么？与财务分析的识别原则有何不同？

2. 在投资项目国民经济分析中，主要的费用项和收益项有哪些？当采用影子价格计算费用与效益时，哪些费用项和受益项需要列入国民经济分析的现金流量表中？

3. 怎样进行项目盈利能力分析？有哪些常用指标？

4. 盈亏平衡分析时要注意什么？如何分析？

5. 怎样利用净现值指标评价改造与扩建项目？

6. 某项目正常生产年份每年进口投入物的到岸价格总额为 400 万美元，进口关税率为到岸价格的 20%；每年耗用国内投入物的财务价值为 4000 万元，价格换算系数为 1:2；项目产品全部出口，每年离岸价格总额为 1200 万美元。在忽略国内运费和贸易运费的情况下，倘若官方汇率为 4.70 元人民币/1 美元，影子汇率为 6 元人民币/1 美元，从国民经济评价的角度与从财务分析的角度相比较，项目每年的盈利额有何差别？

7. 某方案的参数预测结果如下：投资 10000 元，年净收入 3000 元，寿命 5 年，$i=8\%$，这些参数的可能变化范围为 $\pm30\%$。试对年净收入与寿命作单位参数敏感性分析。

8. 某水利工程计划于 1988 年初开工，1992 完工，1993 年初开始投入正常运行发挥效益，经计算，工程总投资 20276 万元，施工期中逐年投资为 4205 万元、4169 万元、4254 万元、4127 万元、3521 万元，工程使用期 25 年，使用期内年运费为 400 万元，年效益为 4210 万元。根据《水利经济计算规范》取该工程经济报酬率为 8%，试对该水利工程以下情况分别进行敏感性分析：

(1) 投资 +10%；

(2) 效益 -15%；

(3) 投资 +10%，效益 -15%；

(4) 投资 +10%，效益 -15%，施工期 +1 年。

9. 加工某种产品有两种备选设备，若选用设备甲初始投资 20 万元，加工每件产品的费用为 8 元；若选用设备乙需初始投资 30 万元，加工每件产品的费用为 6 元。假定任何一年的设备残值均为零，试回答下列问题：

(1) 若设备使用年限为 8 年，基准折现率为 8%，年产量为多少时选用设备甲比较有利？

(2) 若设备使用年限为 8 年，年产量 13000 件，基准折现率在什么范围内选用设备乙较有利？

（3）若年产量 15000 件，基准折现率为 8％，设备使用年限为多长时选用设备甲比较有利？

10. 某项目初期投资 150 万元，第 2 年开始发挥效益，试用期为 20 年，残值为 10 万元，每年产生净效益 45 万元，基准折现率为 8％。试解答以下问题：

（1）计算 NPV 和 IRR。

（2）分别对项目投资、净效益和使用年限进行单因素敏感性分析。

（3）对项目投资和净效益作双因素敏感性分析。

11. 某水利工程 1993—2009 年为建设期，每年投资均为 1000 万元，2010 年开始发挥效益。预计可运行 50 年，每年收入 8000 万元，年运行费为 500 万元。当基准年选在 1993 年初，年利率 8％，试求：

（1）基准年净现值。

（2）如果投资增加 20％或效益减少 20％，净现值将会发生怎样的变化？

（3）投资或效益分别增加或减少多大幅度时，方案不可行？

12. 设对某工程的经济评价指标年效益 $NAV=B-C$ 进行风险分析，已知该工程的年效益 $B_1=1.0$ 亿元的概率 $P_1=0.2$，年效益 $B_2=0.9$ 亿元的概率 $P_1=0.7$，年效益 $B_3=0.8$ 亿元的概率 $P_3=0.1$，工程的投资 $K=8$ 亿元不变，但年运行费 U 每年有些变化，$U_1=0.07$ 亿元的概率 $P_1=0.4$，$U_2=0.08$ 亿元的概率 $P_2=0.5$，$U_3=0.09$ 亿元的概率 $P_3=0.1$，若社会折现率为 $i=8\%$，经济寿命期 $n=20$ 年，试求年净效益 $NAV>0$ 的概率 P_0 及 $NAV<0$ 的概率 F。

第七章 水利建设项目社会评价和综合评价

水利作为国民经济的基础产业，对国民经济和社会发展及人民的生命财产安全起着不可替代的重要保障作用。水利工程本身常常财务收益很少甚至没有收入，但社会效益很大，社会影响深远，因此对水利建设项目开展社会评价是十分必要的，这样才可以统筹兼顾，全面分析，充分论证，科学决策，充分发挥水利工程的社会经济效益。水利建设项目除进行经济评价和社会评价外，还应考虑政治、技术、资源、环境及风险等诸多因素，进行综合评价。

第一节 水利建设项目社会评价和综合评价概述

水利建设项目社会评价（Society Evaluation）是从社会学角度出发，分析评价水利建设项目的实施对国家和地方各项社会发展目标所做的贡献与影响，以及项目与社会的相互适应性。它是依据社会学的理论和方法，坚持以人为本的原则，研究水利建设项目的社会可行性，并为方案的选择以及投资决策提供科学依据。

以往的投资项目决策，主要是根据经济评价的结果，即以经济效益的大小判定项目的可行性，尤其是在市场竞争机制条件下，投资者受经济利益的驱使，最关心的是财务效果，而项目与社会因素之间的相互作用和影响，经常被有意无意地忽略掉，其结果很可能会造成项目经济方面可行而社会和环境等方面不可行或对社会及环境造成不良影响。针对这种情况，如何通过评价投资项目的实施效果来确保实现国家的各项社会发展目标，实现在经济发展的前提下促进社会的全面发展，是进行水利建设项目社会评价过程中必须要研究的课题。

多年的实践证明，水利建设项目对社会产生的各种贡献和影响，不仅仅体现在经济方面，更多地体现在社会的其他方面。因此，对水利建设项目的评价，必须重视社会方面的评价内容。

在项目方案评价和比较中，仅进行经济评价和社会评价还是不够的，在建设中所涉及的有关问题，无论是直接的还是间接的，相互关联的或是相互独立的，都需进行认真的研究、分析和计算。在此基础上，为了保证方案选择的合理性和总体决策的正确性，必须对建设项目及其不同方案进行综合研究，即从政治、经济、环境影响等各个方面运用系统工程的思想和方法，定性分析和定量分析相结合，综合对建设项目进行全面和客观的评价，即进行综合评价。

水利项目综合评价，是指运用系统的、综合的、整体的观点和方法，从国民经济整体的角度，对项目进行经济、技术、政治、军事、社会、生态环境、自然资源等方面多层次、多方位的分析和论证，把项目的微观经济效果和宏观经济效果有机结合起来，全面分析和综合评价水利工程项目建设的必要性和可行性。对国民经济有重大意义的大型水利枢纽防洪工程项目，除了项目本身的经济效果评价外，还应作必要的定性分析，即应作航运、安全、发电、灌溉以及土地淹没、移民、生态平衡等各方面的利弊分析，进行综合评价工作。综合评价的目的是通过对每个建设方案进行全面审查，并在多方案比较中选择综合效益最好的方案，为有关部门的决策提供依据。

水利工程项目综合评价的必要性在于事物本身的复杂性。首先，国民经济评价的结论往往是初步的、分散的，有的评价指标有时可能存在相互矛盾之处，这就需要在充分调查研究、取得大量可靠数据的基础上，把分散的结论联系起来，进行综合分析，评价利弊得失，纠正单项评价中的偏颇之处，明确矛盾的主要方面，用尽可能少的社会劳动消耗，获得尽可能多的经济社会效益，提出尽可能满意的方案，从而得出正确的评价结论。其次，不同的水利工程项目有不同的规模和特性，有的项目在某些问题上需要作特别周密深入的分析，因而在国民经济评价完成后，还需要对某些方面作弥补缺漏或重点深入的分析。再次，在项目的可行性研究中，往往对项目提出几个不同的方案，有的表现在选址上，有的在工程技术上，有的在规模上，有的则涉及几个方面。虽然在单项评价时已对不同方案作了初步分析，但在单项评价完成后，还需要联系各个方面作进一步分析，对方案做出最后抉择。

第二节 社 会 评 价

一、水利建设项目社会评价内容

水利建设项目社会评价的内容，主要包括项目实施对各项社会发展目标带来的效益与影响分析，以及水利建设项目与社会发展相互适应性分析，现分述于下。

（一）水利建设项目对社会效益影响分析

水利建设项目社会效益巨大，社会影响深远，其评价内容可分为项目对社会环境、自然资源、社会经济、科学技术进步四个方面的影响。

1. 对社会环境的影响

水利建设项目对社会环境的影响，是影响分析的重点，包括项目对社会安定、民族团结、人口、就业、公平分配、文化教育、卫生保健等方面的影响。

（1）对社会安定的影响。洪、涝、旱等自然灾害，历来都是影响社会安定的重要因素。所以要分析评价水利建设项目对社会安定的影响，特别是防洪、治涝、河道整治、跨流域调水等项目，在促进社会安定、缓解上下游、左右岸、调水区与受水区、省际、县际以及其他方面矛盾的影响，注意增强人们的安全感和稳定感，避免发生毁灭性灾害、减免灾害对人员伤亡等方面的作用和影响。

（2）对民族团结的影响。在边远地区、少数民族地区及多民族聚居地区的水利建设项目，要重视各民族自己的文化历史、风俗习惯、宗教信仰、生活方式等因素对建设项目产生的影响和作用，在此基础上进一步研究项目实施对促进民族团结和社会发展的贡献和影响。

（3）对当地居民人口的影响。大型水利建设项目，尤其大型水库工程，往往引发大规模的人口迁移，由此可能导致一部分移民的贫困化；另一方面由于项目的建成，将改善当地的生产、生活条件，为此要研究如何妥善解决安置区移民与项目区居民之间的矛盾问题，这是决定大型水利建设项目是否成功的关键问题之一。具体内容包括项目对当地居民影响的分析，受益者与受损者的关系，受损者补偿标准合理性分析，项目涉及居民迁移的人数，迁出与迁入人口对项目的反应，项目所需劳动力在当地招收的数量与当地群众对此的反应等。

（4）对就业效益的影响。分析评价建设项目投资直接产生的就业人数，即所谓直接就业人数，以及其他相关项目新增的就业人数，即所谓间接就业人数。所谓相关项目，一般指与建设项目配套或其他有关的项目，例如铁路、公路、航运或其他公用服务设施而未列入本项目投资的项目。

（5）对公平分配的影响。项目的收益公平分配包括对居民贫富差距的影响，对受损群体的影响，对受损群体补偿措施的合理性分析；对目标受益者收入的落实程度及其保证措施分析，如何切实保障项目的效益在不同受益区或不同受损区得到公平合理的分配等。

（6）对当地文化教育的影响。水利建设项目在促进项目区经济发展的同时，还会使项目区的文化教育事业得到改善。要分析评价项目在减少居民中文盲半文盲的比率，提高中小学教育普及率，促进成人教育、夜大、职大的普及及其发展等方面的社会效益及其影响。

（7）对当地卫生保健事业的影响。分析评价水利建设项目对改善当地医疗保健等方面的贡献与影响，对当地群众卫生习惯的影响，对当地清洁水供应及其分配的影响，对当地乡级和村级医院或卫生所的普及和发展的影响等。

（8）其他社会影响。分析评价水利建设项目对社区生产结构的影响，对人际关系的影响，对社会福利和社会保障系统的影响等。

2. 对自然资源的影响

主要分析评价水利建设项目对自然资源合理开发、综合利用等方面的影响，其内容包括对土地资源、能源、水资源、森林资源、矿产资源等合理利用的影响，对国土资源开发、改造和保护的影响，对水资源及水能资源开发利用程度的影响以及对自然资源综合利用效益的影响等。

3. 对社会经济的影响

水利建设项目对社会经济的影响，侧重于宏观分析项目对地区和部门经济发展的影响，其内容包括：分析项目在发挥效益前只有投入没有产出的不利影响，项目投入运行后对地区经济发展的有利影响，例如减少水旱灾害，提高土地利用价值，改善投资环境，增强经济实力等；对部门经济发展的影响主要包括：对农业发展的影响，对能源和电力工业发展的影响，对交通运输业的影响，对林、牧、副、渔业发展的影响，对旅游业发展的影响等。

4. 对科学技术进步的影响

大型水利建设项目往往涉及关键技术的科技攻关和新技术的推广应用，这对科学技术进步具有重要意义和促进作用，具体情况应根据项目的需求进行分析评价。

（二）水利建设项目与社会发展相互适应性分析

水利建设项目与社会发展相互适应性分析，包括项目对国家或地区发展的适应性分析，项目对当地人民需求的适应性分析，项目的社会风险分析，受损群体的补偿措施分析，社会各方面参与程度分析，以及项目的持续性发展分析等。

1. 项目对国家或地区发展的适应性分析

分析项目的发展目标与国家或地区的优先发展目标的一致性程度；分析国家或地区在多大程度上需要本项目的开发。

2. 项目对当地人民需求的适应性分析

分析当地人民的需求和对项目的实施结果能否适应一致；分析当地人民的文化教育程度和对项目的新技术的可接受程度。

3. 项目的社会风险分析

分析项目的社会风险及其严重程度，包括以下各项：

（1）分析社区群众、社区干部，特别是领导干部对项目的反应与态度，有无不满或反对者。

（2）分析贫困户及受损者对项目的反应与态度，有多少人不满或反对。

（3）分析不同地区对项目的支持或反对意见，如何提出协调措施，主要提出对直接受益与直接受损地区之间利益的协调措施。

（4）对于国际河流或国际界河上的水利建设项目，应分析引起国际纠纷的可能性，提出有关处理协调措施方案。

根据以上各方面分析，提出社会风险的防范措施。

4. 受损群体的补偿措施分析

水利建设项目涉及的受损群众主要是非自愿移民，他们为了国家和多数人的长远利益而牺牲自己当前的利益，对他们损失的土地、房屋、财产和迁移中造成的损失，是否都给予相应合理补偿，并进行妥善安排，要分析补偿措施的公正公平程度。

5. 社会各方面参与程度分析

在项目的规划、设计、立项、施工准备及实施阶段，如果得到各有关方面的参与，可以改进项目的规划设计和施工建设；如果获得当地人民和有关方面的支持和合作，可以保证项目的顺利实施和充分发挥效益。因此，项目获得各方面的参与，是实施项目预定目标的重要手段，是项目社会评价的一个重点内容。

6. 项目的持续性发展分析

项目的持续性发展分析，包括环境功能的持续性、经济增长的持续性和项目效果的持续性等三个方面的内容。

（1）环境功能的持续性。水利建设项目在其建设和运行过程中对环境都会产生影响，因此环境功能的持续性应作为水利建设项目社会评价的一项重要内容。自然环境提供的土地资源、水资源、能源等是有限的，因此，要特别重视水利建设项目的水库淹没、挖压占地和节约水资源和能源等问题，重视移民安置区是否有足够的环境容量来吸收承载相应移民人口迁入等问题。

（2）经济增长的持续性。所谓经济增长的持续性，是指国民经济能够以一个持续的速度不断增长，它是我国经济发展的一个重要目标。因此，经济增长的持续性，可作为水利建设项目社会评价的一项重要内容。大型水利建设项目规模大，投资多，三材用量多，要分析国民经济能否充分承受；建设工期长，在工程发挥效益前的建设期内，只有投入，没有产出，对国家或地区经济发展有何不利影响；发挥效益后对国民经济持续增长有何促进作用等。

（3）项目效果的持续性。所谓项目效果的持续性，是指项目满足人类需要所提供商品和服务的持续性能力，影响项目效果持续性的因素很多，例如：建设资金到位问题，人、财、物是否被挪用问题，工期延误问题，受损地区和群众的补偿标准是否合理问题，移民提出的要求是否被充分考虑等问题。

在开展水利建设项目的社会评价中，要根据项目的具体情况，选择合适的社会评价内容。

二、水利建设项目社会评价指标体系

水利建设项目社会评价指标体系，应能反映项目对社会、经济、资源、环境等方面所产生的效益和影响，并体现水利建设项目的特点，社会评价指标要求具有客观性、可操作性、通用性和可比性。

社会评价指标体系，分属于除害兴利、扶贫脱贫、就业效果、文教事业、卫生事业、地区发展、淹没损失、移民安置、资源利用、生态环境等方面。

必须指出，对社会评价指标的划分是相对的，其中许多内容具有交叉影响，关系密切。当某一水利建设项目进行社会评价时，应根据本项目的特点及存在的关键问题，有针对性地选用一些指标，应本着少而精的原则，只要能说明项目的主要问题及其特点即可。选用指标时要注意有项目和无项目两种情况的对比分析，判断其有利或不利影响及其影响程度。现分述各方面的社会评价指标体系。

（一）除害兴利

实施水利建设项目，其主要目的就是防治灾害，除害兴利，包括防洪、治涝，灌溉，供水，水力发电，航运，水土保持等方面。

1. 防洪、治涝

对防洪工程进行社会评价时，要了解防洪标准、保护的面积、人口和财产、发生不同频率的洪水时可能造成的各种损失以及有何应急防护措施等。对治涝工程进行社会评价时，要了解治涝标准、涝区面积及治涝效益等。防洪、治涝工程的社会评价指标包括如下几方面：

（1）工程防洪、治涝的能力，从多少年一遇提高到多少年一遇。

（2）项目保护人口和移民人口比＝下游保护人口数/库区移民人数。

（3）项目保护耕地和淹没耕地比＝下游保护耕地面积/库区淹没耕地面积。

（4）单位保护面积投资＝总投资/保护面积，万元/km^2。

2. 灌溉

我国人口多，耕地少，灌溉是提高单位面积产量的关键。为了满足当地粮食需求，一般应达到每个农业人口有一亩灌溉面积。社会评价可采用下列指标：

（1）人均增加灌溉面积＝项目区新增灌溉面积/项目区农业人口总数，亩/人。

（2）人均增加粮食产量＝项目区新增农业粮食总产量/项目区农业人口总数，kg/人。

（3）人均增加收入＝项目区新增农业总收入/项目区农业人口总数，元/人。

（4）单位新增灌溉面积投资＝灌溉工程投资/新增灌溉面积，元/亩。

3. 供水

城镇供水量包括城镇工业用水量和居民生活用水量两大部分，其中生活用水量除居民住宅用水量外，还包括文教、卫生、机关、公共服务行业的用水量，以及消防、绿化、环境卫生等公益用水量。我国城镇居民人均生活用水量约为 $100\sim150L/$（人·d）。

城镇工业用水量一般用万元产值耗水量表示，目前已低于 $100m^3/$万元，今后随着物价上涨，生产节水工艺水平提高，该指标将不断降低。社会评价可采用下列指标：

（1）单方供水量投资＝供水工程投资/年供水量，元/m^3。

（2）工业万元产值耗水量＝工业总耗水量/工业总产值，$m^3/$万元。

（3）人均日生活用水量＝项目区日生活用水总量/城镇居民人口总数，L/（人·d）。

4. 水力发电

要了解本地区在国民经济各个发展阶段的需电量，电力系统对水力发电的供电要求等。社会评价可采用下列指标：

（1）年人均用电量＝项目影响区年供电量/项目影响区人口总数，kW·h/（人·年）。

（2）单位装机容量投资＝水电站总投资/水电站装机容量，元/kW。

（3）单位供电量投资＝水电站总投资/水电站年供电量，元/（kW·h）。

5. 航运

我国内河航运在交通运输业中占据重要地位。在河道上修建水利枢纽工程，由于水库水位抬高，上游水域增宽，流速变缓，使干、支流可通航里程增加，为发展水库上游航运提供了有利条件；水库下游河道由于枯水期调节流量及其水深有所增加，通航能力相应得到提高。另一方面，由于水工建筑物阻隔了河道，对航运产生不利影响，在此情况下需修建船闸或升船机，以便上下游通航。社会评价可采用下列指标：

（1）兴建水库后上下游干流及支流增加的通航里程，km。

（2）干、支流航道增加的年运输能力，t/年。

6. 水土保持

水土保持项目的社会效益很大，主要表现在减轻山洪、泥石流灾害；减轻泥沙对河流、水库及其他水利设施的危害；保持水土和减少水、肥、土的流失，促进当地农、林、牧业的发展以及保护和改善生态环境等。社会评价可采用下列指标：

（1）人均家庭收入增加值＝治理区家庭总收入增加值/治理区人口总数，元/人。

（2）人均粮食产量增加值＝治理区粮食总产量增加值/治理区人口总数，kg/人。

（3）减少水土流失面积指数＝（项目减少水土流失面积/项目区土地总面积）×100%。

（4）森林覆盖率＝（森林面积/土地总面积）×100%。

（5）人均占有绿化面积＝绿化总面积/人口总数，亩/人。

（二）促进文化、教育、卫生事业的发展

通过水利建设项目的综合开发，可以促进当地文化、教育和卫生事业的发展。社会评价可采用下列指标：

(1) 学龄儿童入学率＝(项目区学龄儿童学生人数/项目区学龄儿童总数)×100％。

(2) 每万人大专文化程度人数＝项目区大专文化程度人数/项目区人口总数，人/万人。

(3) 每千人医疗卫生人数＝项目区医疗卫生人数/项目区人口总数，人/千人。

(4) 每千人医疗床位数＝项目区医疗床位数/项目区人口总数，张/千人。

(三) 就业效果

兴修水利建设项目，可带来直接和间接就业效果。根据就业效果的大小，可以衡量项目在就业方面对社会所作出的贡献。社会评价可采用下列指标：

(1) 直接就业效果＝项目提供的直接就业人数/项目直接投资，人/万元。

(2) 间接就业效果＝间接就业人数/因水利项目带来的相关部门的投资，人/万元。

(四) 分配效果

公平分配是社会主义经济的一个主要特征，实现公平分配，主要通过政府的税收、价格以及工资制度等政策才能达到，其目的是为了减少地区间经济发展不平衡，缩小贫富差距，提高广大人民的生活水平。社会评价可采用下列指标：

(1) 国家收入分配效果＝[国家从项目获得的利益分配额(税金、利润等)/项目国民收入总额]×100％。

(2) 地方收入分配效果＝[地方从项目获得的利益分配额(当地工资收入、当地政府利税收入等)/项目国民收入总额]×100％。

(3) 投资者收入分配效果＝[投资者从项目获得的利益分配额(利润、股息等)/项目国民收入总额]×100％。

(4) 职工收入分配效果＝(职工总收入/项目国民收入总额)×100％。

(五) 水库淹没损失

1949 年新中国成立以来，我国已修建了大量水库，一方面产生了巨大的经济效益，另一方面也带来了较大的淹没损失，因此必须作好淹没处理和移民安置规划。社会评价可采用下列指标：

(1) 单位库容淹没耕地＝淹没耕地面积/总库容，亩/亿。

(2) 单位库容移民人数＝移民总人数/总库容，人/亿。

(六) 移民安置

由于过去重修建水库，轻移民安置，移民问题现在已成为一个比较严重的社会问题。为此确定今后水库移民实行开发性的移民方针，妥善安置移民生产、生活问题，以求达到长治久安的目的。移民安置是社会评价的重点之一，可采用下列指标：

(1) 移民人均安置投资＝移民总投资/移民总人数，元/人。

(2) 移民安置前后人均产粮增长率＝[(安置后人均产粮－安置前人均产粮)/安置前人均产粮]×100％。

(3) 移民安置前后人均年纯收入增长率＝[(安置后人均年纯收入－安置前人均年纯收入)/安置前人均年纯收入]×100％。

(4) 移民安置完成率＝(已安置移民人数/应安置移民人数)×100％。

三、水利建设项目社会评价方法

建设项目社会影响评价的方法，包括社会调查法、预测法、分析评价法等。水利建设项目的社会评价，由于其社会因素涉及面广，情况复杂，影响深远，所以其社会影响评价具有区别于其他建设项目社会评价方法之处，目前主要有定量定性分析法、有无对比分析法和多目标综合分析法。

（一）定量定性分析法

建设项目的社会效益与影响比较广泛，社会因素众多，关系复杂，许多影响是无形的。甚至是潜在的。如防洪、治涝项目对流域或社区安全稳定的影响，对卫生保健、生态环境、人口素质的影响等。有些社会效益和影响可以借助一定的计算公式定量计算，如就业效益、收入分配效益、节约自然资源效益、环境效益等。但大量的、复杂的社会因素往往很难定量计算，只能进行定性分析。因此，在水利建设项目社会评价中，宜采用定量与定性分析相结合，指标参数与经验判断相结合的方法。

1. 定量分析方法

定量分析方法是指运用统一的量纲、一定的计算公式及判别标准（参数），通过数量演算反映评价结果的方法。一般来说，数量化的评价结果比较直观，但对于项目社会影响评价来说，大量的、复杂的社会因素都要进行定量计算，难度很大。在这种情况下，往往需要通过某些假设权重以及各种参数等方法达到定量分析的目的。

2. 定性分析方法

由于投资项目的社会评价涉及的范围广、内容多、难度大，因此在评价中普遍侧重于定性分析。定性分析方法基本上是采用文字描述，说明事物的性质。但定性分析与定量分析的区别也不是绝对的，定性分析在需要与可能的情况下，应尽量采用直接或间接的数据，以便更准确地说明问题的性质或结论。

社会评价中采取的科学的定性分析，要求与定量分析一样。首先，确定分析评价的基准线；其次，在可比的基础上进行"有项目"与"无项目"的对比分析；再次，制定定性分析的核查提纲，以利调查与分析的深入；最后，在衡量影响重要程度的基础上，对各种指标进行权重排序，以利于综合分析评价。

（二）有无对比分析法

有无对比分析法是指有项目情况与无项目情况的对比分析。它是社会评价中较常采用的分析评价方法，通过有无对比分析，可以确定拟建项目引起的社会变化，亦即各种社会效益和影响的性质和程度，从而判断项目存在的社会风险和社会可行性。有项目情况减去同一时刻无项目的情况，即该项目引起的各种影响。此分析方法一般用于对指标进行定性分析时使用。

1. 调查确定评价的基准线

建设项目的基准线是指没有此项目情况下被研究区域的社会状况。调查确定评价的基准线应首先对研究区域现有社会经济情况进行调查，调查内容一般包括当地社会人文情况，经济情况，自然环境与自然资源状况、文教、卫生发展情况，已有资源、基础设施、服务设施状况，宗教信仰、风俗习惯等。

水利建设项目建设期、运行期较长，上述调查的社会经济状况在此时期内可能发生变化而这些变化并不是由于此项目引起的，如政策、体制的变化及其他项目的建设，都可能引起社会经济状况的变化，所以进行项目有无对比分析时，不是此项目引起的社会变化，应予以剔除。对于发生的这些变化，可以依据项目开工前的历史统计资料，采用一般的科学预测方法（如判断预测法、趋势外推法、类比法等）来预测。有些情况可能需要向有关地方机构和社区了解或请有经验的专家估计。调查预测基准线确定以后，应对收集的资料进行整理加工，写出"基准线调查预测"情况的书面材料，作为评价的基准。

2. 进行有无对比分析

有项目情况，是指考虑拟建设和运行中引起各种社会经济变化后的社会经济情况。有项目减去无项目情况，即为项目引起的效益和影响。例如，某水库的扩建工程，在开工前，库区管理人员有 50 人，扩建工程完成后，管理人员增加到 70 人，则因扩建引起的就业人数增加 20 人，这就是项目的就业效益影响。又如某大型水利项目，在其实施前，本区域的人民主要以种田为主，由于项目占用了大量的土地，引起了移民搬迁，项目完成后，出现了从事工业、商业的人，种田的人减少了，即该项目的实施，引起了区域社会结构的变化。实践中通过有无对比分析来确定各种社会效益和影响的性质与程度，是比较复杂的，因为预测的无项目情况即基准线可能不准确，特别是政策、体制的变化。因此，在具体评价时，有时需要对原来调查预测的基准线重新研究确定。

（三）多目标综合分析法

除了上述定量定性分析法和有无对比分析法，水利建设项目社会影响评价还有多种方法，以下对各方法进行简要评述。

1. 专家评分法

专家评分法是出现较早且应用较广的一种评价方法。是在定量和定性分析的基础上，以打分等方式作出定量评价，其结果具有数理统计特性。专家评分法的最大优点是，在缺乏足够统计数据和原始资料的情况下，可以作出定量估价得到文献上还来不及反映的信息，特别是当方案的价值在很大程度上是取决于政策和人的主观因素，而不主要取决于技术性能时，专家评分法较其他方法更为适宜。

专家评分法的主要步骤是：首先根据评价对象的具体情况选定评价指标，对每个指标均定出评价等级，每个等级的标准用分值表示（如 5 分制、10 分制）；然后以此为基准，由专家对方案进行分析和评价，确定各个指标的分值，最后对各指标项目所得分值采用加法求和、相乘或加乘结合的方法求出各方案的总分值，从而得到评价结果。考虑到各指标重要的程度的不同及专家权威性的大小，又发展了加权评分法。专家评分法具有使用简单、直观性强的特点，但其理论性和系统性不强，一般情况下难以保证评价结果的客观性和准确性。

2. 层次分析法（The Analytic Hierarchy Process，AHP）

层次分析法是一种应用得最为广泛的方法。该方法是由美国运筹学家 T. L. Satty 于 20 世纪 70 年代中期提出的一种综合定性与定量方法，以解决多因素复杂系统，特别是难以定量描述的社会系统的分析方法。其基本思想是：先按问题的要求把复杂的系统分解为各个组成因素；将这些因素按支配关系分组，建立起一个描述系统功能或特征的有序的递阶层次结构；然后对因素间的相对重要性按一定的比例标度进行两两比较，由此构造出上层某因素的下层相关因素的判断矩阵，以确定每一层次中各因素对上层因素的相对重要序；最后在递阶层次结构内进行合成而得到决策因素相对于目标的重要性的总顺序。它体现了人们决策思维的基本特征：分解、判断、综合，具有思路清晰、方法简便与系统性强等特点。AHP 法的核心在于通过两两比较来构造判断矩阵。判断矩阵一经确定即可用多种方法求出排序值，一些学者先后提出了 EM 法（特征向量法）、LSM 法（最小二乘法）、LDM 法（最小偏差法）。

需要指出，AHP 法也有其不足之处：①判断矩阵是由评价者或专家给定的，因此其一致性必然要受到有关人员的知识结构，判断水平及个人偏好等许多主观因素的影响；②判断矩阵有时难以保持判断的传递性；③综合评价函数采用线性加权形式，因而有属性的线性及独立性的限制，不能盲目应用。

3. 数据包络分析法（DEA 法）

数据包络分析法是运用数学规划模型，计算并比较决策单元之间的相对效率，从而对评价对象提出评价。DEA 法不仅能求解多输入单输出问题，还适用于具有多输入多输出的复杂系统。通过对输入和输出信息的综合分析，DEA 法可以得出每个方案综合效率的数量指标，据此将各方案定级排队，确定有效的（即相对效率高的）方案。并可给出其他方案非有效的原因和程度。该方法的一个重要特点，就是它以方案的各输入输出指标的权重为变量，避免了事先确定各指标在优先意义下的权重，使之受不确定的主观因素的影响比较小。

4. 灰色决策评价法

客观世界中，常常会遇到信息不完全的系统，如参数信息不完全、结构信息不完全、关系信息不完全等，这种信息部分明确、部分不明确的系统为灰色系统（Gray System）。灰色决策评价法是通过分析各种因素的关联性及其量的测度，用"灰数据映射"方法来处理随机量和发现规律，使系统的发展由不知到知，知之不多知之较多，使系统的灰度逐渐减小，白度逐渐增加，直至认识系统的变化规律。

5. 逻辑框架分析法（Logistic Framework Approach，LFA）

逻辑框架分析法是美国国际开发署在 1970 年开发并使用的一种设计、计划和评估的工具，其核心是根据失误的因果逻辑关系，分析项目的效率、效果、影响和可持续性。这种方法依据事物的因果逻辑关系，通过分析项目的一系列相关变化过程，明确项目的目标及其相关的假设条件（或先决条件），以改善项目的设计方案。逻辑框架分析法可采用矩阵表述，目前多用于投资项目管理，而且较为复杂，因此在公共工程项目社会评价分析中较少被采用。

6. 模糊综合评价法

项目的效益发挥涉及项目设计、施工和运行等诸多方面因素。当确定进行某一个项目的建设时，往往有多个设计方案、需要对其评价和选择最佳方案。在评价过程中，由于评价因子、评价人员和备选方案较多，影响因素的作用关系复杂，给评价结果的得出带来了困难。根据项目设计方案评价中的多因素和模糊性特点，基于模糊数学原理建立的模糊综合评价方法是经常被采用的评价工具。对受多种因素影响的事物，模糊综合评价法是作出全面评价的十分有效的多因素评价决策法。

第三节 综 合 评 价

一、综合评价内容

对于不同的建设项目，综合评价的内容和重点有所不同，大型建设项目涉及的范围广、内容多，而中小型建设项目则可结合具体情况适当加以简化。综合评价一般包括以下几个方面：

（1）政治社会评价。评价建设项目对国家政治威望、国际和国防安全的影响；对社会安定的影响（例如劳动就业、社会治安等）；对提高人民生活水平和改善劳动条件的影响；对加强文化教育和精神文明建设的影响以及建设项目对本地区国民经济发展的影响等。

（2）技术评价。评价建设项目在技术上的可行性和可靠性，技术上是否先进，是否符合当时当地的客观技术条件。

（3）经济评价。按照有关规程和规定，对建设项目进行国民经济评价和财务评价；确定建设项目对促进国民经济发展的作用，政府对本工程在财力、物力、人力等方面的承受能力以及本项目在节约劳力、自然资源及改变经济结构等方面的影响。

（4）自然资源评价。主要从工程保护资源、合理开发和利用资源等方面进行评价。

（5）环境影响评价。主要评价建设项目对生态环境有利和不利的影响，以及当遭遇自然灾害时建设项目对生态环境的防护能力。

（6）风险评价。水利建设项目风险性较大，应从技术、资金、自然灾害等方面评价项目的风险性及其抗风险能力，对主要因素如资金、效益、施工期等进行敏感性分析和概率分析，以了解项目的抗风险能力。

目前我国对水利建设项目进行评价分为三个层次：①国民经济评价；②财务评价；③综合评价。前两者合称为经济评价，这是工程建设项目评价中的主要部分，国家计委及中央各有关部门均制订有相应规程或实施细则，应遵照执行。综合评价包括政治、社会、经济、技术、生态环境、资源及风险等方面的评价，其中有可计量的定量因素，亦有大量不可计量的定性因素，必须使定性因素和定量因素相结合，结合实际选择不同方法进行综合评价。

二、综合评价指标体系

进行综合评价时，首先要建立相应的综合评价指标体系。综合评价所涉及的范围比较广泛，一般应遵循下列原则：

（1）全面性原则。建立的指标体系应能全面反映建设项目各方面的特性，应注意：①既重视定量指标，也重视定性指标；②既重视直接影响指标也重视间接影响指标；③既重视近期效益和影响指标也重视远期效益和影响指标。

（2）非相容性原则。指标体系中应排除指标间的相容性，即两个指标性质完全一致或相互间只差一个常系数的关系，例如水电站的年发电量和年发电效益，两者只差一个电价作为乘数。但排除相容性并不等于排除相关性，有些指标之间既不完全相容，又不完全独立，而有一定的相关性，例如经济内部收益率 $EIRR$、效益费用比 B/C 与投资回收之间就有一定的相关性，它们从不同侧面反映建设项目的经济性。

（3）客观性原则。指标的选取应尊重客观，实事求是，避免主观倾向性。

（4）简单性原则。指标体系既要全面但又不是越多越好，而应抓住主要方面，使分析计算及相应工作量简捷。

根据上述各项原则，一般水利建设项目的综合评价指标体系应包括下列内容。

1．经济效果

（1）投资费用类：固定资产投资，单位千瓦投资，单位电能投资，单位电能成本，投资完成率和自筹资金率等。

（2）技术经济类：装机容量，保证出力，年发电量以及防洪效益，灌溉效益，城镇供水效益以及其他水利工程效益等。

（3）分析结果类：经济内部收益率，经济效益费用比，财务内部收益率，投资回收期，贷款偿还期等。

2．管理效果

（1）管理类：管理体制、规章制度及管理水平，单位千瓦职工数，技术人员占职工总数比例等。

（2）设备类：主要设备完好率，供电保证率，电压周波合格率，平均功率因子，厂用电率，线损率或网损率等。

（3）科技类：设备先进性及自动化水平，职工文化程度，技术人员科技等级等。

（4）用电类：乡、村、户通电率，县人均、农民人均、居民生活人均用电量等。

3．社会效果

（1）水利工程影响：防洪治涝、灌溉、发电、城镇供水、航运、水产等正、负效应及其变化。

（2）社会经济影响：社会总产值、国民收入及其变化，一、二、三产业构成及其变化，利税、财政收入及其变化，农村人均纯收入及其变化，劳动生产率及其变化，就业率、劳动力转移及其变化等。

（3）文化教育影响：学龄人口入学率，初中以上文化程度人口比例，电话、电视、广播等占有率及其覆盖面，学校、文化站、图书室以及其他文化设施发展情况等。

（4）水库淹没及移民安置：水库淹地面积，移民安置人数，其他设施及文化古迹淹没、搬迁、补偿等情况。

（5）生态环境：对水文、水温、水质及泥沙运动的影响，对地貌、地质及土壤的影响，对陆生、水生动植物的影响以及对人体健康、地方病及传染病的影响等。

在综合评价指标体系中，一部分是难以用数量表达的定性指标，如政治社会影响、生态环境影响等，这些指标或因素在评价时，除进行定性描述外应尽量将其分解为若干个可以计量的指标；另有一些指标是可以精确计算并能用数字表达的定量指标，但它们的单位可能并不相同，如投资、年运行费、经济内部收益率、人均年收入等，这些指标在评价时应尽可能标准化。

三、综合评价方法

目前国内外使用的综合评价方法很多，大体上可以分为以下几大类：

（1）专家评价法。这是以专家经验为基础的主观评价法，通常以"评分"、"评语"等作为评价指标，根据不同方案的评价指标确定方案的优劣。

（2）经济分析法。最常用的是效益费用分析法，将评价指标分为效益（B）和费用（C）两大类，采用效益费用比（B/C）或效益费用差（$B-C$）以及经济内部收益率、投资回收期等作为综合评价指标。

（3）层次分析法。将多方面的指标（或因素）按其性质及其上下从属关系，分解组成有序的递阶层次结构，通过两两比较构成判断矩阵，计算其特征向量，以评价各方案的优劣次序。

（4）模糊综合评价法。利用模糊数学的基本原理及隶属度函数，构造各指标的模糊判矩阵，将其与各指标的权重向量相组合，得到综合模糊评判矩阵，据此进行方案的排序与选优。

（5）其他方法。如数学规划法、系统决策法、效用函数法、网络分析法等。

以上各类方法，除用于建设项目的综合评价外，大都还可应用于多方案比较选优、投资决策和权重分析。

思 考 题 与 习 题

1. 为什么水利建设项目必须进行社会评价？其主要作用体现在哪几个方面？水利建设项目社会评价的主要内容，指标体系和方法分别是什么？

2. 为什么要进行水利建设项目的综合评价？

3. 水利建设项目综合评价的主要内容是什么？评价的指标体系和方法主要有哪些？

第八章 综合利用水利工程投资费用分摊

第一节 概　　述

　　我国水利工程一般具有防洪、发电、灌溉、供水、航运等综合利用效益。在过去一段时间内由于缺乏经济核算，整个综合利用水利工程（一般称多目标水利工程）的投资并不在各个受益部门之间进行投资分摊，主要由某一主要受益部门负担，结果常常出现以下几种情况：

　　（1）负担全部投资的部门认为，本部门的效益有限，而所需投资却较大，因而迟迟不下决心或者不愿兴办此项工程，使水资源得不到应有的开发与利用，任其白白浪费。

　　（2）主办单位由于受本部门投资额的限制，可能使综合利用水利工程的开发规模偏小，使得其综合利用效益得不到充分的发挥。

　　（3）如果综合利用水利工程牵涉的部门较多，相互关系较为复杂，有些不承担投资的部门往往提出过高的设计标准或设计要求，使工程投资不合理的增加，工期被迫拖延，不能以较少的工程投资在较短的时间内发挥较大的综合利用效益。

　　在相当长时期内，某些水利工程的投资全部由水电站负担，致使水电站单位千瓦投资高于火电站较多。由于受电力部门总投资额的限制以及其他一些原因，为了尽快满足电力系统负荷日益增长的要求，较多地发展了火力发电。虽然火电厂本身的单位千瓦投资较低，但是为了提供火电所需的大宗燃料，煤炭工业部门不得不增加投资新建或扩建矿井，甚至铁道部门、环保部门亦须相应增加投资，总计折合火力发电单位千瓦的投资并不一定比水电站少，而且火电站单位电能的年运行费为水电站的数倍。由于电价是一定的，结果国家纯收人（包括税金和利润）减少，资金积累减慢，反过来又影响水利电力部门的投资额，降低扩大再生产的速度，而水能资源由于得不到充分的开发利用而年复一年地大量浪费。

　　随着社会主义市场经济体制的建立，水利工程建设资金的投入也逐步转入多元化机制。许多项目实行"谁投资、谁受益"的原则，集资建设；国家拨款改为贷款，由无偿使用变为有偿使用。各受益地区或部门不仅关心工程所带来的效益，而且也很关心自己在工程建设管理中所应承担的工程费用（建设投资和年运行费用）。经济效益合理程度，各地区或部门应负担多少费用，是否在其所接受的范围之内，决定着该地区和部门对项目的支持态度。因此综合利用水利工程的投资在各个受益部门之间进行合理分摊势在必行。

　　对综合利用水利工程进行投资分摊的主要目的如下：

　　（1）合理分配国家资金，正确编制国民经济发展规划和建设，保证国民经济各部门有计划按比例协调发展。

　　（2）充分合理地开发和利用水利资源和各种能源，在满足国民经济各部门要求的条件下，使国家的总投资和运行费用最少。

（3）协调国民经济各部门对综合利用水利工程的要求，选择经济合理的开发方式和发展规模；分析比较综合利用水利工程各部分的有关参数和技术经济指标。

（4）充分发挥投资的经济效果，只有对综合利用水利工程进行投资和运行费用分摊，才能正确计算防洪、灌溉、水电、航运等部门的效益与费用，以加强经济核算，制订各种合理价格，不断提高综合利用水利工程的经营和管理水平。

综合利用水利工程投资费用分摊包括固定资产投资分摊和年运行费分摊。

第二节　综合利用水利工程的投资费用构成

综合利用水利工程是国民经济不同部门为利用同一水资源而联合兴建的工程，一般包括水库、大坝、溢洪道、泄水建筑物、引水建筑物、电厂、船闸以及鱼道等建筑物。从投资费用构成来说，它是由建筑工程、机电设备及安装工程、金属结构设备及安装工程、施工临时工程、水库淹没处理补偿费、预备费及独立费用等部分组成。按费用的服务性质来说，可以分为只为某一受益部门（或地区）服务的专用工程费用和配套工程费用，以及为综合利用水利工程各受益部门（或其中两个以上受益部门）服务的共用工程费用。按费用的可分性质来说，又分为可分离费用与剩余费用两部分。

一、专用工程费用与共用工程费用的划分

专用工程费用（Special Project Cost）是指参与综合利用的某一部门为自身目的而兴建的工程（不包括配套工程）的总投入，包括投资、年运行费和设备更新费，该费用由各部门自行承担。共用工程费用是指为各受益部门共同使用的工程设施投入的投资、年运行费用和更新费等，该费用应由各受益部门分摊。因此，综合利用水利工程的投资构成可用下式表示：

$$K_{总} = K_{共} + \sum_{i=1}^{n} K_{专,i} \qquad (i = 1, 2, \cdots, n) \tag{8-1}$$

式中　$K_{总}$——综合利用水利枢纽工程总投资费用；

　　　$K_{共}$——各受益部门的共用工程投资费用；

　　　$K_{专,i}$——第 i 个受益部门的专用工程投资费用；

　　　n——从综合利用水利枢纽获得效益的部门数。

各部门的专用工程费用和配套工程费用在数量上以及投入的时间上相差很大。相对来说，水库防洪的专用工程费用小（大坝既是防洪的主要工程措施，又为各受益部门所共用），基本上没有配套工程；发电部门的专用工程费用和配套工程费用都比较多；航运部门的专用工程费用比发电部门少，但配套设施的费用很大；灌溉部门的专用工程（主要是引水渠首工程）费用很小，配套工程费用大。航运专用工程投资一般在水库蓄水前要全部投入；发电专用工程投资（主要是机电设备）大部可在水库蓄水后随着装机进度逐步投入，配套工程投资可在水库蓄水后逐步投入。

共用工程费用（Common Project Cost）主要包括大坝工程投资和水库淹没处理费用，

其大小主要取决于坝址的地质、地形条件和水库淹没区社会经济条件，在不同自然条件和社会经济条件下建设相同规模水利工程其投资费用可能相差数倍。共用工程费用投入时间较早，全部或绝大部分要在水库蓄水前投入。

在工程的投资概（估）算时，专用工程投资和共用工程投资是统一计算的，很多投资项目是共用投资与专用投资互相交叉在一起的。在进行综合利用水利工程费用分摊时，首先需要正确划分专用工程投资和共用工程投资，这是一项十分重要而难度大的工作，它不仅需要有合理的划分原则，还必须掌握大量资料和对综合利用水利工程有比较全面的了解。根据水利工程投资估算的方法和特点，一般可分两步进行：

第一步：按投资估算的原则，将综合利用水利工程投资按大坝、电站、通航建筑物、灌溉渠首工程及其他共用工程进行初步划分，其原则和方法是：按工程量计算出的各建筑物直接投资及按此投资比例算出相应于该建筑物的临时工程投资和其他投资，一并划入该建筑物投资；其余投资则列入其他工程投资。

第二步：由于各建筑物投资并不一定就是本部门的专用投资（如通航建筑物等），因此，还需在第一步划分的基础上，进一步将各建筑物的投资根据其性质和作用分为专用和共用两部分，其原则和方法如下：

（1）坝后式水电站的厂房土建和机电投资费用明显属于发电部门，应全部划入发电专用投资费用。河床式电站厂房土建部分既是电站的专用工程设施，又起挡水建筑物的作用，其投资费用应在发电专用和各部门共用之间进行适当划分。

（2）灌溉部门的渠首建筑物、控制设备都明显属于灌溉部门的专用工程费用，其费用应列入灌溉部门的专用工程费用。从综合利用水利工程来说，灌溉引水干支渠费用均属于配套工程费用。

（3）通航建筑物（如船闸、升船机等）的投资费用，应根据不同情况区别对待：对于原不通航的河流，若兴建水利工程后，使河流变为通航的河流，则所建的通航建筑物，不论其规模大小，所需投资费用均应列为航运部门的专用投资费用；对于原通航河流兴建水利工程，若所建的通航建筑物规模不超过河流原有通航能力，则所建的通航建筑物属于恢复河流原有通过能力的补偿性工程，其所需投资费用应作为各受益部门的共用投资费用，若其规模超过河流原有通航能力时，则其超过部分应划为航运部门的专用投资费用，等效于河流原有通过能力的部分仍划为各受益部门的共用投资费用。当初步估算其共用和专用投资费用时，可按天然河道通过能力与通航建筑物通过能力的比例估算。

（4）综合利用水利工程的大坝工程，具有防洪专用和为各受益部门共用的两重性，只将为满足防洪需要而增加的投资费用划为防洪专用投资费用，其余费用作为各受益部门的共用投资费用。

（5）开发性移民的水库移民费用含有恢复移民原有生产、生活水平的补偿费用和发展水库区域经济的建设费用，应将其费用划分为补偿和发展两部分，前者为各受益部门的共用费用，后者另作研究处理。划为发展部分的费用应包括：扩大规模所增加的费用、提高标准所增加的费用、以新补旧中的部分折旧费。

（6）对于供水部门，其取水口和引水建筑物的投资费用应列入供水部门的专用工程投资费用。如果供水部门的取水口及引水建筑物与其他部门共用，则取水和引水建筑物的投资费用应根据各部门的引水量进行分摊。

（7）对于渔业、旅游、卫生部门而言，都需要额外的投资费用，这些部门的专用工程费用一般不计入综合利用水利工程的总投资费用，这些部门一般也不参加综合利用水利工程共用投资费用的分摊。但对于过鱼设施，由于属补偿性工程设施，其投资费用一般应列入共用工程投资费用。

二、可分离费用与剩余费用的划分

某部门的可分离费用（Separable Cost）是指综合利用水利工程中包括该部门与不包括该部门总费用之差（其他部门效益不变）。例如一个三目标（防洪、发电、航运）综合利用水利工程中的防洪可分离费用，就是防洪、发电、航运三目标的工程费用减去发电、航运双目标的工程费用。剩余费用（Remaining Cost）是指综合利用水利工程总费用减去各部门可分离费用之和的差额。综合利用水利工程的投资构成可用下式表示：

$$K_\text{总} = K_\text{剩} + \sum_{i=1}^{n} K_{\text{分},i} \qquad (i = 1, 2, \cdots, n) \tag{8-2}$$

式中　$K_\text{总}$——综合利用水利枢纽工程总投资；

　　　$K_{\text{分},i}$——第 i 部门的可分离部分的投资（简称可分投资）；

　　　$K_\text{剩}$——综合利用水利工程的剩余投资。

可分离费用和剩余费用的划分，一般在专用工程费用和共用工程费用划分的基础上进行的，这项工作比较繁琐但又十分重要。划分时需要大量的设计资料，为了节省设计工作量，应充分利用已有资料，并作适当简化。而且当有些水利部门如第 i 部门和第 j 部门之间有共用工程（如取水口、引水建筑物等）时，则枢纽中不包括第 i 部门时，要重新决定第 j 部门的各有关工程尺寸；然后再根据调整后的枢纽布置和工程尺寸计算工程量和相应的投资费用。显然，这种划分把各部门的专用工程费用最大限度地划分出来，由各部门自行承担，需要分摊的剩余费用比共用工程费用小，因此可减少因分摊方法不完善所造成的不合理性。

此法应用边际费用的原理，把各部门的专用投资费用最大限度地划分出来，由各部门自行承担，从而减少了由于分摊比例计算不精确而造成的误差，是一种比较合理的方法，在美、欧、日本、印度等国家得到广泛应用。

第三节　现行投资费用的分摊方法

国外对综合利用水利工程的投资分摊问题曾作过较多的研究，提出很多的计算方法。由于问题的复杂性，有些文献认为：直到目前为止，还提不出一个可以普遍采用的、能够被各方完全同意的投资费用分摊公式。本节主要介绍比较通用的投资费用分摊方法和有关部门建议的费用分摊方法。

一、投资费用分摊方法分类

综合利用水利枢纽投资费用的分摊方法多种多样，归纳起来有下述三类：

（1）按比例分摊综合利用水利枢纽的总投资。这种方法，确定分摊系数的方法很多，最常见的是按用水量或所需库容比例确定。这类分摊方法直接分摊枢纽总投资，会把某水利部门专用工程的投资按比例分摊到其他水利部门中去，得出不尽合理的结果。

（2）按比例分摊综合利用水利枢纽共用工程的投资。各部门分摊的投资额等于本部门专用工程投资加上分摊得到的共用工程投资。分摊系数的确定方法或者说具体的分摊方法有多种。如按各部门所用水量或库容比例分摊、按效益比例分摊等。

（3）按比例分摊综合利用水利枢纽的剩余投资。这类方法分摊系数的确定方法与第（2）种情况分摊系数的确定方法基本相同，也有多种。由于可分投资一般占总投资中的大部分（一般 70% 左右，多的可达 85%），剩余投资占的份额较少，因此虽然分摊系数用不同方法确定时有较大差别，但对成果影响较小。这类方法的不足之处是计算可分投资的工作量很大。

这些方法如果用于分摊综合利用水利工程的费用，则属于费用分摊方法。

二、现行的投资费用分摊方法

1. 主次地位分摊法（the Allocation Method of the Status of Primary and Secondary）

在综合利用水利工程中各受益部门所处地位不同，主次关系明显，往往某一部门占主导地位，要求水库的运行方式服从它的要求，其他次要部门的用水量及用水时间则处在从属的地位，其主要功能可获得的效益占枢纽总效益的比例很大，这时，可由枢纽主要功能的受益部门承担全部或大部分共用工程投资费用，次要功能的受益部门只承担其可分投资费用或其专用工程投资费用。这种方法适用于主导部门地位十分明确，工程的主要任务是满足该部门所提出的防洪或兴利要求。确定首要任务或主要用途部门所应承担的份额可以根据：单独兴建等效替代措施的投资费用；规定的计算期内该部门可获得的净效益；各部门协商评议，确定各方可以接受的分摊比例等。

2. 枢纽指标（用水量、库容等）系数分摊法（the Allocation Method of Index Factor Such as Water Consumption，Storage Capacity）

枢纽指标系数分摊法是一种按综合利用水利枢纽各功能的某些指标（如利用的水量、库容、可发展的灌溉面积等）的比例进行共用投资费用分摊的方法。利用库容或水量多的部门，承担的投资费用份额大；反之，承担的小一些。如根据防洪与兴利库容比例分摊防洪与兴利部门之间的投资费用，根据灌溉面积的比例分摊两个灌区应分摊的共用工程投资费用等，其分摊比例表达式为

$$\alpha_i = \frac{V_i}{\sum_{i=1}^{n} V_i} \text{ 或 } \alpha_i = \frac{W_i}{\sum_{i=1}^{n} W_i} \tag{8-3}$$

式中　V_i——第 i 受益部门占有综合利用水库工程的库容；

　　W_i——第 i 受益部门需综合利用水利枢纽提供的年用水量。

此法概念明确、简单易懂、直观，分摊的费用较易被有关部门接受，在世界各国获得了广泛的应用，适用于各种综合利用工程的规划设计、可行性研究及初步设计阶段的费用分摊。此法存在的主要缺点如下：

一是它不能确切地反映各部门用水的特点，如有的部门只利用库容、不利用水量（如防洪），有的部门既利用库容、又利用水量（如发电、灌溉）。同时，利用库容的部门其利用时间不同，使用水量的部门随季节变化对水量的要求不一样，水量保证程度也不一样（如工业供水的保证程度一般高于农业供水）。

二是它不能反映各部门需水的迫切程度。

三是由于水库水位是综合利用各部门利益协调平衡的结果，水库建成后又是在统一调度下运行的，因此，不能精确划分出各部门利用的库容或者水量。

为了克服上述缺点，可以适当计入某些权重系数，如时间权重系数、迫切程度权重系数、保证率权重系数等。例如，对共用库容和重复使用的库容（或水量）可根据使用情况和利用库容时间长短或主次地位划分，对死库容可按主次地位法、优先使用权法等在各部门之间分摊，并适当计入某些权重系数。

3. 最优等效替代方案费用现值比例分摊法（the Proportion Allocation Method of Present Cost of Optimal Equivalent Alternative）

最优等效替代方案费用现值比例分摊法的基本设想是：如果不兴建综合利用水利工程，则参与综合利用的各部门为满足自身的需要，就得兴建可以获得同等效益的工程，其所需投资费用反映了各部门为满足自身需要付出代价的大小。因此，按此比例来分摊综合利用水利工程的共用投资费用是比较合理的。此法的优点是不需要计算工程经济效益，比较适合于效益不易计算的综合利用工程。缺点是需要确定各部门的替代方案，各部门的替代方案可能是多个，要计算出各方案的投资费用，并从中选出最优方案，计算工作量是很大的。

采用此法时，一般应按替代方案在经济分析期内的总费用折现总值的比例，分摊综合利用水利工程的总费用。其分摊比例表达式如下：

$$\alpha_i = \frac{C_{i替}}{\sum_{i=1}^{n} C_{i替}} \tag{8-4}$$

式中　$C_{i替}$——第 i 部门等效最优替代措施费用现值；

　　　　n——参与综合利用费用分摊的部门个数。

按各部门分摊的枢纽工程费用的比例，再进一步计算各部门分摊枢纽工程投资和年运行费用的数额。

4. 效益现值比例分摊法（the Proportion Allocation Method of Present Benefit）

效益现值比例分摊法投资分摊与各部门获得的效益大小有关，效益大则多分摊投资，效益小则少分摊投资。其分摊比例表达式如下：

$$\alpha_i = \frac{PB_i}{\sum_{i=1}^{n} PB_i} \tag{8-5}$$

式中　PB_i——第 i 部门经济效益现值。

实际应用时须注意以下几个方面的问题：

（1）计算的各部门所获得的效益是否与实际相等，这取决于计算资料是否全面与准确，计算方法是否完善。

（2）效益计算的范围。《水利建设项目经济评价规范》（SL 72—2013）中规定，项目的效益应包括直接效益和间接效益两部分。间接效益可分为一级间接效益和二级间接效益等，计算到哪一级、是否还要计算相应的外部费用等，《规范》中没有说明，只能根据枢纽实际情况决定。效益有国家效益和地方效益，有的能定量计算，如工业供水产值提高，灌溉供水产量增加等；有的很难定量计算，只能定性分析，如环境效益等。再者，有的地区尽管经济效益显著，但地方财政并不一定因工程的修建而增加多少收益。

（3）对用水部门来说，按效益大小分摊的投资与所获得的供水量没有直接关系，该法不利于节约用水，不利于发挥供水的最大效益。

5. 可分离费用——剩余效益法（Separable Cost—Remaining Benefit Method，SCRB）

可分离费用——剩余效益法的基本原理是：把综合利用工程多目标综合开发与单目标各自开发进行比较，所节省的费用被看做是剩余效益的体现，所有参加部门都有权分享。某部门的"剩余效益"PS_i是指某部门的效益与其合理替代方案费用两者之中的较小值减去该部门的可分离费用的差值。此法分摊比例是按各部门剩余效益占各部门剩余效益总和的比例计算。其分摊比例计算表达式如下：

$$\alpha_i = \frac{PS_i}{\sum_{i=1}^{n} PS_i} \tag{8-6}$$

为了发挥此法的优点，克服其不足，有的学者和专家在 SCRB 法的基础上，提出了"修正 SCRB 法"和"可分离费用——××法"。

修正 SCRB 法主要考虑到综合利用工程各部门的效益并不是立即同时达到设计水平的，而是有一个逐渐增长过程，计算各部门效益时应考虑各部门的效益增长情况，在效益增长阶段分年进行折算。如增长是均匀的，可运用增长系列复利公式计算；达到设计水平年后则运用复利等额系列公式计算。然后把两部分加起来，即可得出各部门在计算期的总效益现值。

"可分离费用——××法"主要是考虑分离费用这一思路的合理性，近年来国内外开始把这一思路推广应用于按库容（或用水量）比例、按分离费用比例、按净效益比例、接替代方案费用比例、按优先使用权等方法分摊剩余共用费用。

另外，在运用以上 5 种分摊方法时还应注意以下几个方面的问题：

（1）仅为某几项功能服务的工程设施，可先将这几项功能视为一个整体，参与总投资费用（或共用工程投资费用或剩余费用）的分摊，再将分得的投资费用在这几项功能之间进行分摊。

（2）综合利用水利枢纽投资分摊，得出分摊结果后还应根据分摊原则进行合理性检查。

（3）在任何一种分摊方法中涉及效益计算问题时，因为确定效益的方法与准则不同，将直接影响投资分摊的结果。在投资分摊工作中，涉及的效益较多，应注意区分不同的效益。

（4）效益计算采用统一的价格（如比较合理的影子价格或可比价格等）。

（5）在运用以上方法进行分摊时，如工程不涉及年运行费等则只分摊工程的固定资产投资，如果涉及年运行费等则就是投资费用的分摊，不管哪一种情况，其费用划分办法和分摊方法都是一样的。

【例 8-1】　某综合利用水利工程具有发电、防洪、航运以及旅游、水产养殖等综合利用效益。枢纽工程由大坝、电站、船闸等组成，概算静态总投资 876629.23 万元，其中工程投资 792337.33 万元，水库淹没处理补偿费 84292 万元，详细概算资料见表 8-1，枢纽总库容为 45.80 亿 m³，根据所在流域规划，要求该枢纽 6 月、7 月预留 5 亿 m³ 防洪库容，试进行投资分摊。

表 8-1　　　　　　　　　某综合利用水利工程投资概算表　　　　　　　单位：万元

编号	工程或费用名称	建安工程费	设备购置费	独立费用	合计	占一至五部分 /%
第一部分	建筑工程	387012.00			387012.00	44.5
一	挡水工程	62341.28			62341.28	
二	溢洪道工程	100223.64			100223.64	
三	放空洞工程	16818.91			16818.91	
四	发电厂工程	91136.45			91136.45	
五	基础渗控及加固处理工程	47639.80			47639.80	
六	滑坡防治工程	13852.95			13852.95	
七	马岩高边坡防治工程	9131.56			9131.56	
八	危岩体工程	3803.51			3803.51	
九	内部观测	4785.00			4785.00	
十	交通工程	23920.00			23920.00	
十一	房屋建筑工程	4300.60			4300.60	
十二	其他工程	9059.00			9059.00	
第二部分	机电设备及安装工程	13067.54	92877.64		105945.18	12.09
一	发电设备及安装工程	11856.86	61037.13		72893.99	
二	升压变电设备及安装	654.79	24190.62		24845.41	
三	其他设备及安装工程	555.89	7649.89		8205.78	
第三部分	金属结构设备及安装工程	1664.62	13435.87		15100.49	1.72
一	溢洪道工程	545.54	4475.19		5020.73	
二	防空洞工程	309.22	2225.80		2535.02	
三	发电厂工程	756.88	6100.48		6857.36	
四	电力拖动	52.98	197.40		232.38	
五	闸门喷锌		455.00		455.00	
第四部分	施工临时工程	132620.10			132620.10	15.13
一	施工交通工程	21939.61			21939.61	
二	施工供电系统	9849.43			9849.43	
三	施工供水系统工程	2580.00			2580.00	
四	施工供风系统工程	1000.00			1000.00	

续表

编号	工程或费用名称	建安工程费	设备购置费	独立费用	合计	占一至五部分/%
五	施工通信工程	2750.00			2750.00	
六	砂石料生产系统工程	2460.00			2460.00	
七	混凝土拌合浇筑系统工程	3280.00			3280.00	
八	导流工程	52447.47			52447.47	
九	施工期环境保护设施工程	1698.00			1698.00	
十	临时房屋建筑工程	17317.32			17317.32	
十一	其他房屋建筑工程	17298.27			17298.27	
第五部分	独立费用			92966.76	92966.76	10.61
一	建设管理费			23173.18	23173.18	
二	生产准备费			1841.36	1841.36	
三	科研勘测费			45941.82	45941.82	
四	其他			22010.40	22010.40	
第六部分	水库淹没处理补偿费				84292.00	9.62
第七部分	基本预备费				58692.00	6.70
静态总投资					876629.33	

解：（1）根据该枢纽具体情况，确定发电、防洪和航运部门参与投资分摊。

（2）共用工程和专用工程投资、可分投资和剩余投资计算。

1）共用工程和专用工程投资划分：从枢纽工程概算表中，能够直接分离出来的水电站专项工程投资见表8-2。

表8-2　　　　　　　　　　**可直接分离的电站专用投资计算表**　　　　　单位：万元

编　号	工程或费用名称	金　额
第一部分　建筑工程		103141.03
一	发电厂工程	91136.45
二	基础渗控及加固处理工程	2398.02
三	交通洞石方洞挖	82.82
四	通风洞及吊物井石方洞挖	168.63
五	交通洞衬砌混凝土	307.56
六	通风洞及吊物井衬砌混凝土	291.20
七	围岩固结灌浆钻孔	78.16
八	围岩固结灌浆	1469.65
九	马岩高边坡防治工程	9131.56
十	交通工程	475.00
十一	重件码头	400.00
十二	厂房进口交通桥	75.00

续表

编 号	工程或费用名称	金 额
第二部分	机电设备及安装工程	97830.14
一	发电设备及安装工程	72893.99
二	升压变电设备及安装工程	24845.41
三	厂房电梯	90.74
第三部分	金属结构及安装工程	6857.36
一	发电厂工程	6857.36
第四部分	施工辅助工程	900.00
一	交通隧洞工程	900.00
第五部分	独立费用	1464.91
一	建设管理费（其中的联合试运转费）	42.40
二	生产准备费	1422.51
三	生产职工培训费	535.30
四	生产单位提前进厂费	887.21
一至五部分合计		210193.44

注 本表的编号是与枢纽概算表相对应的。

除了能够直接分离出来的水电站专用投资外，施工辅助工程中有部分投资也是水电站专用的，这部分投资可按照建筑工程中已经分离出来的水电站专用投资与建筑工程的比例来计算，结果为 35104.14 万元。

此外，其他费用中也有部分费用是水电站专用的，这部分投资可按已直接分离出来的发电专用投资与概算表中一至四部分之和的投资比例来计算，结果为 29810.66 万元。

以上三项投资之和为 275108.24 万元。

这部分投资的基本预备费为 $275108.24 \times 8\% = 22008.66$（万元）。

因此，发电专用静态投资为 $275108.24 + 22008.66 = 297116.90$（万元），发电、防洪和航运共用投资为 $876629.23 - 297116.90 = 579512.33$（万元）。

2）可分投资和剩余投资划分：

枢纽的静态总投资为 876629.23 万元，如果不考虑防洪开发任务，即 6 月、7 月水库不预留 5 亿 m^3，仅考虑发电任务，电站在达到同等发电效益的条件下，枢纽大坝高度可降低约 2m，相应工程的静态投资（即发电部门的替代投资）约为 867011.23 万元，即防洪部门的可分投资为

$$K_{分(防洪)} = 876629.23 - 867011.23 = 9618（万元）$$

如不考虑发电开发任务，仅考虑防洪任务，仅需修建一座能够拦蓄 5 亿 m^3 洪水的水库，大坝高度约为 100m，相应的静态投资（即替代投资）约为 84700 万元，即发电部门的可分投资为

$$K_{分(发电)} = 876629.23 - 84700 = 791929.23（万元）$$

则枢纽的剩余投资为

$$K_{剩} = K_{总} - \sum_{i=1}^{n} K_{分i} = 876629.23 - 9618 - 791929.23 = 75082（万元）$$

因通航建筑物投资在概算表中没有体现，整个工程也没有因有通航要求而改变工程规模，没有增加其他投资，因此，航运部门的可分投资为零。

分别采用枢纽指标系数法、效益比例分摊法、最优替代方案费用现值比例分摊法及可分离费用——剩余效益法。

1. 枢纽指标系数法

枢纽总库容为 45.80 亿 m³，其中预留 5 亿 m³ 防洪库容主要是为防洪服务的，考虑防洪使得汛后水库蓄满的可能性由 83.3% 降低为 70%，对发电效益有一定的影响。因此，可按发电、防洪占用库容的比例分摊共用工程投资。

正常蓄水位以上库容主要为防洪部门所用，相应投资由防洪部门承担。正常蓄水位 400.00m 以下的库容为 43.12 亿 m³，可分为三部分：①死水位 350.00m 以下的死库容 19.29 亿 m³；②防洪限制水位 391.80m 至死水位 350.00m 之间的部分兴利库容 18.83 亿 m³；③正常蓄水位 400.00m 至防洪限制水位 391.80m 之间的 5.00 亿 m³ 防洪库容。

经分析，防洪限制水位以下的库容主要由发电部门承担，考虑航运将会给当地带来很大的经济效益，综合其他方面考虑航运承担 3.5 亿 m³ 的库容。预留的 5 亿 m³ 防洪库容仅限制在 6 月、7 月内，其余月份发电部门仍可以使用。因此，5 亿 m³ 防洪库容应由防洪、发电部门按各自利用的时间共同承担。统计分析结果表明，防洪占用的时间比例为 0.213，发电占用的时间比例为 0.787。按求得的分摊比例分摊共用工程投资，计算结果见表 8-3。

表 8-3　　　　　　　　　　　　枢纽指标系数法分摊结果表

序号	项　　目	发电	防洪	航运	合计	备注
1	死水位以下的库容/亿 m³	19.29	0		19.29	
2	防洪限制水位与死水位之间的库容/亿 m³	15.33	0	3.50	18.83	
3	防洪限制水位与正常蓄水位之间的库容/亿 m³	3.94	1.06		5.00	
4	正常蓄水位以上的库容/亿 m³		2.68		2.68	
5	各部门的分摊比例/%	84.17	8.12	7.64	100.00	
6	分摊的共用工程投资/万元	487797.30	47438.8	44276.21	579512.33	
7	应承担的总投资/万元	784914.20	47438.8	44276.21	876629.23	

2. 效益比例分摊法

采用效益比例法进行投资分摊，应该先计算枢纽工程的发电效益和防洪效益，再计算发电部门、防洪部门分摊的投资。折算时取生产期为 50 年，社会折现率 8%，以开始正常发挥效益年份为基准年（基准点在年初），发电效益按工程增加的有效电量和电量影子价格计算，防洪效益采用有无综合利用工程时减少的洪灾损失值表示，航运效益按修建完工以后的多年平均年效益计算效益现值。按求得的分摊比例分摊共用工程投资，计算结果见表 8-4。

表 8-4　　　　　　　　　　　　效益比例分摊法计算结果表

序号	项　　目	发电	防洪	航运	合计	备注
	共用工程投资/万元				579512.33	
1	各部门效益现值/万元	2925800.00	130700.00	95000.00	3151500.00	
2	各部门分摊比例/%	92.84	4.15	3.01	100.00	
3	分摊的共用工程投资/万元	538009.57	24033.72	17469.04	579512.33	
4	应承担的总投资/万元	835126.50	24033.72	17469.04	876629.23	

3. 最优等效替代方案费用现值比例分摊法

拟定各受益部门的替代方案，计算其投资和年运行费用并折算成现值，经反复研究比较，确定本综合利用工程各部门的替代方案如下：

发电：采用凝汽式火电站替代。经计算该替代方案的费用现值为 86.7 亿元。

防洪：最优等效替代方案是在其下游枢纽原预留 5 亿 m³ 防洪库容的基础上，再预留 5 亿 m³ 防洪库容，经计算枢纽防洪部门的最优替代方案的费用现值为 8.47 亿元。

航运：其替代投资以淹没损失 8.43 亿元表示。根据各部门最优等效替代方案投资比例分摊工程总投资，计算结果见表 8-5。

表 8-5　　　　　　最优等效替代方案费用现值比例分摊法计算表

序号	项　　目	发电	防洪	航运	合计	备注
	工程总投资/万元				876629.23	
1	替代方案费用/亿元	86.70	8.47	8.43	103.60	
2	各部门分摊比例/%	83.69	8.18	8.13	100.00	
3	应承担的总投资/万元	733651.00	71708.27	71269.96	876629.23	

4. 可分离费用——剩余效益法

采用可分离费用——剩余效益法对水利枢纽的投资进行分摊，需要先分析各部门的计算效益现值，然后计算各部门可分离和配套工程费用现值，计算各部门的剩余效益现值，再根据剩余效益的比例分摊枢纽的剩余投资，计算结果见表 8-6。

表 8-6　　　　　　　可分离费用——剩余效益法计算结果表

序号	项　　目	发电	防洪	航运	合计	备　　注
1	可分离投资/万元	791929.23	9618	0		
2	剩余投资/万元				7508	
3	可分离和配套工程费用/万元	320100	22700	21300		费用与效益计算口径对应一致
4	替代方案费用/万元	867000	84700	84300	1036000	
5	各部门效益现值/万元	2925800	130700	9500		
6	计算效益/万元	867000	84700	84300		min{(4),(5)}
7	剩余效益/万元	546900	62000	63000	671900	(6) — (3)
8	各部门分摊比例/%	81.4	9.23	9.37	100	(7)÷671900
9	分摊的剩余投资/万元	6111.21	692.81	703.98	7508	(8)×7508
10	应承担的总投资/万元	798040.40	10310.81	703.98	876629.23	(9) + (1)

从以上计算可以看出，采用不同的方法进行投资分摊，分摊的结果是有一定差别的。发电部门分摊的投资额为733651.00万～835126.50万元；防洪分摊的投资额为10310.81万～71708.27万元。航运分摊投资额为703.98万～71269.96万元。无论采用哪种分摊方法，发电、防洪分摊的投资均分别小于发电、防洪和航运部门的效益，并分别小于发电部门、防洪部门的最优替代工程的费用。这说明几种分摊方法分摊结果均符合合理性要求。四种分摊方法中，枢纽指标系数法应用发电防洪占用库容比例进行分摊，计算简单、直观、明确，可避免工程以外的一些指标计算不准带来的误差。该方法的主要缺点是没有考虑发电部门和防洪部门的效益，没有考虑投资效益在投资分摊中的影响。其他三种方法考虑了投资效益、替代工程费用等问题，理论上比较完整。但在实际工作中，防洪效益、替代费用、电价等通常很难准确计算，这往往影响了这三种方法的合理使用。应该再次说明的是，其中的可分投资——剩余效益法，分摊的是枢纽的剩余投资，它比共用投资要小得多，可缩小分摊误差，分摊结果比较合理。

第四节 投资费用分摊方法小结

对综合利用水利工程费用分摊的研究，一般可按以下步骤进行。

1. 确定参加费用分摊的部门

一个比较完整的综合利用水利工程的综合效益有防洪、发电、灌溉及城镇供水、航运、水产、旅游等，从一般原则上说，所有参加综合利用的部门都应参加费用分摊，但是由于参加综合利用的各部门在综合利用工程中所处的地位不同，如有的部门在综合利用工程中处于主导地位，对综合利用工程的建设规模和运行方式都有一定的要求；有的部门处于从属地位，对综合利用工程建设规模和运行方式都没有什么影响，主要是利用综合利用工程发挥本部门的效益；参加综合利用的各部门效益大小不同，效益发挥的快慢也不同。因此，不一定所有参加综合利用的部门都要参与费用分摊，应根据参加综合利用各部门在综合利用水利工程中的地位和效益情况，分析确定参加费用分摊的部门。

2. 划分费用和进行费用的折现计算

将综合利用水利工程的费用（包括投资和年运行费）划分为专用工程费用与共用工程费用，或可分离费用与剩余共用费用，并进行折现计算。

3. 确定采用的费用分摊方法

由于费用分摊问题十分复杂，涉及面广，到目前为止，还没有一种公认的可适用于各个国家和各种综合利用水利工程情况的费用分摊方法。因此，需根据设计阶段的要求和设计工程的具体条件（包括资料条件），选择适当的费用分摊方法。有条件时，可由各受益部门根据工程的具体情况共同协商本工程采用的费用分摊方法。对特别重要的综合利用水利工程，应同时选用2～3种费用分摊方法进行计算，选取较合理的分摊成果。

4. 进行费用分摊比例的计算

根据选用的费用分摊方法，计算分析采用的分摊指标，如各部门的经济效益、各部门等效替代工程的费用、各部门利用的水库库容、水量等实物指标等；再计算各部门分摊综合利用水利工程费用的比例和份额。当采用多种方法进行费用分摊计算时，还应对按几种方法计算的成果进行综合计算与分析，确定一个综合的分摊比例和份额。

5. 确定各部门分摊的费用以及在建设期内年度分配数额

根据分摊比例计算出参与分摊的各部分应承担的费用，为了满足动态经济分析的需要，还应研究各部门分摊费用在建设期内的年度分配数额，即费用流程。由于共用工程费用与各部门专用工程费用和配套工程费用的投入时间和年度分配情况都不相同。因此，不能按同一分摊比例估算各部门。在建设期内各年度的费用，应分别计算，其方法是：首先按各部门分摊比例乘以共用费用在建设期内各年度的费用数额，得到各部门各年度的共用费用数额，再加上本部门专用和配套工程费用在对应年度的费用数额，即为某部门分摊的费用在建设期各年度的数额。

综合利用水利工程各受益部门所分摊的费用，除应按照分摊原则分析其是否公平合理外，还应从以下各个方面进行合理性检查：

(1) 任何部门所分摊的年费用（包括投资年回收值和年运行费两个方面）不应大于本部门最优替代工程的年费用。在某种情况下，某一部门所分摊的投资，有可能超过替代工程的投资 $(K_i > K_替)$，而分摊的年运行费可能小于替代工程 $(U_i < U_替)$；在另一种情况下，可能出现 $(U_i > U_替)$，此时应调整 K_i 和 $K_替$，使总的分摊结果符合某部门所分摊总费用小于该部门最优等效替代工程的总费用的原则。

(2) 当某个部门的效能因兴建本项目而受到影响时，为恢复其原有效能而采取的补救措施所需费用应由建设单位承担；超过原有效能而增加的工程费用，应由该部门承担。

(3) 各受益部门所分摊的费用，不应小于因满足该部门需要所须增加的工程费用（即可分离费用），最少应承担为该部门服务的专用工程（包括配套工程）的费用。

(4) 任意若干部门分摊的费用之和都应不大于这几个部门联合兴建这项综合利用工程的费用。

如果检查分析时发现某部门分摊的投资和年运行费不尽合理时，应在各部门之间进行适当调整。

思 考 题 与 习 题

1. 综合利用水利工程为什么要进行投资费用分摊？在分摊过程中应该考虑哪些因素？

2. 投资费用分摊方法很多，各种方法的优缺点是什么，适用条件是什么？在应用中应注意哪些问题？各种方法还可以如何改进？

3. 如果综合利用水利工程某一部门（如水力发电）效益较大，某一部门（如航运）效益有得有失，得失相当，某一部门有负效益，某一部门占有专用库容较大或专用水量较多（如灌溉），但效益相对较小，对上述各部门应如何进行投资费用分摊？

第九章 水利工程效益计算方法

第八章阐述了综合利用水利工程的投资费用分摊的各种方法，只有对综合利用水利工程进行投资和运行费用分摊，才能正确分析计算防洪、治涝灌溉、城镇供水、乡村人畜供水、水力发电、航运等部门的经济效果，以加强经济核算，制订合理水价、电价，不断提高综合利用水利工程的经营和管理水平。本章主要介绍综合利用各部门的经济效益的计算方法。

根据水利工程的功能，所掌握的资料情况和经济分析计算的要求，水利工程各部门的效益一般可采用以下三种方法计算得出：

（1）计算水利工程兴建后可增加的实物产品产量或经济效益，作为该工程或功能的效益，如灌溉、城镇供水、乡村人畜供水、水力发电和航运等一般采用这种方法来估算效益。

（2）以水利工程兴建后可以减免的国民经济损失作为该工程或功能的效益，目前防洪、治涝工程一般用这种方法来估算效益。

（3）以最优等效替代方案的费用（包括投资和运行费）作为工程的效益。

我国大多数水利工程都具有两项以上的综合利用效益，综合利用效益就是由参加综合利用各部门的经济效益相加而成。由于综合利用水利工程各部门经济效益发挥时间不同、计算途径不同，因此，计算综合效益时不能采用各部门效益简单相加的方法，必须首先使各部门经济效益计算的口径和基础一致，即要使各部门的效益具有可加性。一般各部门效益均应采用同一方法计算的成果，且应采用各受益部门效益在计算期内的折现总值相加。

第一节 防 洪 效 益

防洪效益通常是指有防洪项目与无防洪项目相比时，可减免的洪灾损失和可增加的土地开发利用价值。洪灾损失通常包括经济损失和非经济损失两大部分，其中经济损失可划分为直接损失和间接损失。

防洪效益和水利建设项目的其他效益相比，具有下述特点：

（1）防洪项目主要作用是给防洪保护区以安全保障，使区内各部门免遭大洪水破坏。因此，防洪项目可减免的洪灾损失是其主要效益。

（2）防洪效益在年际之间变化很大，一般水文年份几乎没有效益，但遇大洪水年份时能体现出很大的效益。因此，防洪效益的大小不能仅按年计算。

（3）洪灾损失有经济损失和非经济损失，两者均有广泛的社会性，需从全社会角度考虑。

（4）随着国民经济的发展，防洪保护区内的工农业生产也随之发展和增长。所以防洪效益也将相应地增加。

（5）防洪项目有很大的社会效益，但作为防洪工程的管理单位，目前一般没有防洪财务收入，因此可以不进行财务分析。

一、洪灾损失计算方法

洪灾损失主要可分为以下 5 类：

（1）人口伤亡损失。

（2）城乡房屋、设施和物资损坏造成的损失。

（3）工矿停产、商业停业，交通、电力、通信中断等所造成的损失。

（4）农、林、牧、副、渔各业减产造成的损失。

（5）防洪、抢险、救灾等费用支出。

洪灾损失的大小与洪水淹没的范围、淹没的深度、淹没的对象、历时，以及发生决口时流量、流速有关，由于不同频率的洪水所引起的洪灾损失不同，一般必须通过对历史资料的分析选定场次洪水，然后统计该场次洪水的洪灾损失。

（一）直接洪灾损失的计算

对某场次洪水，首先应对洪水的淹没范围、淹没程度、淹没区的社会经济情况、各类财产的洪灾损失率及各类财产的损失增长率进行调查分析，有条件的应进行普查（对洪水淹没范围很大，进行普查有困难的地区，可选择有代表性的地区和城镇进行典型调查）。

社会财产的洪灾损失调查主要包括农、林、牧、副、渔，居民家庭生活耐用品及居民房屋，工商业的固定资产、流动资产，通信设施以及水利工程固定资产，交通运输等各项资产。在分类统计洪灾损失的基础上，求出在该场次洪水条件下的单位综合损失指标，一般以每亩综合损失值表示。

通过水文水利计算，对该场次洪水进行还原计算，将洪水还原至无工程前，求出无工程工况下的应淹面积，最后用洪水淹没面积的差值乘以单位综合损失指标（元/亩），即得出针对某一次洪水有、无防洪工程的直接洪灾损失。

（二）间接洪灾损失的计算

间接洪灾损失是指在洪水淹没区之外，没有与洪水直接接触，但受到洪水危害、同直接受灾的对象或其他方面联系的事物所受到的经济损失，主要表现在淹没区内因洪水淹没造成工业停产、农业减产、交通运输受阻中断，致使其他地区因原材料供应不足而造成的经济损失，亦称为洪水影响的"地域性波及损失"；洪水期后，原淹没区内因洪灾损失影响，使生产、生活水平下降，工农业产值减少所造成的损失，亦称为"时间后效性波及损失"。间接洪灾损失的大小与洪水大小和直接淹没对象有关，一般情况是：洪水越大，破坏作用越大，间接经济损失也越大；直接洪灾损失中工矿企业、交通运输损失比重大的地区的间接经济损失大于农业、住宅损失比重大的地区。

间接洪灾损失的计算，目前国内外还没有成熟的方法。国外一般是通过对已发生的洪水引起的间接损失作大量调查分析，估算不同行业和部门的间接损失量，推算它们与直接损失的关系，用百分数 k 值表示。我国对洪水间接损失研究起步较晚，调查研究工作也做得比较少。在三峡工程论证和"七五"国家科技攻关中，曾对这个问题作过初步调查研究。据对"75·8"河南驻马店地区间接损失的调查和计算分析,农业的间接损失量占"75·8"洪水直接损失总值的 26.2%;又据对荆江地区 1954 年洪水灾情调查及洪灾后农业生产发展水平的分析计算,农业的间接损失为直接损失的 28%。

为了合理计算和正确评价水利工程的防洪效益,在重视和加强间接防洪效益调查研究的同时,如果短期内难以取得本项目间接防洪效益资料,可暂时先根据本项目直接洪灾损失构成,参照国内外有关资料初步估算本项目间接防洪效益。具体计算时可将直接洪灾损失分为四类:①农业损失(包括农、林、牧、副、渔五业);②工商业损失;③交通运输损失;④住宅损失(包括公私房屋和其他财产)。然后分别乘以相应的 k 值,即为各类的间接洪灾损失。将各类的间接洪灾损失相加,即为间接防洪效益。

(三)增加土地开发利用价值的计算方法

防洪项目建成后,由于防洪标准提高,可使部分荒芜的土地变为耕地,使原来只能季节性使用的土地变为全年使用,使原来只能种低产作物的耕地变为种高产作物,使原来作农业种植的耕地改为城镇和工业用地,从而增加了土地的开发利用价值。由于增加的土地开发利用价值主要体现在土地不同用途所创造的净收益的差值方面,因此,增加的土地开发利用价值按有无该项目的情况下土地净收益的差值计算。农业土地增值效益等于由低值作物改种高值作物纯收入的增加。城镇土地增值效益等于工程对城镇地价影响的净增值,当防洪受益区土地开发利用价值增加而使其他地区的土地开发利用价值受到影响时(如一项工程可使城市发展转移到工程受益地区,致使替代地点地价跌落),其损失应从受益地区收益中扣除。

二、多年平均防洪效益计算方法

多年平均防洪效益计算方法主要有:减少损失法(包括频率法和实际年系列法)、保险费法和最优等效替代措施法。

(一)频率法

频率法可划分为经验频率法和理论频率法。该方法首先根据洪水资料和典型损失调查资料,计算出不同水文情况下"有"和"无"防洪工程时的淹没损失值,并在频率纸上点绘损失曲线。"有"和"无"两条频率曲线分别与两坐标轴所包围的面积,即为"有"和"无"防洪工程时的多年平均损失;两条曲线之间的面积即为多年平均防洪效益。频率法具体的计算步骤为:

(1)选择不同频率的洪水,对未修建工程前和修建防洪工程后分别计算受灾面积和洪灾损失,绘制修建工程前后的洪灾损失频率曲线图(图 9-1)。

(2)曲线与两坐标轴所包括的面积,即为修建工程前、后各自的多年洪灾损失(oac、obc)。并求出相应整个横坐标轴(0~100%)上的平均值,其纵标即为各自的年平均洪灾损失值。如图 9-1 中的 oe,即为未修工程前的年平均损失值,而 og 为修建该工程后的年平均损失值。两者的差值(ge)即为有、无防洪工程的年平均防洪效益。根据洪灾损失频率曲线(图 9-2),可将频率曲线化解为离散状态下利用式(9-1)求解多年平均洪灾损失 S_0:

$$S_0 = \sum_{P=0}^{1} (P_{i+1} - P_i)(S_{i+1} - S_i)/2 = \sum_{P=0}^{1} \Delta P \, \overline{S} \qquad (9-1)$$

式中　　P_i、P_{i+1}——两相邻频率；

　　　　S_i、S_{i+1}——两相邻频率的洪灾损失；

　　　　　ΔP——频率差，$\Delta P = P_{i+1} - P_i$；

　　　　　$\overline{S}$——平均经济损失，$\overline{S} = (S_i + S_{i+1})/2$。

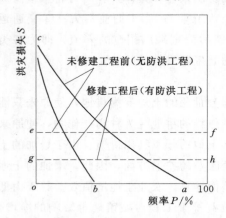

图 9-1　洪灾损失频率曲线　　　　　　　图 9-2　多年平均洪灾损失计算

　　频率法考虑了洪水频率大小与洪水损失的关系，洪水出现的几率越小，对应的洪量则越大，其损失也越大。频率法所获得的多年平均损失结果一般偏小。这种方法从数理统计理论方面讲是可取的，因此在拟建工程的防洪效益计算中得到了广泛应用。需要指出的是，频率法只是一种静态分析方法，它不能动态地分析计算多年平均年洪灾损失。

　　【例 9-1】　某江现状能防御 100 年一遇洪水，超过此标准即发生决口。该江某水库建成后，能防御 2000 年一遇洪水，超过此标准时也假定决口。修建水库前（现状）与修建水库后在遭遇各种不同频率洪水时的损失值，见表 9-1，试用频率法计算水库防洪效益。

表 9-1　　　　　　　　　　　**洪 灾 损 失 计 算 表**

工程情况	洪水频率 P	经济损失 S /亿元	频率差 ΔP	$\overline{S} = \dfrac{S_1 + S_2}{2}$ /亿元	$\Delta P \overline{S}$ /万元	年平均损失 $\sum \Delta P \overline{S}$ /万元	年平均效益 B /万元
修建水库前	>0.01	0				2768	
	≤0.01	22	0.008	26.5	2120		
	0.002	31	0.0018	36	648		
	0.0002	41					
修建水库后	>0.0005	0				75	2693
	≤0.0005	22	0.0003	25	75		
	0.0002	28					

　　解：根据表 9-1 所列数据进行洪灾损失计算，由式（9-1）可求得有水库比无水库年平均减少洪灾损失 2768－75＝2693 万元，即年平均防洪效益 b＝1841 万元。

（二）实际年系列法

实际年系列法是选择一段比较完整、代表性较好，并具有一定长度的实际年系列的洪水资料，分别求出各年有、无防洪工程情况下的洪灾损失值，然后再用算术平均法求其多年平均损失值，其差值即为防洪工程的多年平均防洪效益。

实际年系列法简单、直观，计算比较方便，缺点是典型系列不易选择。若系列中大洪水年份比较多，则多年平均损失就偏大；反之，结果偏小。该法常用于实际典型系列代表性较好的情况。应该强调，采用实际年系列法计算多年平均防洪效益时，所用的系列应具有较好的代表性，如缺乏大洪水年，应进行适当处理。

【例 9-2】 某水库 1950 年建成后对下游地区发挥了较大的防洪效益。据调查，在 1951—2010 年间共发生了 8 次较大洪水（1954 年、1956 年、1963 年、1981 年、1991 年、1996 年、2003 年、2007 年），由于修建了水库，这 60 年该地区均未发生洪水灾害。假若未修建水库，估计受灾损失如表 9-2 所列。

表 9-2 某地区 1951—2010 年在无水库情况下受灾损失估计

年 份	1954	1956	1963	1981	1991	1996	2003	2007
受灾损失/万元	3000	25200	5100	4500	83000	32000	90000	66000

解：将表 9-2 中 1954 年、1956 年、1963 年、1981 年、1991 年、1996 年、2003 年、2007 年受灾损失估计值累加起来，得到在这 60 年内，若未修建水库，受灾损失总计 308800 万元，相应年平均防洪效益约为 5146.7 万元/年。

（三）保险费法

为了补偿洪灾损失，在每年的国家预算中，需提取一定数额的洪水保险费，以扩大保险基金，作为补偿洪灾损失的预备费。采用防洪措施后，由于洪灾减轻，每年所需要的保险费相应减少。保险费法是以防洪项目所减少的保险费作为防洪效益，多年平均减少的保险费即作为防洪项目的多年平均防洪效益。保险费为保险额（年平均损失）与风险费之和，其计算公式如下：

$$保险费 = M + \sigma = M + \sqrt{\sum (S_i - M)^2 / (n-1)} \qquad (9-2)$$

式中　M——保险额，年平均洪灾损失；

　　　S_i——各年洪灾损失；

　　　n——统计年限。

对保险费法是否可作为计算防洪效益的一种方法，目前国内外认识还不一致。它也是一种间接计算方法，缺乏充分的理论依据。因此，防洪效益计算不宜采用保险费法。但洪水保险作为非工程措施的重要策略之一，还是具有重要价值的，应作进一步研究。

（四）最优等效替代措施法

该方法以最优等效替代方案的费用作为所评价项目的防洪效益。最优等效替代措施法的基本出发点是从防洪项目和替代措施的比较着手，研究单独满足防洪要求（防洪标准相同）的最有利替代措施所需费用，并以此作为所评价项目的防洪效益。该方法的根本缺陷是，替代方案的费用与所求工程的效益之间并无内在的必然联系。最优等效替代法是计算防洪效益的一种间接估算方法，在大多数情况下，它无法给出防洪项目符合实际的绝对效益指标，因此，很可能对经济评价产生不利影响。当然，通过防洪建设项目与等效替代措施之间年费用的比较，可以获得相对经济指标，用于建设项目的可行性研究。

三、洪灾损失增长率

随着国民经济的发展，在防洪保护区内的财产是逐年递增的，一旦遭受淹没，其单位面积的损失值也是逐年递增的。因此，防洪效益的计算应考虑洪灾损失增长率。

洪灾损失增长率是指发生同一标准的洪水时，洪灾损失随时间的变化程度。它与防护区内各类财产增长率、洪灾损失率的变化率、洪灾损失中各单项损失的组成比重变化情况有关。由于影响洪灾损失增长率的各项因素是变化的，在分析期内，洪灾损失增长率在年际之间一般也是变化的，可近似以多年平均值表示。洪灾损失增长率可通过调查分析获得。

设 S_0、A 分别为防洪工程正常运行期初防洪减淹范围内单位面积的年防洪效益及年减淹面积，则年防洪效益为

$$b_0 = S_0 A \qquad\qquad (9-3)$$

设防洪区内由于生产水平逐年增长，洪灾损失的年增长率为 j，则

$$b_t = b_0 (1+j)^t \qquad\qquad (9-4)$$

式中　b_t——防洪工程经济寿命期内第 t 年后的防洪效益期值；

　　　t——年份序号，$t=1, 2, \cdots, n$，n 为经济寿命，年。

第二节　治涝（渍、碱）效益

一、治涝（渍、碱）效益概念

农作物在正常生长时，植物根部的土壤必须有相当的孔隙率，以便空气及养分流通，促使作物生长。地下水位过高或地面积水时间过长，土壤中的水分接近或达到饱和时间超过了作物生长期所能忍耐的限度，必将造成作物的减产或萎缩死亡，这就是涝渍灾害。因此搞好农田排水系统，提高土壤调蓄能力，也是保证农业增产的基本措施。

内涝的形成，主要是暴雨后排水不畅，形成积水而造成灾害。在我国南方圩区，例如沿江（长江、珠江等）、滨湖（太湖、洞庭湖）的低洼易涝地区以及受潮汐影响的三角洲地区，这些地区的特点是地形平坦，大部分地面高程均在江、河（湖）的洪枯水位之间。每逢汛期，外河（湖）水位高于田面，圩内渍水无法自流外排，形成渍涝灾害，特别是大水年份，外河（湖）洪水可能决口泛滥，形成外洪内涝，严重影响农业生产。

平原地区的灾害，常常是洪、涝、旱、渍、碱交替发生。当上游洪水流经平原或圩区，超过河道宣泄能力而决堤、破圩时常引起洪灾。若暴雨后由于地势低洼平坦，排水不畅，或因河道排泄能力有限，或受到外河（湖）水位顶托，致使地面长期积水，造成作物淹死，即为涝灾。成灾程度的大小，与降雨量多少、外河水位的高低及农作物耐淹程度、积水时间长短等因素有关，这类灾害可称为暴露性灾害，其相应的损失称为涝灾的直接损失；有的由于长期阴雨和河湖长期高水位，使地下水位抬高，抑制作物生长而导致减产，

即为渍灾，或称潜在性灾害，其相应损失为涝灾的间接损失。在土壤受盐碱威胁地区，当地下水位抬高至临界深度以上，常易形成土壤盐碱化，造成农作物受灾减产，即为碱灾。北方平原例如黄、淮海某些地区，由于地势平坦，夏伏之际暴雨集中，常易形成洪涝灾害；如久旱不雨，则易形成旱灾；有时洪、涝、旱、渍、碱灾害伴随发生，或先洪后涝，或先涝后旱，或洪涝之后土壤发生盐碱化。因此必须坚持洪、涝、旱、渍、碱综合治理，才能保证农业高产稳产。

治涝必须采取一定的工程措施，当农田中由于暴雨产生多余的地面水和地下水时，可以通过排水网和出口枢纽排泄到容泄区（指承泄排水区来水的江、河、湖泊或洼淀等）内，其目的是为了及时排除由于暴雨所产生的地面积水，减少淹水时间及淹水深度，不使农作物受涝；并及时降低地下水位，减少土壤中的过多水分，不使农作物受渍。在盐碱化地区，要降低地下水位至土壤不返盐的临界深度以下，以改良盐碱地和防止次生盐碱化。条件允许时应发展井灌、井排、井渠结合控制地下水位。在干旱季节，则须保证必要的农田灌溉。

治涝工程具有除害的性质，工程效益主要表现在涝灾的减免程度上，即与工程修建前比较，修建工程后减少的那部分涝灾损失，即为治涝工程效益。

在一般情况下，涝灾损失主要表现在农田减产方面。只有当遇到大涝年份涝区大量积水时，才有可能发生房屋倒塌，工程或财产损毁、工矿企业停产、商业停业以及其他部门停工所造成的损失和政府部门为抢排涝水以及救济灾民所支出的医疗、临时安置费用等情况。涝灾的大小，与暴雨发生的季节、雨量、强度、积涝水深、历时、作物耐淹能力等许多因素有关。计算治涝工程效益或估计工程实施后灾情减免程度时，均须作某些假定并采用简化方法，根据不同的假定和不同的计算方法，其计算结果可能差别很大。因此在进行治涝经济分析时，应根据不同地区的涝灾成因、排水措施等具体条件，选择比较合理的计算分析方法。

治涝工程效益的大小，与涝区的自然条件、生产水平关系甚大。自然条件好、生产水平高的地区，农产品产值高，受灾时损失亦大，则治涝后效益也大；反之，原来条件比较差的地区，如治涝后生产仍然上不去，相应的工程效益也就比较小。此外，规划治涝工程时，应统筹考虑除涝、排渍、治碱、防旱诸问题，只有综合治理，才能获得较大的综合效益。

在计算除涝治渍效益时，应根据调查资料估算所减免的这些损失。由于渍涝灾害损失与暴雨发生季节、地点、暴雨量、积涝水深、积涝历时、地下水埋深、作物种植情况、作物耐淹或耐渍能力以及治涝工程的标准和排水区经济发展情况等密切相关，因此在计算排水工程实施前后的效益时，应当首先进行实地调查和试验研究，取得上述基本资料后进行分析计算。

二、治涝效益计算

治涝（渍）效益可以用实物量或货币量来表达，其中所减免农作物损失的实物量的表达方式有以下几种：

（1）减产率，是指农田受涝（渍）以后，与正常年景比较减产的百分数。这是一个相对指标，有一季作物减产率（指一季作物减产百分数），或单位面积减产率等不同定义。

减产率乘以正常年景的作物平均产出，即作物减产损失。在灾情过后，还要进行田间整理、清理淤积物等，或许还要增加投入。所以，减产损失要加上这一部分费用才是农田的灾害损失值。

（2）绝产率，是指不同减产程度受涝（渍）面积折算为颗粒无收面积占涝渍区面积的百分数。这也是一个相对指标。用这一百分率乘以淹没面积再乘以年均单产便可估计农作物受淹损失。

（3）绝产面积，是指涝（渍）区颗粒无收的面积。这是一个绝对指标，由于涝（渍）灾害有轻重之分，在实际工程中常用减免的农作物绝产面积来表示排水工程的效益。

除减免的农作物损失外，对于排水工程所减免的其他损失，可根据减免的受灾面积上的具体情况进行调查估算，将估算结果以实物量或货币量表示。其中实物量可以按受损失的财产、设施类别进行统计。例如，损失房屋（间）、牲畜（头）、公路（km）、铁路（m）等，并将所有的损失值（包括农作物损失）按影子价格折算为货币值（价值量）。

（一）涝灾频率曲线法

这种方法可用于计算已建工程的除涝效益。计算时应收集下述资料：

（1）排水区的长系列暴雨资料。

（2）排水工程兴建以前，历年排水区受灾面积及其相应灾情调查资料。

（3）排水工程修建后，涝灾发生情况的统计资料。

在此基础上，可按如下步骤计算除涝效益：

（1）对排水区的成灾暴雨进行频率分析。

（2）根据排水区受灾面积及其相应的灾情调查资料，用下式计算排水工程兴建前历年的绝产面积：

$$A_d = \sum_{i=1}^{m} A_i \gamma_i + A_c \qquad (9-5)$$

式中　A_d——绝产面积；

　　　γ_i——减产率，%；

　　　A_i——对应减产率 γ_i 的受灾面积；

　　　m——减产等级数；

　　　A_c——调查的完全绝产的面积。

减产成灾程度一般分为轻、中、重 3 个等级。如有的地方规定减产 20%～40% 为轻灾，40%～60% 为中灾，60%～80% 为重灾。

根据换算的绝产面积，即可求出绝产率，即：

$$\beta = \frac{A_d}{A} \times 100\% \qquad (9-6)$$

式中　β——绝产率；

　　　A——排水区总播种面积。

（3）以暴雨频率为横坐标，相应年份的绝产面积 A_d 为纵坐标，绘制排水区在工程兴建前历年的绝产面积频率曲线，如图 9-3 所示。

（4）根据工程兴建后历年的暴雨频率，查出相应的未建工程时的涝灾绝产面积，并与工程兴建后实际调查及统计资料的绝产面积相比较，其差值即为当年由于排水工程兴建而减少的绝产面积 ΔA，如图 9-3 所示。

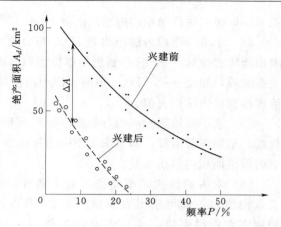

图 9-3　排水工程兴建前后暴雨
频率—绝产面积相关图

（5）以当年减少的绝产面积 ΔA 乘以当年排水区的正常产量，即为排水工程兴建后效益的实物量，再与单位产量的价格相乘即可得工程兴建后，该年所获治涝效益的价值量。

（6）对各年的治涝效益价值量求多年平均值，作为排水工程的效益。

此法适用于治涝地区在工程兴建前后都有长系列的多年受灾面积和相应的暴雨资料。经过实际资料分析验证，排水区绝产面积与成灾暴雨频率之间相关密切，其相关系数约为 $\gamma = 0.85$。

（二）内涝积水量法

在排水地区造成作物减产的因素十分复杂，不仅与暴雨量有关，而且与涝水淹没历时、淹没深度、作物种类、生长季节等有密切关系。为了计算除涝工程减免的内涝损失，特此作出如下几点假定：

（1）绝产面积随内涝积水量 V 而变化，即 $A_d = f(V)$。

（2）内涝积水量 V 是排水区出口控制点水位 X 的函数，即 $V = f(X)$，并假设内涝积水量仅随控制点水位而变，不受河槽断面大小的影响。

（3）假定灾情频率与降水频率和控制点的流量频率是一致的。

治涝工程效益的具体计算步骤如下：

（1）根据水文测站记录资料绘制修建治涝工程前排水区出口控制站的历年实际流量过程线。

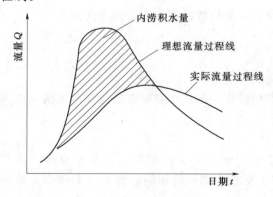

图 9-4　自流区排水过程线

（2）假设不发生内涝积水，绘制无工程时涝区出口控制站的历年理想流量过程线。理想流量过程线是指假定不发生内涝积水，所有排水系统畅通时的流量过程线，一般用小流域径流公式或用排水模数公式计算洪峰流量，再结合当地地形地貌条件，用概化公式分析求得理想流量过程线。

（3）推求单位面积的内涝积水量 V/A。把历年实际流量过程线及其相应的历年理想流量过程线对比，即可求出历年内涝积水量 V，如图 9-4 所示。除以该站以上的积水面

积 A，即得出单位面积的内涝积水量 V/A。

（4）求单位面积内涝积水量 V/A 和农业减产率 β 的关系曲线。根据内涝调查资料，求出历年农业减产率 β，绘制历年单位面积内涝积水量 V/A 和相应的历年农业减产率 β 的关系曲线，如图 9-5 所示。该曲线即为内涝损失计算的基本曲线，可用于计算各种不同治理标准的内涝损失值。

（5）求不同治理标准的各种频率单位面积的内涝积水量。根据各种频率的理想流量过程线，运用调蓄演算，即可求出不同治理标准（例如不同河道开挖断面）情况下，各种频率的单位面积内涝积水量。

（6）求内涝损失频率曲线。有了各种频率的单位面积内涝积水量 V/A 及 $\beta-V/A$ 关系曲线后，即可求得农业减产率 β。乘以计划产值，即可求得在不同治理标准下各种频率农业损失值。求出农业损失值后，再加上房屋、居民财产等其他损失，即可绘出原河治涝工程之前和各种治涝开挖标准的内涝损失频率曲线，如图 9-6 所示。

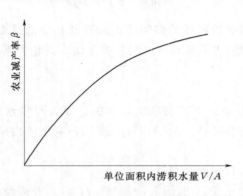

图 9-5　减产率 β—内涝积水量关系

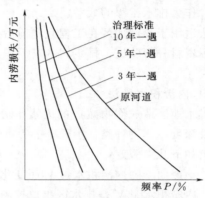

图 9-6　内涝损失—频率关系

（7）计算多年平均内涝损失和工程效益。对各种频率曲线与坐标轴之间的面积，取其纵坐标平均值，即可求出各种治涝标准的多年平均内涝损失值，它与原河道（治涝工程之前）的多年平均内涝损失的差值，即为各种治涝标准的工程年效益。

（三）合轴相关分析法

本法是利用修建治涝工程前的历史涝灾资料，来估计修建工程后的涝灾损失。

1. 该方法的几个假定

（1）涝灾损失随某一个时段的雨量而变。

（2）降雨频率与涝灾频率相对应。

（3）小于和等于工程治理标准的降雨不产生涝灾，超过治理标准所增加的灾情（或涝灾减产率）与增加的雨量相对应。

2. 计算步骤

（1）选择不同雨期（例如 1 天、3 天、7 天、…、60 天）的雨量，与相应涝灾面积（或涝灾损失率）进行分析比较，选出与涝灾关系较密切的降雨时段作为计算雨期，绘制计算雨期的雨量频率曲线，如图 9-7 所示。

（2）绘制治理前计算雨期的降雨量 P 和前期影响雨量之和 $P+P_a$ 与相应年的涝灾损

失（涝灾减产率 β）关系曲线，如图 9-8 所示。

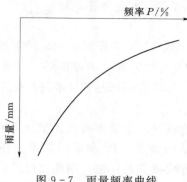

图 9-7 雨量频率曲线   图 9-8 治理前雨量-涝灾减产率曲线

（3）根据雨量频率曲线、雨量（$P+P_a$）-涝灾减产率曲线，用合轴相关图解法，求得治理前涝灾减产率频率曲线，如图 9-9 中的第一象限所示。

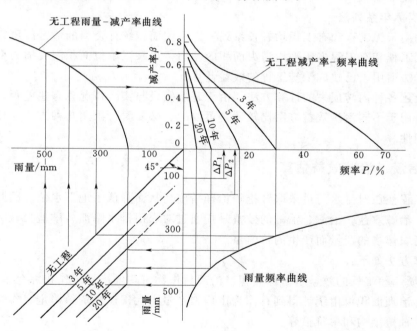

图 9-9 合轴相关图

（4）按治涝标准修建工程后，降雨量大于治涝标准的雨量 $P+P_a$ 时才会成灾，例如治涝标准 3 年一遇和 5 年一遇的成灾降雨量较治理前成灾降雨量各增加 ΔP_1 和 ΔP_2，则 3 年一遇和 5 年一遇治涝标准所减少的灾害即由 ΔP_1 和 ΔP_2 造成的，因此在图 9-9 的第三象限作 3 年一遇和 5 年一遇两条平行线，其与纵坐标的截距各为 ΔP_1 和 ΔP_2 即可。对于其他治涝标准，作图方法相同。

（5）按照图 9-9 中的箭头所示方向，可以求得治涝标准 3 年一遇和 5 年一遇的减产率频率曲线。

（6）量算减产率频率曲线和两坐标轴之间的面积，便可求出治理前后治理标准3年一遇、5年一遇的年平均涝灾减产率的差值，由此算出治涝工程的年平均效益。

（四）暴雨笼罩面积法

此法假定涝灾是由于汛期内历次暴雨量超过设计标准暴雨量所形成的，涝灾虽与暴雨的分布、地形、土壤、地下水位等因素有关，但认为这些因素在治理前后的影响是相同的，涝灾只发生在超标准暴雨所笼罩的面积范围内，年涝灾面积与超标准暴雨笼罩面积的比值假设在治理前后是相等的。

根据历年灾情系列资料，计算并绘制治理前的涝灾减产率频率曲线，统计流域内各雨量站的降雨量 P 及其相应的前期影响雨量 P_a，绘制雨量 $P+P_a$ 和暴雨笼罩面积关系曲线。计算治理前各年超标准暴雨笼罩面积及其实际涝灾面积的比值，用此比值乘以治理后不同治涝标准历年超设计标准暴雨的笼罩面积，即可计算出治理后各不同治涝标准的年平均涝灾面积和损失值，其与治理前年平均涝灾损失的差值，即为治涝工程的效益。本法可用于较大的流域面积。

（五）实际年系列法

此法适用于无工程和有工程均有长系列多年受灾面积统计资料的地区。可以根据实际资料计算无工程和有工程多年平均涝灾面积的差值，再乘以单位面积涝灾损失率，得出治涝效益。本法适用于已建成治涝工程的效益计算。

对于上述各种内涝损失的计算方法，由于基本假设与实际情况总有些差距，因而尚不太完善，但用于不同治涝效益方案比较还是可以的。必要时可采用几种方法互相检验计算成果的合理性。

三、治渍、治碱效益估算

治涝工程往往对排水河道采取开挖等治理措施，从而降低了地下水位。因此，同时带来了治渍、治碱效益。治渍、治碱的效益是指通过对农田排水降渍、淋盐爽碱、改良土壤等措施提高农作物的产量而产生的价值量。

其估算方法如下：

$$治渍（碱）工程的效益 = 治理面积 \times 治理后作物亩均增产量 \times 作物综合单价 \quad (9-7)$$

其中：治理面积可由统计得到；作物亩均增产量由大田试验资料确定；作物综合单价由农作物的种植结构和单价估算。

第三节 灌 溉 效 益

一、灌溉工程的类型

灌溉工程按照用水方式，可分为自流灌溉和提水灌溉；按照水源类型，可分为地表水灌溉和地下水灌溉；按照水源取水方式，又可分为无坝引水、有坝（低坝）引水、抽水取水和水库取水等。

当灌区附近水源丰富，河流水位、流量均能满足灌溉要求时，即可选择适宜地点作为取水口，修建进水闸引水自流灌溉（无坝引水）。在丘陵山区，灌区位置较高，河流水位不能满足灌溉要求时，可从河流上游水位较高处引水，借修筑较长的引水渠以取得自流灌溉的水头（无坝引水），或者在河流上修建低坝或闸，抬高水位，以便引水自流灌溉（有坝引水）。与无坝引水比较，有坝引水虽然增加了拦河闸坝工程，但可缩短引水干渠，经济上可能是合理的。

若河流水量丰富，但灌区位置较高，则可考虑就近修建提灌站（抽水取水）。这样，干渠工程量小，但增加了机电设备投资及其年运行费。

当河流来水与灌溉用水不相适应时，即河流的水位及流量均不能满足灌溉要求时，必须在河流的适当地点修建水库进行径流调节（水库取水），以解决来水和用水之间的矛盾，综合利用河流的水利资源。采用水库取水，必须修建大坝、溢洪道、进水闸等建筑物，这样工程量较大，且常带来较大的水库淹没损失，投资也较大。

对某一灌区，通常要综合各种取水方式，形成蓄、引、提水相结合的灌溉系统。在灌溉工程规划设计中，究竟采用何种取水方式，应通过不同方案的技术经济分析比较确定。

根据灌溉用水输送到田间的方法和湿润土壤的方式，灌溉方法大致可分为喷灌、滴灌和地下灌溉等几大类。由于我国水资源短缺，应提倡采用节水灌溉，尽量提高水资源的利用率。

二、灌溉效益的概念

灌溉效益（Irrigation Benefit）是指兴建了灌溉工程以后，由于水利灌溉的作用与未进行灌溉时相比较所增加的农产品（包括主、副产品）的产量或产值。或者说，主要是在相同的自然、农业生产条件下，比较有灌溉措施和无灌溉措施时的农业产量（或产值），其增加的产量（或产值）即为灌溉效益。

灌溉工程效益包括灌溉效益，灌溉效益是灌溉工程效益的主要组成部分，但并不是其全部。灌溉工程效益是指修建工程以后与修建以前相比较，所增加的全部收益。它的含义比较广泛，除灌溉效益以外，还包括其他效益：利用渠道引水，改善、解决了农村的生活和工业用水；利用渠道通航，改善交通条件；沿渠堤种植林木果树，增加的收益；利用渠道水头落差修建小水电或加工农产品；以及由于改变了作物种植计划（旱地改水浇地，旱作改水稻，单季改双季等），增加了农业产量等，以上这些效益的全部或其中一部分，都属于灌溉工程效益的范畴，在计算灌溉工程效益时应全面加以分析考虑，才能反映客观情况。

这里只讨论灌溉效益的计算，不涉及灌溉工程效益的全面计算。

由于灌区修建灌溉工程后农作物的增产效益是水利和农业两种措施综合作用的结果，应该对其效益在水利和农业之间进行合理的分摊。一般来说，有两大类计算方法：

（1）对修建灌溉工程后的增产量进行合理分摊，从而计算出灌溉分摊的增产量，并用分摊系数 ε 表示部门间的分摊比例。

（2）扣除农业生产费用，求得灌溉后增产的净产值作为灌溉分摊的效益。

此外，还有最优等效替代费用法、缺水损失法和影子水价法等。

由于我国幅员辽阔，各地气象、水文、土壤、作物构成及其他农业生产条件相差甚大，因此灌溉效益也不尽相同。我国南方及沿海地区，雨量充沛，年平均降雨量一般在

1200mm 以上，旱作物一般不需要进行灌溉，这类地区灌溉工程的效益主要表现为：

（1）提高灌区原有水稻种植面积的灌溉保证率，增产增收。

（2）作物的改制，如旱地改水田，冬季蓄水的灌水田改种两季作物等，扩大灌溉面积。

（3）由于水利条件的改善或灌溉水源得到保证以及农业技术措施的提高，可能引起作物品种（例如杂交水稻）推广等。

而在西北地区，由于雨量少、蒸发量大，年平均降雨量一般仅为 200mm 左右。干旱是这类地区的主要威胁，因此灌溉工程的效益显著，主要表现在农作物的稳产、高产方面。华北地区基本上属于这一类型。

三、灌溉效益计算方法

（一）分摊系数法

灌区灌溉工程修建以后，农业技术措施一般有较大改进，此时应将灌溉效益在水利和农业部门之间进行合理分摊，以便计算灌溉工程措施的经济效益，其计算表达式为

$$B = \varepsilon\Big[\sum_{i=1}^{n}A_i(Y_i - Y_{0i})P_i + \sum_{i=1}^{n}A_i(Y'_i - Y'_{0i})P'_i\Big] \tag{9-8}$$

式中　　B——灌区水利工程措施分摊的多年平均年灌溉效益，元；

A_i——第 i 种作物的种植面积，hm^2；

Y_i——灌溉工程修建后第 i 种作物单位面积的多年平均单位面积产量，kg/hm^2，可根据已建灌溉工程、灌溉试验站、类似灌区调查或试验资料确定；

Y_{0i}——无灌溉措施时第 i 种作物单位面积的多年平均单位面积产量，kg/hm^2，可根据无灌溉措施地区的调查资料分析确定；

P_i、P'_i——相应于第 i 种农作物产品主、副产品的价格，元/kg；

Y'_i、Y'_{0i}——有、无灌溉的第 i 种农作物副产品如棉籽、棉秆、稻草、麦秆等单位面积的多年平均单位面积产量，kg/hm^2，可根据调查资料确定；

i——表示农作物种类的序号；

n——农作物种类的总数目；

ε——灌溉效益分摊系数。

计算时，多年平均产量应根据灌区调查材料分析确定。若利用试验小区的资料，则应考虑大面积上的不均匀折减系数。当多年平均产量调查有困难时，也可以用近期的正常年产量代替。各地区采取灌溉工程措施而使农业增产的程度，变幅很大，在确定相应数值时应慎重。对于各种农作物的副产品，亦可合并以农作物主要产品产值的某一百分数计算。

现将灌溉效益分摊系数的计算方法简要介绍如下。

1. 根据历史调查和统计资料确定分摊系数 ε

对具有长期灌溉资料的灌区，进行深入细致的分析研究后，常常可以把这种长系列的资料划分为三个阶段：

（1）在无灌溉工程的若干年中，农作物的年平均单位面积产量，以 $Y_{无}$（kg/亩）表示。

（2）在有灌溉工程后的最初几年，农业技术措施还没有来得及大面积展开，其年平均单位面积的产量，以 $Y_{水}$（kg/亩）表示。

（3）农业技术措施和灌溉工程同时发挥综合作用后，其年平均单位面积产量，以 $Y_{水+农}$ （kg/亩）表示。则灌溉工程的效益分摊系数

$$\varepsilon = \frac{Y_水 - Y_无}{Y_{水+农} - Y_无} \qquad\qquad (9-9)$$

2. 根据试验资料确定分摊系数

设某灌溉试验站，对相同的试验田块进行下述试验：

（1）不进行灌溉，但采取与当地农民基本相同的旱地农业技术措施，其单位面积产量为 $Y_无$ （kg/亩）。

（2）进行充分灌溉，即完全满足农作物生长对水的需求，但农业技术措施与上述基本相同，其单位面积产量为 $Y_水$ （kg/亩）。

（3）不进行灌溉，但完全满足农作物生长对肥料、植保、耕作等农业技术措施的要求，其单位面积产量为 $Y_农$ （kg/亩）。

（4）使作物处在水、肥、植保、耕作等农业技术措施都是良好的条件下生长，其单位面积产量为 $Y_{水+农}$。

灌溉工程的效益分摊系数：

$$\varepsilon_水 = \frac{Y_水 - Y_无}{(Y_水 - Y_无) + (Y_农 - Y_无)} \qquad\qquad (9-10)$$

农业措施的效益分摊系数：

$$\varepsilon_农 = \frac{Y_农 - Y_无}{(Y_水 - Y_无) + (Y_农 - Y_无)} \qquad\qquad (9-11)$$

由上述两式可知

$$\varepsilon_水 + \varepsilon_农 = 1 \qquad\qquad (9-12)$$

我国东部半湿润半干旱实行补水灌溉的地区，灌溉项目兴建前后作物组成基本没有变化时，灌溉效益分摊系数大致在 $0.2 \sim 0.6$，平均为 $0.40 \sim 0.45$。丰、平水年和农业生产水平较高的地区取较低值，反之取较高值；我国西北、北方地区取较高值，南方、东南地区取较低值。在年际间也有变化，丰水年份水利灌溉作用减少，而干旱年份则水利灌溉作用明显增加。在实际确定灌溉工程的效益分摊系数时，应结合当地情况，尽可能选用与当地情况相近的试验研究数据。

（二）扣除农业生产费用法

本法是从农业增产的产值中，扣除农业技术措施所增加的生产费用（包括种子、肥料、植保、管理等所需的费用）后，求得农业增产的净产值作为水利灌溉效益；或者从有、无灌溉的农业产值中，各自扣除相应的农业生产费用，分别求出有、无灌溉的农业净产值，其差值即为水利灌溉效益。这种扣除农业生产费用的方法，目前为美国、印度等国家所采用。

（三）以灌溉保证率为参数推求多年平均增产效益

灌溉工程建成后，当保证年份及破坏年份的产量均有调查或试验资料时，则其多年平均增产效益 B 可按下式进行计算：

$$\begin{aligned}
B &= A[Y(P_1 - P_2) + (1-P_1)\alpha_1 Y - (1-P_2)\alpha_2 Y]V \\
&= A[YP_1 + (1-P_1)\alpha_1 Y - (1-P_2)\alpha_2 Y - YP_2]V \\
&= A[YP_1 + (1-P_1)\alpha_1 Y - Y_0]V
\end{aligned} \qquad\qquad (9-13)$$

式中　A——灌溉面积，hm^2；

P_1、P_2——有、无灌溉工程时的灌溉保证率（Probability of Irrigation）；

Y——灌溉工程保证年份的多年平均单位面积产量，kg/hm^2；

$\alpha_1 Y$、$\alpha_2 Y$——有、无灌溉工程在破坏年份的多年平均单位面积产量，kg/hm^2；

α_1、α_2——产量折减系数，简称减产系数；

Y_0——无灌溉工程时多年平均单位面积产量，kg/hm^2；

V——农产品价格，元/kg。

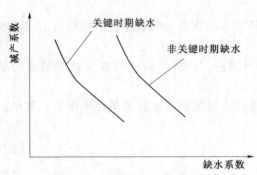

图 9-10　减产系数 α 与缺水系数 β 的关系

当灌溉工程建成前后的农业技术措施有较大变化时，均需乘以灌溉工程效益分摊系数 ε。

减产系数 α 取决于缺水数量及缺水时期，一般减产系数和缺水量、缺水时间存在如图 9-10 所示的关系。

图 9-10 中

缺水系数：

$$\beta = \frac{缺水量}{作物在该生育阶段的蓄水量} \tag{9-14}$$

减产系数：

$$\alpha = \frac{作物在生育阶段缺水后实际产量}{水分得到满足情况下产量} \tag{9-15}$$

以上两个系数均可通过调查或试验确定。

（四）其他方法

在计算灌溉工程效益时，如果没有调查资料或试验资料，也可采用如下其他方法。

1. 缺水损失法

以减免的缺水损失作为灌溉工程效益。

2. 综合效益计算法

将灌溉效益与治碱治渍等效益结合起来进行综合效益计算，减少分摊计算和避免重算或漏算。

3. 影子水价法

水的影子价格反映了单位水量给国民经济提供的效益，因而灌溉水的影子价格可以作为度量单位水量灌溉效益的标准。某年的灌溉效益可根据以下公式计算：

$$B = WSP_w \tag{9-16}$$

式中　B——灌区某年的灌溉效益；

W——灌区某年的灌溉用水量；

SP_w——灌溉水的影子价格。

由于不同地区以及同一地区不同年份灌溉水资源量及其分布都是不同的，此外，各地水资源的供求状况、稀缺程度各异，使得确定灌溉水的影子价格有一定的难度。因此，该方法适用于已进行灌溉水影子价格研究并取得合理成果的地区。

4. 最优等效替代费用法

以最优等效替代工程的费用作为灌溉工程的效益，最优等效替代工程要保证替代方案是除了拟建工程方案之外的最优方案。

【例 9 - 3】 某灌溉为主兼顾防洪、发电、供水的水库于 2006 年开工，计划 5 年内建成。按影子价格调整后投资为 16 亿元。2011 年起工程投产。水库灌溉库容 $V_{灌}=16$ 亿 m^3，发电库容 $V_{电}=3.3$ 亿 m^3，供水（包括工业和生活用水）库容 $V_{供}=3.0$ 亿 m^3，发电、灌溉、供水共用库容 $V_{共}=3.8$ 亿 m^3，死库容 1.8 亿 m^3，估计水库的平均年运行费为 3000 万元。位于水库下游的灌溉工程，计算灌溉面积 30.604 万 hm^2，工程于 2009 年开工，7 年内建成。按影子价格调整后投资为 2.5 亿元，计划于 2011 年开始灌溉。灌溉面积逐年增加，至 2016 年达到设计水平，每年灌溉 30.604 万 hm^2。灌溉工程年运行费估计为 420 万元。灌溉工程的生产期为 40 年（2016—2055 年）。本灌溉区的主要作物为冬小麦、棉花和玉米，单产及价格指标见表 9 - 3。在计算农作物的产值时，尚应计入 15% 的副产品的产值。经调查和对实际资料分析，取灌溉效益分摊系数 $\varepsilon=0.55$。试计算灌区投产后达到设计水平年的各年灌溉效益。

表 9 - 3　　　　　　　　　　　　　**灌区作物的单产和价格指标**

作物 项　　目	冬小麦	棉花	春玉米	夏玉米
种植面积比/%	70	20	10	70
无灌溉工程时年产量/(kg/hm²)	3005	420	2515.5	2225
有灌溉工程时设计年产量/(kg/hm²)	5330	930	4550	4305
作物影子价格/(元/kg)	1.8	7.8	1.3	1.3

注　冬小麦收割后即种植夏玉米。

解: 1. 水库投资分摊计算

(1) 水库投资分摊，可按各部门使用的库容比例进行分摊。死库容可从总库容中先予以扣除，共用库容从兴利库容中扣除，则灌溉工程应分摊的水库投资比例为 $\beta_{灌}$，即

$$\beta_{灌}=\frac{(V_{灌}+V_{电}+V_{供})-V_{供}}{V_{总}-V_{死}}\times\frac{V_{灌}}{V_{灌}+V_{电}+V_{供}}=\frac{V_{灌}-\dfrac{V_{灌}}{V_{灌}+V_{电}+V_{供}}V_{共}}{V_{总}-V_{死}}$$

$$=\frac{16-\dfrac{16}{16+3.3+3.0}\times3.8}{28.0-1.8}=0.507$$

(2) 2006—2010 年各年灌溉部门应分摊的投资见表 9 - 4。

表 9 - 4　　　　　　　　　　　　**灌溉部门各年应分摊的建库投资**　　　　　　　　　单位：亿元

年份 项　　目	2006	2007	2008	2009	2010	合计
水库总投资	2.3	4.7	5.3	2.3	1.4	16
灌溉部门应分摊投资	1.1661	2.3829	2.6871	1.1661	0.7098	8.112

2. 灌溉工程年运行费计算

(1) 水库年运行费分摊，根据上述原则按各部门使用的库容比例进行分摊。已知水库的年运行费为 3000 万元，则灌溉应分摊水库的年运行费为 $3000 \times 0.507 = 1521$ 万元。

(2) 灌区达到设计水平年后年运行费为 420 万元。在投产期（2011—2015 年）内，灌区年运行费按各年灌溉面积占设计水平年灌溉面积的比例进行分配，再加上灌溉分摊水库部分的年运行费后即为灌溉工程的年运行费，见表 9-5。

表 9-5　　　　　　　　　　灌溉部门各年应分摊的运行投资

年　份	2011	2012	2013	2014	2015	2016	2017	…	2055
灌溉面积/万 hm²	5.434	10.868	16.302	21.736	27.17	30.604	30.604	…	30.604
年运行费/万元	1596.6	1670.1	1744.7	1819.3	1893.9	1941	1941	…	1941

3. 灌溉工程国民经济效益计算

(1) 根据灌区各农作物的种植面积比例，由式（9-8）可计算设计水平年的灌溉效益。

$$B = \varepsilon \left[\sum_{i=1}^{n} A_i (Y_i - Y_{0i}) P_i + \sum_{i=1}^{n} A_i (Y_i' - Y_{0i}') P_i' \right]$$
$$= 0.55 \times [30.604 \times 70\% \times (5330 - 3005) \times 1.5 + 30.604 \times 20\% \times (930 - 420)$$
$$\times 7.8 + 30.604 \times 10\% \times (4550 - 2515.5) \times 1.3 + 30.604$$
$$\times 70\% \times (4305 - 2225) \times 1.3](1 + 15\%)$$
$$= 85681 (万元)$$

(2) 灌区投产后达到设计水平前的各年灌溉效益分别见表 9-6。

表 9-6　　　　　　　　　　灌区各年灌溉面积及灌溉效益

年　份	2011	2012	2013	2014	2015	2016
灌溉面积/万 hm²	5.434	10.868	16.302	21.736	21.17	30.604
灌溉效益/万元	14280	28560	42841	57121	71401	85681

第四节　城　镇　供　水　效　益

新中国成立以来，随着工业的迅速发展和城市人口的大量增加，近几年全国约有 110 多个城市先后发生了较为严重的缺水情况，北京、天津以及滨海城市大连、青岛等大城市均曾出现过供水十分紧张的局面，其主要原因是我国北方地区水资源缺乏。解决途径主要是节流开源，一方面大力采取各种节约用水措施，提高水的重复利用率；另一方面逐步建设跨流域调水工程，例如南水北调等工程。

城镇用水主要包括生活（指广义生活用水）、工业和郊区农副业生产用水。生活用水主要指家庭生活、环境、公共设施和商业用水；工业用水主要指工矿企业在生产过程中用于制造、加工、冷却、空调、净化等部门的用水。据统计，在现代化大城市用水中，生活用水约占城市总用水量的 30%～40%，工业用水约占 60%～70%。城镇用水一般不考虑气候变化的影响，在某一规划水平年是不变的，它只在年内变化，而没有年际间的变化。

　　水利建设项目的城镇供水效益主要反映在提高工业产品的数量和质量以及提高居民的生活水平和健康水平上。城镇供水效益不仅仅是经济效益，更重要的是其有难以估算的社会效益。城镇供水效益目前尚无完整的计算方法。根据《水利建设项目经济评价规范》（SL 72—2013），城镇供水项目的效益是指有、无项目对比可为城镇居民增供生活用水和为工矿企业增供生产用水所得的国民经济效益。其计算方法有以下几种。

一、缺水损失法

　　缺水损失法是按缺水使城镇工矿企业停产、减产等造成的损失计算该项目的城镇供水年效益。本法适用于现有供水工程不能满足城镇工矿企业用水或居民生活用水需要，导致工矿企业停产、减产或严重影响居民正常生活的缺水地区。

　　采用本法时，应进行水资源优化分配，按缺水造成的最小损失计算。

　　一般按限制一些耗水量大、效益低的工矿企业用水造成的多年平均损失计算，或按挤占农业用水所造成的农业损失计算。

　　1. 工业缺水损失法

　　根据缺水情况，按工矿企业停产、减产造成的减产值，扣除其耗用的原材料、能源等费用计算。如果停产时间较长，还应计入设备闲置的费用。

　　2. 农业缺水损失法

　　农业缺水损失（此时假定城市供水是调用灌溉水），可根据由于灌溉水的减少使农业增产效益减少，农业所减少的效益作为供水效益。

　　与缺水损失法相类似的另一种方法是缺水影响法，即在缺水地区，当供水成为工矿企业发展的制约因素，不解决供水问题，工矿企业就不能在本地兴建，需要迁移厂址（如迁到水资源丰富的地区兴建）时可以采用缺水影响法。该法认为：缺水地区兴建工矿企业新增的产值扣除工业生产成本和建厂资金的合理利润（一般可采用反映社会平均利润率的社会折现率）后的效益均为供水的效益。与计算农业灌溉效益的扣除农业成本法不同的是，工业供水效益除扣除工业生产成本外，还要扣除建厂投资的合理利润，因为这笔建厂资金，如果投在缺水地区得不到合理利润，它就会转移到其他可获得合理利润的地区去。

　　缺水影响法的表达式如下：

$$B_水 = B_工 - C_工 - \sum_{t=1}^{n'} I_{1i}(1+i_s)^t i_s - I_2 i_s \qquad (9-17)$$

式中　　$B_水$——工业供水经济效益；

　　　　$B_工$——有供水项目时的工业增产值；

　　　　$C_工$——工业生产中不包括水的生产成本费用；

　　　　I_{1i}——新建工业企业第 i 年的投资；

　　　　n'——工业企业建设期，年；

　　　　I_2——流动资金；

　　　　i_s——社会折现率。

二、分摊系数法

本法是按有该项目时工矿企业的增产值乘以供水效益的分摊系数近似估算，适用于方案优选后的供水项目。

采用分摊系数法关键是如何确定分摊系数，把供水效益从工业总效益中分出来。目前确定分摊系数的方法有投资比法、固定资产比法、占用资金比法、成本比法、折现年费用比法等多种方法；分摊方式有分摊工业净产值和分摊工业毛产值两种情况。采用不同的计算方法，计算结果相差较大。在具体工程中，常用的计算方法是投资比法和固定资产比法，一般是根据供水工程在工业生产中所占投资的比例分摊供水后工矿企业增加的净产值，再减去工业供水成本费用作为工业供水的经济效益。

【例 9-4】 某市拟建一供水工程。该城市现有供水工程投资占该市工业总投资的 8％，该城市的工业万元总产值用水量为 145m³，设工业净产值为工业总产值的 35％。试计算供水效益。

解： 按"投资比法"确定的分摊系数为 0.08。

每立方米供水的效益为

$$10000 \div 145 \times 35\% \times 8\% = 1.93(元)$$

分摊系数法是目前在计算城镇供水经济效益中使用最多，又是争论最大的一种方法，存在供水项目投资越大，供水效益越大的不合理现象。在采用本法时，应同时采用其他方法进行验证。

三、影子水价法

按项目城镇供水量乘以该地区的影子水价计算。本法适用于已经进行水资源影子水价分析研究的地区。这里的影子水价是指水作为产出物的影子价格，可通过分解区域供水边际成本研究确定或按城镇用水户可接受的水价分析确定。

四、最优等效替代法

该方法以最优等效替代方案的费用作为所评价项目的供水效益。最优等效替代措施法的基本出发点是从供水项目和替代措施的比较着手，研究单独满足供水要求的最有利替代措施所需费用，并以此作为所评价项目的供水效益。其主要计算步骤和内容可归纳为以下几个方面：

依据供水工程的条件和标准，选择一组现实可行的替代方案。所选方案应保证在数量、质量、时间和可靠性方面均能同等程度地满足同一地区国民经济发展对供水的要求。对于有些方案除了能满足供水这一主要要求外，还可产生其他的综合效益，而另外一些方案则因客观条件限制不能同等程度产生某项综合利用效益时，可以对能满足供水要求但又能产生其他效益的方案进行费用分摊，从其总费用中扣除该效益所应承担的费用，再与其他方案作比较。

在设计深度与基本资料精度基本一致的基础上计算各替代方案的折算费用，计算费用的内容包括工程建设费用、运行管理费用以及其他和方案有关的费用。

比较各替代方案折算费用的大小，其中折算费用最小的方案即为最优的替代方案，其所需费用即为所求供水项目的供水效益。

一般来说，可作为城镇供水替代方案的有：开发本地地面水资源、开发本地地下水资源、跨流域调水、海水淡化、采用节水措施、挤占农业用水或其他一些耗水量大的工矿企业（包括将某些耗水量大的工矿企业迁移到水资源丰富的地区）。以上是几项替代措施不同的组合替代方案（各项替代措施替代多少供水量需根据拟建供水工程供水区的具体条件研究确定，必要时可研究几种不同的组合方案进行比较，选择最优方案作为综合替代方案的代表方案）。节水措施是指节水工程或技术措施，如提高水的重复利用率、污水净化、减少输水损失及改进生产工艺、降低用水定额等。由于各地区的水资源条件千差万别，必须根据各地区的具体情况，对替代方案开展大量的设计研究。

对可以找到等效替代方案替代该项目向城镇供水的，可按最优等效替代工程或节水措施所需的年费用计算该项目的城镇供水年效益。对有兴建替代工程条件和可实施节水措施相结合的综合替代措施，替代该项目向城镇供水的，可按综合替代措施所需的年费用计算该项目的城镇供水效益。

最优等效替代法在国外应用较为广泛，但对我国水资源严重缺乏地区，难以找到合理可行的替代方案，此法在应用上受到限制。

【例 9 - 5】　引黄济青工程以"引水工程"和"海水淡化"两项工程作为最优等效替代方案。五龙河等四项引水工程多年平均引水量 6410 万 m^3，工程投资 20256 万元（按一次投入计算），工程有效使用期 30 年，年运行费为 1999.01 万元。此外每年尚缺 530 万 m^3 的水，由海水淡化供给，工程投资 7100 万元（按一次投入计算），工程有效使用期 20 年，年运行费为 392.2 万元。经济报酬率取 8%，试用替代方案法计算引黄济青工程供水的毛效益。

解：引水工程每立方米水的年费用计算：
$$[20256(A/P,8\%,30)+1999.01]\div6410=0.59(元/m^3)$$

淡化海水每立方米水的年费用计算：
$$[7100(A/P,8\%,20)+392.2]\div530=2.11(元/m^3)$$

根据多年平均供水量，这两个替代方案的综合供水年费用为 1.54 元$/m^3$，此值即每立方米供水的经济效益。

随着我国工业化和城市化水平不断提高，城镇用水量占整个用水量的比重越来越大，合理计算城镇供水效益对正确评价供水工程的经济效益具有重要作用。但目前计算城镇供水效益的方法还不够完善，现对上述各种供水效益计算方法进行如下探讨。

1. 工业缺水损失法

缺水使工业生产遭受的损失，可由新建的供水工程弥补这个损失，由此计算作为新建工程的效益，关键问题在于如何估算损失值。由于缺水，工厂企业不得不停产、减产，因部分原材料、燃料、动力并不需要投入，因此减产、停产的总损失值扣除这部分的余额，才是缺水减产的损失值。

在水资源缺乏地区，当供水工程不能满足各部门的需水要求时，可按产品单位水量净产值的大小进行排队，以便进行水资源优化分配，使因缺水而使工业生产遭受的损失值最小。如可能，应找出缺水量与工矿企业经济损失值作为新建供水工程的年效益更为合理些。

2. 分摊系数法

按供水在生产中的地位分摊总效益，求出供水效益。把供水工程作为整个工矿企业的有机组成部分之一，按各组成部分占用资金的大小比例确定效益的分摊系数。此法没有反映水在生产中的特殊重要性，没有体现水利是国民经济的基础产业，因此采用此法所求的供水效益可能偏低。

3. 最优等效替代工程法

最优等效替代工程法适用于具有多种供水方案的地区，能够较好地反映替代工程的劳动消耗和劳动占用，避免了直接进行供水经济效益计算中的困难，替代工程的投资与年运行费是比较容易确定和计算的。此法实际上是一种间接确定供水工程效益的方法，其中很重要的问题是所选的替代工程是否达到了"等效"和"最优"目的，因此在工程实践中要尽量地去进行筛选。此外，这种方法存在的根本缺陷是替代方案的费用与所求工程效益之间并无内在的必然联系。

由于上述计算供水效益的几种方法均存在一些问题，在实际计算时应根据当地水资源特点及生产情况与其他条件，选择其中比较适用的计算方法。

需要说明的是，在国民经济评价阶段，应按影子价格计算供水工程的经济效益；在财务评价阶段，应按财务价格及有关规定计算供水工程实际财务受益。

第五节　乡村人畜供水效益

近些年来，随着我国农村经济的发展，乡村人畜供水工程也得到蓬勃发展，大多数乡村得到了洁净卫生的自来水供应。目前有些乡村兴建的人畜供水工程，与节水灌溉系统结合在一起，利用蓄水池调节水量，水池进水管与灌溉系统联为一体，水池出水管只供人畜供水或兼负部分经济作物的微灌，充分利用了水利工程，避免了重复建设，节约了建设资金。

水利建设项目的乡村人畜供水效益应按该项目向乡村提供人畜用水可获得的效益计算，其计算方法有以下几种。

一、直接效益计算

在进行国民经济评价时，乡村人畜供水效益分类主要有：①节省运水的劳力、畜力、机械和相应的燃料、材料等费用；②改善水质，减少疾病可节省的医疗、保健费用；③增加畜产品可获得的效益以及农民的庭院经济效益等。

1. 节约劳动力效益

节约劳动力效益可分为两部分：一是节约取水劳动力所需的直接工日费用；二是所节约取水劳动力可能创造的价值。乡村供水工程运行后，受益户平均节约取水劳动力 0.3 工日/(d·户)，若按每户 4 人计，人均节约劳动力系数为 7.5%，则节约劳动力效益可按下式估算：

$$F_1 = AC(0.3/x)(q_1 + q_2) \tag{9-18}$$

式中　F_1——节约劳动力效益，元；

x——户均人数；

A——供水工程供水人数；

q_1——当地劳动力工日费，元/工日；

q_2——当地劳动力平均每工日所能创造的价值，元/工日；

C——折算系数，取 $0.8 \sim 1.0$ 之间。

2. 健康效益

健康效益指因供水工程的建设改变了受益人群的饮水条件，水媒介疾病下降，减少医疗费用及增加劳动出工率所产生的经济效益，采用市场价值综合计算方法估算：

$$F_2 = \sum_{i=1}^{n} ADI(m+w) \tag{9-19}$$

式中 F_2——节约劳动力效益，元；

D——工程建成前当地受益人口发病基数，万人·年；

I——工程建成后水致病递减率，%；

m——工程建成前人均医疗费，元/（人·年）；

w——人均产值，元/（人·年）；

n——水致病发生的种类数；

其余符号意义同前。

3. 增加畜产品效益

增加畜产品效益可分为大牲畜增产效益和小家禽增产效益两部分，可采用市场价综合估算：

$$F_3 = a(S_1 d_1 + S_2 d_2) R_c \tag{9-20}$$

式中 F_3——增加畜产品效益，元；

a——受益农户数；

S_1——农户受益后户均增养大牲畜数，头；

d_1——大牲畜平均产值，元/头；

S_2——农户受益后户均增养小家禽数，只；

d_2——小家禽平均产值，元/只；

R_c——小家禽产值提高系数，取 $10\% \sim 20\%$；

其余符号意义同前。

4. 庭院经济效益

供水工程建成后，不仅解决了人畜饮水问题，农户庭院经济也将有所发展，如栽植果树类经济作物，种植蔬菜等。此部分增值效益可按下式计算：

$$F_4 = aTR_c \tag{9-21}$$

式中 F_4——庭院经济效益，元；

T——受益前农户多年平均庭院收入，元；

其余符号意义同前。

通过以上计算后，乡村人畜供水工程效益值为：$F = F_1 + F_2 + F_3 + F_4$。

二、影子水价法

该方法按项目乡村生活供水量乘以该地区的影子水价计算。本法适用于已经进行水资源影子水价分析研究的地区。这里的影子水价可通过分解区域供水边际成本研究确定或按乡村生活用水户可接受的水价分析确定。

三、最优等效替代法

该方法以最优等效替代方案的费用作为所评价项目的乡村人畜供水效益。其主要计算步骤和内容同本章第四节。

可作为乡村人畜供水的替代方案通常有：开发本地地面水资源；开发本地地下水资源；完善自来水管网；采取节水措施；推广规模化生产，牲畜集中饲养等方案。

对可以找到等效替代方案替代该项目向乡村人畜供水的，可按最优等效替代工程或节水措施所需的年费用计算该项目的城镇供水年效益。

同样，对有兴建替代工程条件和可实施节水措施相结合的综合替代措施，替代该项目向乡村人畜供水的，可按综合替代措施所需的年费用计算该项目的乡村人畜供水效益。

第六节　水力发电效益

一般电力系统是把若干座不同类型的发电站（水电站、火电站、核电站、抽水蓄能电站等）用输电线、变电站、供电线路联络起来成为一个电网，统一向许多不同性质的用户供电，满足各种负荷要求。由于各种电站的动能经济特性不同，不同类型电站在统一的电力系统中运行，可以使各种能源得到更充分合理的利用，电力供应更加安全可靠，供电费用更加节省。这里首先简要介绍水电站、火电站的主要经济特性，在此基础上介绍水力发电效益计算方法。

一、电站的投资与年运行费

1. 水电站的投资

水电站的投资，一般包括永久性建筑工程（如大坝、溢洪道、输水隧洞发电厂房等）、机电设备的购置和安装、施工临时工程及库区移民安置等费用所组成。从水电工程基本投资的构成比例看，永久性建筑工程约占 32%～45%，主要与当地地形、地质、建筑材料和施工方法等因素有关；机电设备购置和安装费用约占 18%～25%，其中主要为水轮发电机组和升压变电站，其单位千瓦投资与机组类型、单机容量大小和设计水头等因素有关；施工临时工程投资约占 15%～20%，其中主要为施工队伍的房建投资和施工机械的购置费等；库区移民安置费用和水库淹没损失补偿费以及其他费用共约占 10%～35%，这与库区移民的安置数量、水库淹没的具体情况与补偿标准等因素有关。关于远距离输变电工程投资，一般并不包括在电站投资内，而是单独列为一个工程项目。由于水电站一般远离负荷中心地区，输变电工程的投资有时可能达到水电站本身投资的 30% 以上，当与火电站进行经济比较时，应考虑输变电工程费用。

水电站单位千瓦投资与电站建设条件关系很大，20世纪50年代平均单位千瓦投资约为1000元左右，后来由于水电站开发条件逐渐困难，库区移民安置标准适当提高，施工机械化程度不断提高，加上物价水平不断上升等原因，水电站平均单位千瓦的投资60年代约为2000元左右，70年代约为3000元左右，80年代约为4000元左右，90年代约为5000元左右，进入21世纪后水电站单位千瓦投资已达1万元左右。

2. 水电站的年运行费

水电站为了维持正常运行每年所需要的各种费用，统称为水电站的年运行费，其中包括下列各个部分：

(1) 维护费（包括大修理费）。为了恢复固定资产原有的物质形态和生产能力，对遭到耗损的主要组成部件进行周期性的更换与修理，统称为大修理。为了使水电站主要建筑物和机电设备经常处于完好状态，一般每隔两三年须进行一次大修理。由于大修理所需费用较多，因此每年从电费收入中提存一部分费用作为基金供大修理时集中使用。

$$大修理费＝固定资产原值×大修理费率 \qquad (9-22)$$

此外，尚需对水库和水电站建筑物及机电设备进行经常性的检查、维护与保养，包括对一些小零件进行修理或更换所需的费用。

(2) 材料、燃料及动力费。水电站材料费系指库存材料和加工材料的费用，其中包括各种辅助材料及其他生产用的原材料费用。燃料及动力费系指水电站本身运行所需的燃料及厂用电等动力费。

(3) 职工薪酬。包括工资和福利费以及各种津贴和奖金等，可按电厂职工编制计算。

(4) 水资源费。水电厂与水库管理处往往隶属于不同的行政管理系统，由于近来强调进行企业管理，因此电厂发电所用的水量应向水库管理处或其主管单位缴付水资源费。汛期内水电站为了增发电量减少无益弃水量的水价应更低廉些。

(5) 其他费用。包括保险费、行政管理费、办公费、差旅费等。

以上各种年运行费，可根据电力工业有关统计资料结合本电站的具体情况计算求出。当缺乏资料时，水电站年运行费可按其投资或造价的1%～2%估算，大型电站取较低值，中小型电站取较高值。

3. 水电站的年费用

为了综合反映水电站所需费用（包括一次性投资和经常性年运行费）的大小，常用年费用表示。

(1) 当进行静态经济分析时，水电站年费用为年折旧费与上述年运行费之和，其中

$$年折旧费＝固定资产原值×年综合折旧费率 \qquad (9-23)$$

根据资本保全原则，当项目建成投入运行时，其总投资形成固定资产、无形资产、其他资产和流动资产四部分，因此从水电站总投资中扣除后三部分后即得固定资产原值。关于年综合折旧率，当采用直线折旧法并不计其残值时，则

$$年综合折旧费率＝1/固定资产综合折旧年限 \qquad (9-24)$$

式中，折旧年限一般采用经济使用年限（即经济寿命）。设水电站主要建筑物的经济寿命定为50年，则其折旧率为2%；设水电站机电设备的经济寿命为25年，则其折旧率为4%，其余类推。根据水电站各固定资产原值及其折旧年限，可求出其综合折旧年限。

根据现行财税制度，水电站发电成本主要包括年折旧费与年运行费两大部分，此即为水电站的年费用。

（2）当进行动态经济分析时，水电站年费用 $NF_水$ 为资金年摊还值（资金年回收值）与年运行费之和，即

$$NF_水＝水电站固定资产原值×[A/P,i,n]＋年运行费 \tag{9-25}$$

当进行国民经济评价时，式（9-25）中固定资产原值与年运行费均应按影子价格计算，i_s 为社会折现率；当进行财务评价时，则按财务价格计算，i 为行业基准收益率；n 为水电站的经济寿命；$[A/P,i,n]$ 为资金摊还因子（或称资金回收因子）。

4. 火电站的投资

火电站的投资应包括火电厂、煤矿、铁路运输、输变电工程及环境保护等部门的投资。火电厂本身单位千瓦投资比水电站少，主要由于其土建工程及移民安置费用比水电站少得多。据统计，在火电厂投资中土建部分约占 24%～36%，机电设备部分约占 43%～54%，安装费用约占 15%～18%，其他费用约占 3%～8%。关于煤矿投资，各地区由于煤层地质构造及其他条件的影响，吨煤投资差别较大，火电厂单位千瓦装机容量年需原煤 2.5t 左右，相应煤矿投资约为火电厂单位千瓦投资的 40%～50%。火电厂的地点可以修建在负荷中心地区，这样可以节省输变电工程费用；或者修建在煤矿附近，一般称为坑口电厂，这样可以节省铁路运输费用，均应根据技术经济条件而定。有关火电输变电工程及铁路运输的投资合计折算为火电厂单位千瓦投资的 50%～60%。此外，火电厂及煤矿对附近地区污染比较严重，应考虑环境保护措施。据初步估计，火电厂的消烟、去尘、除硫设施等投资，约为火电厂本身投资的 25%。综上所述，仅就火电厂本身投资而言，约为同等装机容量水电站投资的 1/2～2/3，但如包括煤矿、铁路、输变电工程及环境保护措施在内的总投资，一般与同等装机容量的水电站投资（亦包括输变电工程等投资）相近。

5. 火电厂的年运行费

火电厂的年运行费包括固定年运行费和燃料费两大部分，固定年运行费主要与装机容量的大小有关，燃料费主要与该年发电量的多少有关。

（1）固定年运行费。主要包括火电厂的大修理费、维修费、材料费、工资及福利费、水费（冷却用水等）以及行政管理费等。以上各种固定年运行费可以根据电力工业有关统计资料结合本电站的具体情况计算求出。由于火电厂汽轮发电机组、锅炉、煤炭运输、传动、粉碎、燃烧及除灰系统比较复杂，设备较多，因而运行管理人员亦比同等装机容量的水电站要增加若干倍。当缺乏资料时，火电厂固定年运行费可按其投资的 6% 左右估算。

（2）燃料费。火电厂的燃料费 $u_燃$，主要与年发电量 $E_火$（kW·h）、单位发电量的标准煤耗 e [kg/(kW·h)] 及折合标准煤的到厂煤价 $p_燃$（元/kg）等因素有关，即

$$u_燃＝E_火\,ep_燃 \tag{9-26}$$

必须说明，如果火电站的投资中包括了煤矿及铁路等部门所分摊的投资，则燃料费应该只计算到厂燃煤所分摊的年运行费；如果火电站的投资中并不考虑煤矿及铁路等部门的投资，仅指火电厂本身的投资，则燃料费应按照当地影子煤价（国民经济评价时）或财务煤价（财务评价时）计算。

6. 火电站的年费用

（1）当进行静态经济分析时，火电站年费用主要为固定资产折旧费与上述固定年运行费和燃料费三者之和，即

$$年费用＝固定资产年折旧费＋固定年运行费＋年燃料费 \qquad (9-27)$$

火电站固定资产年综合折旧率一般采用4%。

火电站固定资产＝火电站总投资×固定资产形成率（一般采用0.95），或从其总投资中扣除无形资产、其他资产和流动资金后求出。

（2）当进行动态经济分析时，火电站年费用 NF_k 为资金年摊还值（资金年回收值）与固定年运行费与燃料费三者之和，即

$$NF_k＝火电站固定资产原值×[A/P,i,n]$$
$$＋固定年运行费＋年燃料费 \qquad (9-28)$$

式中　$[A/P,i,n]$——资金摊还因子（资金年回收因子）；

　　　　　n——火电站经济寿命，一般采用25年；

　　　　　i——社会折现率（国民经济评价时）或行业基准收益率（财务评价时）。

二、水力发电效益计算方法

1. 水力发电国民经济效益

在水电建设项目国民经济评价中，水电站工程效益可以用下列两种方法之一表示其国民经济效益。

（1）用水电站的影子电费收入作为水电站的国民经济效益。

即按水电建设项目向电网或用户提供的有效电量乘以电价进行计算。

其计算表达式为

$$B_水 = \sum_{t=1}^{n} Q_t(1-r)p(1+i_s)^{-t} + \sum_{t=1}^{n} Q'_t(1-r)(p-p')(1+i_s)^{-t} \qquad (9-29)$$

式中　$B_水$——发电经济效益（计算期总现值）；

　　Q_t——第 t 年期望多年平均发电量，按预计可被电网吸收的电量计算；

　　r——厂用电率或输电损失率；

　　p——计算电价（按影子价格计算）；

　　Q'_t——由于设计电站兴建使电力系统内其他电站在第 t 年由季节性电能变为保证电能的电量；

　　p'——季节性电能电价（按影子价格计算）；

　　i_s——社会折现率；

　　n——计算期。

本法的关键是合理确定影子电价。各电网的影子电价应由主管部门根据电力发展的长期计划进行预测，并定期公布。缺乏资料时，可按成本分解法，计算该项目和最优等效替代方案在计算期内电量的平均边际成本，作为该项目的影子电价；也可按电力规划部门对该项目所在电网制定的电力发展的中长期计划，确定规划期内电网将兴建的全部电源点，

输电设施及增加的电量，计算规划期内电量的平均边际成本，作为该项目的影子电价。

(2) 用同等程度满足电力系统需要的替代电站的影子费用，作为水电站的国民经济效益。

在目前情况下，水电站的替代方案应是具有调峰、调频能力并可担任电力系统事故备用容量的火力发电站。一般认为，为了满足设计水平年电力系统的负荷要求，如果不修建某水电站，则必须修建其替代电站，两者必居其中之一。换句话说，如果修建某水电站，则可不修建其替代电站，所节省的替代电站的影子费用（包括投资、燃料费与运行费），可以认为这就是修建水电站的国民经济效益。由于火电站的厂用电较多，为了向电力系统供应同等的电力和电量，因此替代电站的发电出力 $N_火$ 应为水电站发电出力 $N_水$ 的 1.1 倍，即 $N_火 = 1.1 N_水$；替代电站的年发电量 $E_火$ 应为水电站年发电量 $E_水$ 的 1.05 倍，即 $E_火 = 1.05 E_水$。因此根据设计水电站的装机容量和年发电量，即可换算出替代电站的装机容量和年发电量及其所需的固定年运行费和燃料费，根据式 (9－28)，即可求出替代电站的年费用 $NF_火$，这就是水电站的国民经济年效益 $B_水$，即 $B_水 = NF_火$。

2. 水力发电财务效益

在水电建设项目的财务评价中，水电站工程效益通常用供电量销售收入所得的电费，作为水电站的财务效益，一般按下列两种情况进行核算。

(1) 实行独立核算的水电建设项目：

$$销售收入所得电费 = 上网电量 \times 上网电价$$

其中：上网电量 = 有效发电量 × (1－厂用电率) × (1－配套输变电损失率)

有效发电量是指根据系统电力电量平衡得出的电网可以利用的水电站多年平均年发电量。

上网电价 = 发电单位成本(按上网电量计) + 发电量单位税金 + 发电量单位利润

当采用多种电价制度时，销售收入为按不同电价出售相应电量所得的总收入。

(2) 实行电网统一核算的水电建设项目：

$$电网销售收入所得电费 = 总有效发电量 \times (1－厂用电率)$$

$$\times (1－线损率) \times 售电单价 \qquad (9－30)$$

$$水电站分摊效益 = 电网销售收入所得电费 \times \frac{水电站发电成本}{电网售电成本} \qquad (9－31)$$

此外，还应根据贷款本息偿还条件，测算为满足本建设项目还贷需要的电网销售电价。必要时还应根据水电站发电量的峰、谷特性或在丰、枯水季节，分析实行多种电价的现实性与可行性。

水电建设项目的实际收入，主要是发电量销售收入所得的电费，有时还有从综合利用效益中可以获得的其他实际收入。

第七节　航　运　效　益

兴修水库、渠化天然河道，是改善航道、发展水运的重要工程措施之一。因此，一般来说，水利工程建成后对航运的影响，有利的方面是主要的；但由于水利工程建成后改变了河道的天然状况，也将产生一些新的矛盾和问题。

水利工程建成后，可以改善枢纽上下游的航道条件，例如：枢纽上游，由于水位抬高，滩险被淹没，库区形成优良的深水航道；枢纽下游，由于水库调节，枯水期流量加大，相应可增加枯水期航深，在汛期可削减洪水期的洪峰，减少洪水流速，对航运有利的中水期持续时间增长，从而为促进航运现代化，降低航运成本，增加水运的竞争能力创造条件。不过，水利工程建成后，隔断了原航道，改变了枢纽上下游的水流条件，也将给航运带来一些不利影响和可能产生一些新问题，主要表现在以下几个方面：①增加船舶过坝的环节和时间；②水库变动回水区泥沙淤积对航运的影响；③水电站日调节所产生的不稳定流对航运的影响；④清水下泄对下游航运的影响（水利工程建成后，初期下泄水流中的含沙量显著减少，下游河床将发生长距离冲刷，引起同流量下水位降低，这将对航运产生一定影响，需研究措施予以解决）；⑤工程建设期间对航运的临时影响。

因此，分析与计算水利工程的航运效益时需从有利和不利两个方面全面加以考虑。

一、航运效益的特点

水利工程航运效益是指项目提供或改善通航条件所获得的效益。和其他部门的效益相比，航运效益有以下一些特点：

（1）既有正效益（有利影响），又有负效益（不利影响）。从部门效益来说，水利工程效益中航运部门的负效益的比例要比其他部门的负效益比例大。

（2）航运效益发挥的过程比较长，一般要经过几十年的时间才能达到设计水平。航运设计规范规定：航运建筑物的设计水平年为航运建筑物建成投入运行后的 $15\sim25$ 年（水电站设计水平年一般为第一台机组投入运行后的 $5\sim10$ 年）。据三峡工程规划设计资料，三峡船闸建成投入 30 年以后才能达到 $5\times10^{7}\text{t}$ 的设计能力（因为运量的增长有一个过程）。

（3）航运部门为实现水利工程的航运效益的配套工程量大。航运效益主要由航道、船舶、港口三部分组成，而航道效益又是通过船舶效益体现出来的，兴建水利工程后改善了枢纽上下游的航道条件，为发展航运创造了有利条件，但要实现这个效益，还需要有相应的船舶和港口码头的建设，其所需要的投资费用远大于航运部门应承担的水利枢纽工程的投资费用。

（4）社会效益是航运效益的主要方面，而这部分效益的定量计算还比较困难，因此，目前计算的航运直接效益只是水利工程航运效益中的一小部分。例如：据三峡工程论证航运专家组分析，三峡工程航运直接效益表现为改善河流的航运条件，减少船舶运行费用等；三峡工程的航运社会效益则是改善长江航运，为加强我国西南地区与中部地区、沿海地区及其他地区的经济联系创造了极为有利的条件，对于加强西南的经济发展具有积极的促进作用。

航运是一个系统，一般来说，通航里程越长，航运网络越发达，航运经济效益越好，因此，水利工程航运效益的发挥情况（程度）还与河道梯级渠化的程度有关。为此，应加快河流的梯级开发，特别是对改善和发展河流有重大影响的水利工程（例如位于调节水电站下游的反调节水库）应提前建设。

根据航运效益的特点，航运经济效益的评价应重视系统观点，按整个航运系统和运输全过程考虑。

二、航运效益计算方法

航运效益的计算一般采用对比法和最优等效替代方案法两种。

1. 对比法

所谓对比法就是按有、无水利工程项目对比节省运输费用、提高运输效率和提高航运质量可获得的效益计算。采用对比法时，航运效益主要表现如下：

（1）替代公路或铁路运输所能节省的运费。

（2）提高和改善港口靠泊条件和通航条件所能节省的运输、中转及装卸等费用。

（3）缩短旅客和货物在途时间，缩短船舶停港时间等所带来的效益。

（4）提高航运质量，减少海损事故所带来的效益。

一般以计算期的总折现效益或年折现效益表示。各项效益计算公式如下：

（1）节省运输费用效益（B_1）的计算公式：

$$B_1 = C_w L_w Q_n + C_z L_z Q_z + C_m L_m Q_g/2 - (Q_n + Q_z + Q_g/2)C_y L_y \tag{9-32}$$

式中　C_w、C_z、C_y——无项目、原相关线路、有项目时的单位运输费用，元/（t·km）、元/（人·km）；

L_w、L_z、L_y——无项目、原相关线路、有项目时的运输距离，km；

C_m、L_m——无项目时各种可行的运输方式中最小的单位运输费用，元/（t·km）、元/（人·km）和相应的运输距离，km；

Q_n、Q_z、Q_g——正常运输量、转移运输量和诱发运输量，万 t/年、万人次/年。

（2）提高运输效率效益（B_2）的计算公式。提高运输效率效益包括缩短旅客在途时间效益（B_{21}）、缩短货物在途时间效益（B_{22}）以及缩短船舶停港时间效益（B_{23}），计算公式分别为

$$B_{21} = (T_n Q_{np} + T_z Q_{zp})b_p/2 \tag{9-33}$$

式中　T_n、T_z——正常客运和转移客运中旅客节约的时间，h/人；

Q_{np}、Q_{zp}——正常客运和转移客运中生产人员数，万人次/年；

b_p——旅客的单位时间价值（按人均国民收入计算），元/h。

$$B_{22} = S_p Q T_s i_s (365 \times 24) \tag{9-34}$$

式中　S_p——货物的影子价格，元/t；

Q——运输量，万 t/年；

T_s——有项目时的缩短的运输时间，h；

i_s——社会折现率。

$$B_{23} = C_{sf} T_{sf} q \tag{9-35}$$

式中　C_{sf}——船舶每天维持费用，万元/（艘·天）；

T_{sf}——船舶全年缩短的停留时间，天；

q——数量，艘。

（3）提高航运质量的计算公式

$$B_3 = \alpha Q S_p + P_{sh} M \Delta J + B_{31} \tag{9-36}$$

式中 α——有项目时航运货损降低率；

　　P_{sh}——航运事故平均损失费，万元/次，可参照现有事故赔偿及处理情况拟定；

　　M——航运交通量（可换算 t·km）；

　　ΔJ——有项目时航运事故降低率；

　　B_{31}——项目减免难行和急滩航运节省的费用，万元/年。

如上所述，水利工程的航运效益包括水利工程建成后扩大航道通过能力，增加客货运量所带来的效益和在河道原有通过能力范围内降低航运成本和节省航道维护费所带来的效益；同时，水利工程建成后也可能给航运带来一些负效益，因此，水利工程比较完整的航运效益可用下式表达：

$$B = B_1 + B_2 + B_3 - B_4 \qquad (9-37)$$

式中 B——航运经济效益；

　　B_4——航运负效益。

2. 最优等效替代方案法

可作为水利工程航运作用替代方案的有：疏浚、整治天然航道；修建铁路、公路分流或采用整治天然航道和修建铁路或公路分流相结合的方案。一般情况是：在运量较小的中小型河流上，航运替代方案可采用修建公路（原为不通航的中小河流）或整治天然河道结合公路分流（原为通航的中小河流）；在运量较大的大江大河上，航运替代方案可采用整治天然河道结合铁路分流的方案。例如：三峡工程航运替代方案经反复研究比较后，选用了"以整治川江航道扩大通过能力的水运为主，辅以出川铁路分流的方案"。

替代方案规模的确定一般按水利工程建成后，水库航道的通过能力与水利工程建成前天然河道通过能力之差来确定。考虑水库航道（特别是湖泊型水库）的通过能力很大（例如：三峡工程建成后据测算水库通过能力在 1 亿 t 以上），充分利用需要相当长的时间，因此，在作经济分析时一般可按水利工程通航建筑物的设计通过能力与天然航道通过能力之差来计算。

由于计算航运效益的客货运量的增长是随着国民经济发展逐步增加的，因此，水利工程建成后扩大的航道通过能力，大部分要在水利工程建成后相当长的一段时间才能发挥作用，相应替代这一部分航运效益的工程措施亦应安排在这一时期内建成投产（要考虑相应的施工建设期），不需与水利工程同时兴建，以免造成投资积压。

第八节　其他水利效益

水利工程除有以上主要效益外，还有旅游效益、水产效益、水土保持效益、水质改善效益等。

一、旅游效益

水利工程建成后，水利工程和水库及其周围地区环境得到美化，旅游景点增加，提高了该地区的旅游价值。水利旅游的主要活动内容有游览观光、度假、避暑、疗养、游泳、划船、钓鱼等水上娱乐及体育活动等。

旅游经济效益主要包括两方面：一是直接增加的旅游经济收入；二是间接促进地区交通、商业、服务业、工艺手工业等的发展。估算旅游效益通常有旅游费用法和旅游日价值法。

旅游费用法是指工程建成后旅游点的年平均人次乘以每人次的旅游费用，即为旅游点的旅游经济效益。旅游费用包括旅行费用和时间费用两部分。旅行费用包括入场费、厂址使用费、膳宿费和到达旅游地点的旅费。时间费用指旅游人因旅游而放弃的工资收入。在我国，旅游休养虽不扣工资，但经济计算中，仍应按其平均工资按天计算。如果旅游人是学生、退休干部或家庭妇女，则可不计工资收入。

旅游日价值法是建立在调查统计的基础上，即对周围地区现有旅游点的近几年旅游受益情况、旅游人次和旅游人情况（包括年龄、职业、工资收入、支付的旅游费用等）进行详细的调查，调查方式包括直接访问、收集资料和寄送调查表格，调查对象有各级旅游管理部门和旅客。通过详细调查收集资料，再进行整理分析，可求得某地区比较可靠的旅游日平均价值。旅游日平均价值乘上旅游点预计的年旅游人日，就可得到该旅游点的旅游效益。如果规划的旅游点的旅游设施高于或低于周围地区旅游点的平均水平，可以酌量加大或减少旅游日平均价值。

旅游社会效益主要表现在提供游览、娱乐、休息和体育活动的良好场所，丰富人民的精神生活，增进身心健康，以及提供就业机会等。

旅游环境效益主要有：为旅游目的对水域及周围山川、道路、村庄等环境进行改善；因旅游引起对水域的污染，这是一种负效益，应当引起注意，特别是对生活饮用水水源地，有时应禁止进行旅游。

二、水产效益

水利工程建成后，水库的水域宽广，水源充沛，水质良好，饵料丰富，可以放养鱼、蟹等水生动物，库边可种植苇、藕、菱等水生植物并饲养鸭、鹅、水獭等。水库养殖所获得的经济效益主要是：直接增加水产品的产量和产值并间接促进水产品加工业的发展，其水产效益按利用该项目提供的水域，结合其他措施进行水产养殖所获得的效益计算。主要计算方法有增加收益法和最优等效替代法。增加收益法是按水利工程建成后增加的水产品的产量乘价格计算。最优等效替代法是以替代方案的费用（目前一般选择精养鱼作为替代方案）作为水库的水产效益。水库养殖的社会效益，主要是丰富人民的生活，增加当地的就业机会等。

三、水土保持效益

为了防治水土流失，保护、改良与开发、利用水土资源，在土地利用规划基础上，对各项水土保持措施作出综合配置，对实施的进度和所需的劳力、经费作出合理安排的总体计划。

水土保持效益具体体现在以下几方面：

（1）保持水土，减少水、肥、土的流失，从而增加了当地农、林、牧等业的各项受益。

（2）减少泥沙对河道、水库和其他水利工程的危害，节省了河道、渠道等的清淤费用，延长了水库的使用寿命。

（3）减少山洪、泥石流的灾害，减少抗灾费用的投入。

（4）保持和改善了生态环境，如减低风速、防治风沙灾害、改善小区气候、美化环境等。

由于水土保持措施的许多效益难以定量，所以在计算时，常常只考虑采取水土保持措施后，农、林、牧业等受益的增量，以及减少水土流失方面的效益。下面对这两方面的效益计算方法进行介绍。

1. 农、林、牧业的增量效益

这项效益主要是指实施水土保持措施后，各类产品如粮食、果品、枝条、果品等净增的产量，其计算公式为

$$Z_j = (P_b - P_a)SJ \tag{9-38}$$

式中　P_b——由于水土保持作用，单位面积上的多年平均产品的产量；

　　　P_a——水土保持措施前，单位面积上产品的多年平均产量；

　　　S——水土保持措施的年保存及新发展的面积之和；

　　　J——单位产品的产值；

　　　Z_j——第 j 种产品（如粮食、果品、枝条、饲料等）所获得的增产年值。

农、林、牧业等的年总增产效益 Z_s 为

$$Z_s = \sum_{j=1}^{n} Z_j \tag{9-39}$$

式中　j——水土保持措施实施后产品类型的序号；

　　　n——水土保持措施实施后产品类型的总数目。

2. 拦泥保土效益

拦泥保土是水土保持措施的基本目的，也是水土保持措施的一个重要内容，其效益的计算方法有两种：

（1）单项措施指标法。单项措施指标法以梯田、谷坊、水土保持林或草地等单项措施的拦泥保土效益作为计算基础，其公式可写为

$$B_i = (Q_b - Q_a)CJ \tag{9-40}$$

式中　Q_b、Q_a——水土流失地区治理后及治理前每单项措施的年拦泥保土量，由试验或调查资料求得；

　　　C——水土保持措施的数量，如林地、梯田面积、谷坊塘坝的座数；

　　　J——保土拦泥单位量的经济效益，一般可用河道堤防加固费或渠道清淤费等来替代并求出保土拦泥量的价值量；

　　　B_i——第 i 种单项水土保持措施实施后，每年的拦泥保土效益。

各项措施拦泥保土年效益总和为

$$B_z = \sum_{i=1}^{m} B_i \tag{9-41}$$

式中　i——水土保持措施项目的序号；

　　　m——水土保持措施项目的总数。

（2）综合治理面积法。这种方法是以水土流失面积经综合治理后，单位面积上水土流

失的减少量为计算依据，由于治理地区地形和气候条件的差别，采取的综合治理措施的不同，因此，治理后单位面积保土拦泥的效益也不相同。一般应通过实验、观测及调查等手段，来取得经综合治理后单位面积的效益指标。其计算公式可写为

$$B=(Q_{mb}-Q_{mc})SJ \qquad (9-42)$$

式中　Q_{mb}——水土流失地区经综合治理后土壤的平均侵蚀模数；

　　　Q_{mc}——水土流失地区在治理前土壤的平均侵蚀模数；

　　　S——水土保持措施的年利用面积（为保存面积和新发展面积两者之和）；

　　　J——保土拦泥单位量的经济效益；

　　　B——现有综合治理面积拦泥保土的年效益。

水土保持措施实施后，对水土流失地区，还有许多很难定量的效益，如：增加土壤有机质，改善土壤团粒结构，减少沙暴，减少水质污染，调节小气候，保护野生动物，增加生物群落，增加旅游点等。对于治理地区的下游也会带来很多效益。如：减轻泥沙对河道、水库的淤积量，减轻了山洪及泥石流的威胁等。所有这些难以定量的效益，应进行一些必要的定性分析。

四、水质改善效益

水质改善效益是兴建污水处理厂或增加河流清水流量提高河湖自净能力等水质改善措施，所能获得的经济效益、社会效益和环境效益的总称。这些效益是有、无这些措施相比较而言的，并考虑这些措施采用后各年社会经济的发展状况，而不是采取这些措施前后的对比。

经济效益主要是：提高工农业产品的质量，增加经济收入；增加可利用的水资源，减免开发新水源的投资和运行费；减少水污染造成的损失。

社会效益主要有：提高生活用水的卫生标准，降低水污染致病的发病率，增进人民的身体健康；避免工业品、农产品、水产品因水质不良受到污染，减少有害物质对人、畜的危害等。

环境效益主要是：避免或减轻江河、湖泊、土壤及地下含水层等受到污染，保护或改善生态环境；保护旅游水域的环境，提供良好的娱乐、休息场所。

思 考 题 与 习 题

1. 水利工程防洪效益主要表现在哪几个方面？

2. 一般在什么条件下产生洪、涝、渍、碱灾害？这些灾害既有区别，又有联系，主要区别表现在哪几个方面？相互联系表现在哪几个方面？

3. 计算治涝工程效益一般采用内涝积水法与合轴相关分析法，其计算理论与计算方法有何区别？各需要什么资料？如采用暴雨笼罩面积法，需收集降雨量 P 及其前期影响雨量 P_a，P 与 P_a 有何区别？如何计算前期影响雨量 P_a？

4. 如何计算灌溉工程的效益？如何确定灌溉效益的分摊系数？

5. 试对某灌溉工程进行财务评价，见表 9-7。已知按现行价格计算，水库总投资为2亿元，年运行费（经营成本）400万元；水库下游的灌溉工程的投资为8500万元，年运

行费（经营成本）180万元。该工程的财务收益为灌溉水费收入，冬小麦灌溉水费 10 元/亩，棉花 12 元/亩，玉米 5 元/亩，设基准收益率 $i_c=6\%$，问财务净现值 $FNPV=?$，财务内部收益率 $FIRR=?$

表 9－7   财 务 评 价 计 算 表

年　　份 \ 作物灌溉面积/万亩	冬小麦	棉花	玉米
2001	50	30	20
2002	48	28	22
2003	53	25	28

6. 某市拟建一供水工程。该城市现有供水工程投资占该市工业总投资的 6.2%，该市的工业万元总产值的用水量为 180m³，设工业净产值为工业总产值的 30%。试计算供水效益。

7. 从系统工程观点看，应如何计算水电站、火电站的投资、年运行费及年费用？

8. 如何估算水电站的国民经济效益与财务效益？两者区别表现在哪几方面？

附录 1 某水利枢纽工程经济评价

一、工程概述

该水利枢纽工程以防洪为主，兼顾发电，是一座中型综合利用水利枢纽工程。工程总投资为 7954 万元，2008 年开工，工程建设期为 3 年。其水库库容系数为 0.189，电站装机 1260kW，多年平均发电量 400 万 kW·h，同时枯水期发电对调节下游河道流量、保障下游供水也有较好作用。

二、国民经济评价

(一) 评价依据及主要参数

1. 评价依据

(1) 国家发展改革委、建设部颁发的《建设项目经济评价方法与参数》(第三版)。

(2) 水利部颁发的《水利建设项目经济评价规范》(SL 72—2013)。

(3) 水利部颁发的《已成防洪工程经济效益分析计算及评价规范》(SL 206—98)。

(4)《小水电建设项目经济评价规程》(SL 16—2010)。

2. 主要参数

(1) 基准年和基准点。以工程开工的第一年 (2008 年) 作为基准年，第一年年初 (2008 年年初) 作为基准点，工程投资发生在年初，工程效益和费用均按年末发生和结算。

(2) 社会折现率。《建设项目经济评价方法与参数》(第三版) 规定，国民经济评价中社会折现率一般应统一采用 8%，但对于受益期长的建设项目，如果远期效益较大，效益实现的风险较小，社会折现率可适当降低，但不应低于 6%。本次评价选用 8%。

(3) 计算期。工程建设期为 3 年，第 4 年开始正常发挥效益，参照《水利建设项目经济评价规范》，该工程正常运行期按 50 年计，因此本次经济评价计算期为 53 年 (含建设期)。

(4) 价格水平年。国民经济评价中，工程效益和费用在计算期内采用同一价格水平年，本次评价的价格水平年取 2008 年。

(二) 工程费用

1. 影子投资

因国家近年来未公布影子价格资料，本项目以 2008 年上半年当地的市场价格代替影子价格，即影子价格综合调整系数为 1。同时，扣除概算投资中属国民经济内部转移部分和价差预备费，调整后，该项目的影子投资为 7954 万元。影子投资分年度分布情况见附表 1-1。金属结构设备和机电设备经济寿命按 25 年计算，到期后更新改造所需时间按一年计，更新改造投资为 468.76 万元。

分 年 度 投 资 表　　　　　　单位：万元

年　份	2008	2009	2010	合　计
投　资	1591	2386	3977	7954

2. 年运行费

年运行费包括工程大修费、日常维护费、工资及福利、材料和燃料动力费、日常行政开支、科学试验和观测费用及其他开支，参照类似工程，采用工程投资的 3% 计算，即 $7954 \times 3\% = 238.62$（万元）。

3. 流动资金

流动资金包括维持工程正常运行所需购买材料、燃料、备品备件和支付职工工资的周转资金，参照已建类似工程的实际情况，取年运行费的 10%，则工程流动资金为 $238.62 \times 10\% = 23.86$（万元）。流动资金在投产的第一年一次性投入，在计算期末一次性回收。

（三）工程效益

1. 防洪效益

水库的防洪效益采用洪灾损失频率曲线法分析计算。首先根据洪水统计资料拟定几种洪水频率，然后分别算出各种频率洪水有、无防洪工程情况下的直接洪灾损失值，据此可绘出有、无防洪工程情况下的洪灾损失与洪水频率的关系曲线，两曲线和坐标轴之间的面积即为防洪工程的多年平均直接防洪效益。经分析，按 2008 年年初的价格水平计算出该水库多年平均直接防洪效益为 966.3 万元。参照其他工程间接防洪效益的比例，并结合本工程的具体情况，取间接防洪效益为直接防洪效益的 20%，则按 2008 年初价格水平计算，该工程多年平均防洪效益为 1159.6 万元。洪灾损失增长率取 3%，则折算到工程投产第一年 2011 年年末的防洪效益为 1305 万元。

2. 发电效益

水电站装机容量为 1260kW，多年平均发电量 400 万 kW·h，电站为年调节的联网电站，本电站通过一回 10kV 线路将电能全部送入 35kV 变电站，厂用电及平均线损率取 2%，在国民经济评价中，按影子电价计算电站的年发电效益。按《小水电建设项目经济评价规程》（SL 16—95）要求，影子电价以国家计委颁布的中南电网平均电力影子价格进行地区调整和按质论价调整计算，调整后的影子电价为 0.45 元/（kW·h）。经计算，该防洪水库电站年发电效益为 176.4 万元。

（四）国民经济评价指标

分别计算出国民经济评价指标，包括：经济净现值（ENPV）、经济内部收益率（EIRR）和经济效益费用比（EBCR）。

计算得：项目经济内部收益率 EIRR＝17%，超过国家规定的 8% 的标准值；经济净现值 11434.9 万元，大于 0；经济效益费用比为 2.26，大于 1。表明该工程在经济上是合理的。

本项目国民经济效益费用流量见附表 1 - 2。

附表 1-2 　　　　　　　　　　　国民经济效益费用流量表 　　　　　　　　　　单位：万元

序号	项 目	年 份							合计
		建设期			运行期				
		2008	2009	2010	2011	2012	⋯ 2036 ⋯	2060	
1	效益流量 B	0	0	0	1481.4	1520.55	⋯ 2908.78 ⋯	5754.626	156043.8
1.1.1	防洪效益				1305	1344.15	⋯ 2732.38 ⋯	5554.366	147199.9
1.1.2	发电效益				176.4	176.4	176.4	176.4	8820
1.3	回收流动资金						⋯ ⋯	23.86	23.86
2	费用流量 C	1591	2386	3977	262.48	238.62	⋯ 707.38 ⋯	238.62	19908.86
2.1	固定资产投资	1591	2386	3977			⋯ 468.76 ⋯		7954
2.2	流动资金				23.86		⋯ ⋯		23.86
2.3	年运行费				238.62	238.62	⋯ 238.62 ⋯	238.62	11931
3	净效益流量	−1591	−2386	−3977	1218.92	1281.93	⋯ 2201.4 ⋯	5516.006	136134.9
4	累计净效益流量	−1591	−3977	−7954	−6735.08	−5453.15	⋯ 40247.38 ⋯	136134.9	

评价指标 经济净现值 $ENPV$=11434.9 万元；项目经济内部收益率 $EIRR$=17%；经济效益费用比 $EBCR$=2.26。
注 2036 年的固定资产投资为金属结构设备和机电设备的更新改造投资。

（五）敏感性分析

为了考察该水利枢纽工程国民经济评价结论的可靠性及稳定性，分析项目承担风险的能力，选取效益和费用作为敏感性因素，变动范围为−20%～20%，评价指标选用经济净现值 $ENPV$、经济内部收益率 $EIRR$ 和经济效益费用比 $EBCR$ 计算结果见附表 1-3。

附表 1-3 　　　　　　　　　国民经济评价敏感性分析表

敏 感 因 素	内部收益率/%	经济净现值/万元	经济效益费用比
基本方案	17	11434.90	2.26
效益减少 10%	15	9385.35	2.04
效益减少 20%	14	7335.80	1.81
费用增加 20%	14	9632.76	1.89
费用增加 10%	15	10533.83	2.06
费用增加 10%效益同时减少 10%	14	8484.28	1.85
费用增加 10%效益同时减少 20%	13	6434.73	1.65

从附表 1-3 可知，上述各项因素发生变化时对国民经济评价指标都有一定的影响，但变化后的国民经济评价指标仍属可行，即使投资增加 10%和效益减少 20%同时发生，国民经济评价仍是可行的，说明该项目具有较强的抗风险能力。

三、财务评价

（一）评价的主要参数

1. 财务基准收益率

在水利建设项目财务评价中，必须采用水利行业的基准收益率进行效益和费用指标的折算，基准收益率也是评价和判断投资方案在财务上是否可行的依据。《建设项目经济评价方法与参数》（第三版）规定，水库发电工程融资前财务基准收益率应统一采用 7%。

2. 计算期

计算期是为计算项目总费用和总效益所指定的时间范围，包括建设项目的施工期和生产期。该工程施工期为 3 年，第 4 年开始正常发挥效益。《小水电建设项目经济评价规程》规定，小水电建设项目的生产期为 20 年，因此本次财务评价计算期为 23 年（含施工期）。

（二）工程费用

1. 费用分摊

该水利枢纽是以防洪为主、兼有发电等综合利用效益的工程，根据规范要求，需对综合利用水利工程投资进行分摊。防洪和发电是本项目的主要开发目标，因此投资分摊只在防洪与发电部门之间进行，考虑到本项目是以防洪为主的工程，发电部门属次要部门，且电站的装机容量、年发电量均较小，因此，根据主次分摊法原理，在本项目的投资分摊中，防洪部门属于主要部门，承担单独兴建最优等效替代工程的费用，发电部门属于次要部门，仅承担增加的费用。

按 2008 年上半年的价格水平，该枢纽工程包含基本预备费在内的概算投资为 8419.57 万元，其中发电部门分摊的投资为 684.01 万元。

2. 水电站工程投资

（1）水电站固定资产投资。工程固定资产投资为 8419.57 万元，水电站分摊工程总投资为 684.01 万元。水电站固定资产投资计划见附表 1-4。

附表 1-4　　　　　　　　　　　水利枢纽工程投资计划　　　　　　　　　　　单位：万元

年　　数	1	2	3	合　　计
固定资产投资	1683.92	2525.87	4209.78	8419.57
电站分摊投资	136.80	205.20	342.01	684.01

（2）固定资产投资方向调节税。目前按国家规定，水利建设项目固定资产投资方向调节税为 0。

（3）建设期融资利息。由于该枢纽工程是以防洪为主的工程，大部分资金由国家以财政拨款的形式投入，其余资金全部由所在省市财政配套解决，没有向银行贷款。所以建设期融资利息为 0。

（4）流动资金。水电站的流动资金按年运行费的 10% 估算，共需 $13.68 \times 10\% = 1.37$ 万元，在运行期第一年一次性投入，最后一年回收。

3. 水电站总成本费用

水电站发电总成本是指水电站达到设计规模后正常年份全部支出的费用，包括年运行费、折旧费、摊销费及利息支出。

（1）年运行费。年运行费按电站分摊固定资产投资的 2% 估算，即 $684.01 \times 2\% = 13.68$ 万元。

（2）折旧费。

$$折旧费 = 固定资产价值 \times 综合折旧率$$

经测算，该水电站综合折旧率取 4.75%，则年折旧费为 $684.01 \times 4.75\% = 32.49$ 万元。电站固定资产净残值率为 5%，净残值为 684.01×5%＝34.20 万元。

（3）摊销费。摊销费包括无形资产和其他资产的分期摊销费。对小水电建设项目，无形资产和其他资产不大且在总投资中所占比例较小，一般不予考虑。

（4）利息支出。该枢纽工程资金全部来源于国家、所在省和市的财政拨款，所以利息支出为 0。

因此，水电站年发电成本为 13.68＋32.49＝46.17 万元。

4．水电站税金

水利工程的税金包括增值税、销售税金及附加、所得税。

（1）增值税。按有关规定，电力产品的增值税税率为 17%。

$$应纳税额 ＝ 销项税额 － 进项税额$$
$$销项税额 ＝ 销售额 × 税率$$

由于水电站可以扣减的进项税额非常有限，本项目直接按销售收入的 17% 计算增值税。增值税为价外税，在经济评价中仅作为计算销售税金及附加的基础。

（2）销售税金及附加。销售税金及附加包括城市建设税和教育费附加，以增值税为基础征收，征收税率分别为 5% 和 3%。

$$增值税 ＝ 销售收入 × 税率 ＝ 156.8 × 17\% ＝ 26.66（万元）$$
$$城市建设税 ＝ 增值税 × 5\% ＝ 26.66 × 5\% ＝ 1.33（万元）$$
$$教育费附加 ＝ 增值税 × 3\% ＝ 26.66 × 3\% ＝ 0.80（万元）$$

销售税金及附加共计 2.13 万元，占销售收入的 1.36%。

（3）所得税。企业利润按国家规定作相应调整后，依法征收所得税，税率为 25%。

$$所得税 ＝ 应纳所得税额 × 所得税率$$
$$应纳所得税额 ＝ 销售收入 － 总成本费用 － 销售税金及附加$$

经计算，水电站投入正常运行后，每年应纳所得税额为 108.5 万元，每年应缴所得税 27.13 万元。

（三）工程效益

该水利枢纽工程是一座以防洪为主、兼顾发电的综合利用水利工程，由于防洪没有现实财务收入，因此财务评价不计入，本次财务评价以水电站为核算单位，仅计入发电收入。

该水电站装机容量为 1260kW，多年平均发电量 400 万 kW·h，电站为年调节的联网电站，本电站通过一回 10kV 线路将电能全部送入 35kV 变电站。根据类似工程统计资料分析，水电站的厂用电及平均线损率为 2%。

该水电站属于只发不供的建设项目，其发电效益计算公式为

$$发电效益 ＝ 有效电量 ×（1 － 厂用电及线损率）× 计算电价$$

根据《小水电建设项目经济评价规程》（SL 16—95）的有关规定，总装机容量在 6000kW 以下、施工期不长于三年、全部机组投产期在一年以内的小水电建设项目，可采用简化方法进行经济评价。允许采用简化方法计算的建设项目，其有效电量可按下式估算：

$$有效电量 ＝ 设计发电量 × 有效电量系数$$

其中，对于年或多年调节的联网电站，有效电量系数可取 0.95～1.00。该电站符合允许采用简化方法计算的要求，且属于具有良好调节性能的年调节电站，因此本次财务评价中有效电量系数取 1.00，则有效电量为 400 万 kW·h。

该水电站的上网电价为 0.4 元/(kW·h)。

因此，水电站的年发电效益为

$$发电效益 = 400 \times (1 - 2\%) \times 0.4 = 156.8(万元)$$

（四）财务评价指标

分别计算财务评价指标，包括财务净现值（$FNPV$）、财务内部收益率（$FIRR$）、投资回收期（P_t）、投资利润利率（ROI）。

该水电站全部投资的所得税后财务内部收益率为 14%，所得税前财务内部收益率为 18%，均大于基准收益率 7%；所得税后财务净现值为 404.82 万元，所得税前财务净现值为 639.44 万元，均大于 0；投资回收期为 9.02 年，小于规定的 15 年，即在机组全部投产后的第 6 年即可收回全部投资，表明该电站财务评价可行。

根据水电站损益表计算可知，该电站投资利润率为 15.9%。

水电站财务现金流量表见附表 1-5，损益表见附表 1-6。

附表 1-5 　　　　　　　　　　水电站财务现金流量表　　　　　　　　　　单位：万元

序号	项　目	年　份						合计
		建　设　期			运　行　期			
		2008	2009	2010	2011	2012	…	2030	
1	现金流入量 CI	0.00	0.00	0.00	156.80	156.80	…	192.37	3171.57
1.1	销售收入				156.80	156.80	…	156.80	3136.00
1.2	提供服务收入				0.00	0.00	…	0.00	0.00
1.3	补贴收入				0.00	0.00	…	0.00	0.00
1.4	回收固定资产余值						…	34.20	34.20
1.5	回收流动资金						…	1.37	1.37
2	现金流出量 CO	136.80	205.20	342.01	44.31	42.94	…	42.94	1544.23
2.1	固定资产投资	136.80	205.20	342.01			…		684.01
2.2	流动资金				1.37		…		1.37
2.3	年运行费	0.00	0.00	0.00	13.68	13.68	…	13.68	273.60
2.4	销售税金及附加	0.00	0.00	0.00	2.13	2.13	…	2.13	42.65
2.5	所得税	0.00	0.00	0.00	27.13	27.13	…	27.13	542.60
2.6	特种基金	0.00	0.00	0.00	0.00	0.00	…	0.00	0.00
3	所得税后净现金流量 CI−CO	−136.80	−205.20	−342.01	112.49	113.86	…	149.43	1627.34
4	所得税后累计净现金流量	−136.80	−342.00	−684.01	−571.52	−457.66	…	1627.34	
5	所得税前净现金流量	−136.80	−205.20	−342.01	139.62	140.99	…	176.56	2169.94
6	所得税前累计净现金流量	−136.80	−342.00	−684.01	−544.39	−403.40	…	2169.94	

附表 1-6　　　　　　　　　　　　　水 电 站 损 益 表　　　　　　　　单位：万元

序号	项　目	建　设　期			运　行　期			合计
		2008	2009	2010	2011	2012	…	2030	
1	财务收入	0.00	0.00	0.00	156.80	156.80	…	156.80	3136.00
2	销售税金及附加	0.00	0.00	0.00	2.13	2.13	…	2.13	42.65
3	总成本费用	0.00	0.00	0.00	46.17	46.17	…	46.17	923.41
4	利润总额	0.00	0.00	0.00	108.50	108.50	…	108.50	2169.94
5	应纳税所得额	0.00	0.00	0.00	108.50	108.50	…	108.50	2169.94
6	所得税	0.00	0.00	0.00	27.13	27.13	…	27.13	542.60
7	税后利润	0.00	0.00	0.00	81.37	81.37	…	81.37	1627.34
8	特种基金						…		0.00
9	可供分配利润	0.00	0.00	0.00	81.37	81.37	…	81.37	1627.34
9.1	盈余公积金	0.00	0.00	0.00	8.14	8.14	…	8.14	162.73
9.2	应付利润						…		0.00
9.3	未分配利润	0.00	0.00	0.00	73.23	73.23	…	73.23	1464.60
10	累计未分配利润	0.00	0.00	0.00	73.23	146.46	…	1464.60	

（五）敏感性分析

选取对水电站财务评价指标有较大影响的两个因素即固定资产投资、年发电效益进行敏感性分析，主要考察这两个因素发生变化时对财务净现值和财务内部收益率的影响。财务评价敏感性分析计算结果见附表 1-7。

附表 1-7　　　　　　　　　　财务评价敏感性分析表

敏　感　因　素	财务内部收益率/%		财务净现值/万元	
	所得税后	所得税前	所得税后	所得税前
基本方案	14	18	404.82	639.44
投资增加 10%	12	16	334.29	568.91
投资增加 20%	11	14	263.76	498.37
效益减少 10%	12	16	269.22	503.84
效益减少 20%	10	13	133.62	368.24
投资增加 10%，同时效益减少 10%	10	14	198.69	433.31

从上面敏感性分析结果可知，上述因素变化时对财务评价指标有一定的影响，但变化后的财务评价指标仍属可行，即使投资增加 10%效益同时减少 10%，财务评价仍然可行，说明该项目抗风险能力较强。

附录 2 复利因子表

附表 2 - 1   i=3%

n	(F/P,i,n)	(P/F,i,n)	(F/A,i,n)	(A/F,i,n)	(P/A,i,n)	(A/P,i,n)	(F/G,i,n)	(P/G,i,n)	(A/G,i,n)
1	1.0300	0.9709	1.0000	1.0000	0.9709	1.0300	0.0000	0.0000	0.0000
2	1.0609	0.9426	2.0300	0.4926	1.9135	0.5226	1.0000	0.9426	0.4926
3	1.0927	0.9151	3.0909	0.3235	2.8286	0.3535	3.0300	2.7729	0.9803
4	1.1255	0.8885	4.1836	0.2390	3.7171	0.2690	6.1209	5.4383	1.4631
5	1.1593	0.8626	5.3091	0.1884	4.5797	0.2184	10.3045	8.8888	1.9409
6	1.1941	0.8375	6.4684	0.1546	5.4172	0.1846	15.6137	13.0762	2.4138
7	1.2299	0.8131	7.6625	0.1305	6.2303	0.1605	22.0821	17.9547	2.8819
8	1.2668	0.7894	8.8923	0.1125	7.0197	0.1425	29.7445	23.4806	3.3450
9	1.3048	0.7664	10.1591	0.0984	7.7861	0.1284	38.6369	29.6119	3.8032
10	1.3439	0.7441	11.4639	0.0872	8.5302	0.1172	48.7960	36.3088	4.2565
11	1.3842	0.7224	12.8078	0.0781	9.2526	0.1081	60.2599	43.5330	4.7049
12	1.4258	0.7014	14.1920	0.0705	9.9540	0.1005	73.0677	51.2482	5.1485
13	1.4685	0.6810	15.6178	0.0640	10.6350	0.0940	87.2597	59.4196	5.5872
14	1.5126	0.6611	17.0863	0.0585	11.2961	0.0885	102.8775	68.0141	6.0210
15	1.5580	0.6419	18.5989	0.0538	11.9379	0.0838	119.9638	77.0002	6.4500
16	1.6047	0.6232	20.1569	0.0496	12.5611	0.0796	138.5627	86.3477	6.8742
17	1.6528	0.6050	21.7616	0.0460	13.1661	0.0760	158.7196	96.0280	7.2936
18	1.7024	0.5874	23.4144	0.0427	13.7535	0.0727	180.4812	106.0137	7.7081
19	1.7535	0.5703	25.1169	0.0398	14.3238	0.0698	203.8956	116.2788	8.1179
20	1.8061	0.5537	26.8704	0.0372	14.8775	0.0672	229.0125	126.7987	8.5229
21	1.8603	0.5375	28.6765	0.0349	15.4150	0.0649	255.8829	137.5496	8.9231
22	1.9161	0.5219	30.5368	0.0327	15.9369	0.0627	284.5593	148.5094	9.3186
23	1.9736	0.5067	32.4529	0.0308	16.4436	0.0608	315.0961	159.6566	9.7093
24	2.0328	0.4919	34.4265	0.0290	16.9355	0.0590	347.5490	170.9711	10.0954
25	2.0938	0.4776	36.4593	0.0274	17.4131	0.0574	381.9755	182.4336	10.4768
26	2.1566	0.4637	38.5530	0.0259	17.8768	0.0559	418.4347	194.0260	10.8535
27	2.2213	0.4502	40.7096	0.0246	18.3270	0.0546	456.9878	205.7309	11.2255
28	2.2879	0.4371	42.9309	0.0233	18.7641	0.0533	497.6974	217.5320	11.5930
29	2.3566	0.4243	45.2189	0.0221	19.1885	0.0521	540.6283	229.4137	11.9558
30	2.4273	0.4120	47.5754	0.0210	19.6004	0.0510	585.8472	241.3613	12.3141
35	2.8139	0.3554	60.4621	0.0165	21.4872	0.0465	848.7361	301.6267	14.0375
40	3.2620	0.3066	75.4013	0.0133	23.1148	0.0433	1180.0420	361.7499	15.6502
45	3.7816	0.2644	92.7199	0.0108	24.5187	0.0408	1590.6620	420.6325	17.1556
50	4.3839	0.2281	112.7969	0.0089	25.7298	0.0389	2093.2289	477.4803	18.5575
55	5.0821	0.1968	136.0716	0.0073	26.7744	0.0373	2702.3873	531.7411	19.8600
60	5.8916	0.1697	163.0534	0.0061	27.6756	0.0361	3435.1146	583.0526	21.0674
65	6.8300	0.1464	194.3328	0.0051	28.4529	0.0351	4311.0919	631.2010	22.1841
70	7.9178	0.1263	230.5941	0.0043	29.1234	0.0343	5353.1355	676.0869	23.2145
75	9.1789	0.1089	272.6309	0.0037	29.7018	0.0337	6587.6952	717.6978	24.1634
80	10.6409	0.0940	321.3630	0.0031	30.2008	0.0331	8045.4340	756.0865	25.0353
85	12.3357	0.0811	377.8570	0.0026	30.6312	0.0326	9761.8984	791.3529	25.8349
90	14.3005	0.0699	443.3489	0.0023	31.0024	0.0323	11778.2968	823.6302	26.5667
95	16.5782	0.0603	519.2720	0.0019	31.3227	0.0319	14142.4009	853.0742	27.2351
100	19.2186	0.0520	607.2877	0.0016	31.5989	0.0316	16909.5911	879.8540	27.8444

附表 2 - 2 $i = 5\%$

n	$(F/P,i,n)$	$(P/F,i,n)$	$(F/A,i,n)$	$(A/F,i,n)$	$(P/A,i,n)$	$(A/P,i,n)$	$(F/G,i,n)$	$(P/G,i,n)$	$(A/G,i,n)$
1	1.0500	0.9524	1.0000	1.0000	0.9524	1.0500	0.0000	0.0000	0.0000
2	1.1025	0.9070	2.0500	0.4878	1.8594	0.5378	1.0000	0.9070	0.4878
3	1.1576	0.8638	3.1525	0.3172	2.7232	0.3672	3.0500	2.6347	0.9675
4	1.2155	0.8227	4.3101	0.2320	3.5460	0.2820	6.2025	5.1028	1.4391
5	1.2763	0.7835	5.5256	0.1810	4.3295	0.2310	10.5126	8.2369	1.9025
6	1.3401	0.7462	6.8019	0.1470	5.0757	0.1970	16.0383	11.9680	2.3579
7	1.4071	0.7107	8.1420	0.1228	5.7864	0.1728	22.8402	16.2321	2.8052
8	1.4775	0.6768	9.5491	0.1047	6.4632	0.1547	30.9822	20.9700	3.2445
9	1.5513	0.6446	11.0266	0.0907	7.1078	0.1407	40.5313	26.1268	3.6758
10	1.6289	0.6139	12.5779	0.0795	7.7217	0.1295	51.5579	31.6520	4.0991
11	1.7103	0.5847	14.2068	0.0704	8.3064	0.1204	64.1357	37.4988	4.5144
12	1.7959	0.5568	15.9171	0.0628	8.8633	0.1128	78.3425	43.6241	4.9219
13	1.8856	0.5303	17.7130	0.0565	9.3936	0.1065	94.2597	49.9879	5.3215
14	1.9799	0.5051	19.5986	0.0510	9.8986	0.1010	111.9726	56.5538	5.7133
15	2.0789	0.4810	21.5786	0.0463	10.3797	0.0963	131.5713	63.2880	6.0973
16	2.1829	0.4581	23.6575	0.0423	10.8378	0.0923	153.1498	70.1597	6.4736
17	2.2920	0.4363	25.8404	0.0387	11.2741	0.0887	176.8073	77.1405	6.8423
18	2.4066	0.4155	28.1324	0.0355	11.6896	0.0855	202.6477	84.2043	7.2034
19	2.5270	0.3957	30.5390	0.0327	12.0853	0.0827	230.7801	91.3275	7.5569
20	2.6533	0.3769	33.0660	0.0302	12.4622	0.0802	261.3191	98.4884	7.9030
21	2.7860	0.3589	35.7193	0.0280	12.8212	0.0780	294.3850	105.6673	8.2416
22	2.9253	0.3418	38.5052	0.0260	13.1630	0.0760	330.1043	112.8461	8.5730
23	3.0715	0.3256	41.4305	0.0241	13.4886	0.0741	368.6095	120.0087	8.8971
24	3.2251	0.3101	44.5020	0.0225	13.7986	0.0725	410.0400	127.1402	9.2140
25	3.3864	0.2953	47.7271	0.0210	14.0939	0.0710	454.5420	134.2275	9.5238
26	3.5557	0.2812	51.1135	0.0196	14.3752	0.0696	502.2691	141.2585	9.8266
27	3.7335	0.2678	54.6691	0.0183	14.6430	0.0683	553.3825	148.2226	10.1224
28	3.9201	0.2551	58.4026	0.0171	14.8981	0.0671	608.0517	155.1101	10.4114
29	4.1161	0.2429	62.3227	0.0160	15.1411	0.0660	666.4542	161.9126	10.6936
30	4.3219	0.2314	66.4388	0.0151	15.3725	0.0651	728.7770	168.6226	10.9691
35	5.5160	0.1813	90.3203	0.0111	16.3742	0.0611	1106.4061	200.5807	12.2498
40	7.0400	0.1420	120.7998	0.0083	17.1591	0.0583	1615.9955	229.5452	13.3775
45	8.9850	0.1113	159.7002	0.0063	17.7741	0.0563	2294.0031	255.3145	14.3644
50	11.4674	0.0872	209.3480	0.0048	18.2559	0.0548	3186.9599	277.9148	15.2233
55	14.6356	0.0683	272.7126	0.0037	18.6335	0.0537	4354.2524	297.5104	15.9664
60	18.6792	0.0535	353.5837	0.0028	18.9293	0.0528	5871.6744	314.3432	16.6062
65	23.8399	0.0419	456.7980	0.0022	19.1611	0.0522	7835.9602	328.6910	17.1541
70	30.4264	0.0329	588.5285	0.0017	19.3427	0.0517	10370.5702	340.8409	17.6212
75	38.8327	0.0258	756.6537	0.0013	19.4850	0.0513	13633.0744	351.0721	18.0176
80	49.5614	0.0202	971.2288	0.0010	19.5965	0.0510	17824.5764	359.6460	18.3526
85	63.2544	0.0158	1245.0871	0.0008	19.6838	0.0508	23201.7414	366.8007	18.6346
90	80.7304	0.0124	1594.6073	0.0006	19.7523	0.0506	30092.1460	372.7488	18.8712
95	103.0347	0.0097	2040.6935	0.0005	19.8059	0.0505	38913.8706	377.6774	19.0689
100	131.5013	0.0076	2610.0252	0.0004	19.8479	0.0504	50200.5031	381.7492	19.2337

附表 2-3 $i=6\%$

n	$(F/P,i,n)$	$(P/F,i,n)$	$(F/A,i,n)$	$(A/F,i,n)$	$(P/A,i,n)$	$(A/P,i,n)$	$(F/G,i,n)$	$(P/G,i,n)$	$(A/G,i,n)$
1	1.0600	0.9434	1.0000	1.0000	0.9434	1.0600	0.0000	0.0000	0.0000
2	1.1236	0.8900	2.0600	0.4854	1.8334	0.5454	1.0000	0.8900	0.4854
3	1.1910	0.8396	3.1836	0.3141	2.6730	0.3741	3.0600	2.5692	0.9612
4	1.2625	0.7921	4.3746	0.2286	3.4651	0.2886	6.2436	4.9455	1.4272
5	1.3382	0.7473	5.6371	0.1774	4.2124	0.2374	10.6182	7.9345	1.8836
6	1.4185	0.7050	6.9753	0.1434	4.9173	0.2034	16.2553	11.4594	2.3304
7	1.5036	0.6651	8.3938	0.1191	5.5824	0.1791	23.2306	15.4497	2.7676
8	1.5938	0.6274	9.8975	0.1010	6.2098	0.1610	31.6245	19.8416	3.1952
9	1.6895	0.5919	11.4913	0.0870	6.8017	0.1470	41.5219	24.5768	3.6133
10	1.7908	0.5584	13.1808	0.0759	7.3601	0.1359	53.0132	29.6023	4.0220
11	1.8983	0.5268	14.9716	0.0668	7.8869	0.1268	66.1940	34.8702	4.4213
12	2.0122	0.4970	16.8699	0.0593	8.3838	0.1193	81.1657	40.3369	4.8113
13	2.1329	0.4688	18.8821	0.0530	8.8527	0.1130	98.0356	45.9629	5.1920
14	2.2609	0.4423	21.0151	0.0476	9.2950	0.1076	116.9178	51.7128	5.5635
15	2.3966	0.4173	23.2760	0.0430	9.7122	0.1030	137.9328	57.5546	5.9260
16	2.5404	0.3936	25.6725	0.0390	10.1059	0.0990	161.2088	63.4592	6.2794
17	2.6928	0.3714	28.2129	0.0354	10.4773	0.0954	186.8813	69.4011	6.6240
18	2.8543	0.3503	30.9057	0.0324	10.8276	0.0924	215.0942	75.3569	6.9597
19	3.0256	0.3305	33.7600	0.0296	11.1581	0.0896	245.9999	81.3062	7.2867
20	3.2071	0.3118	36.7856	0.0272	11.4699	0.0872	279.7599	87.2304	7.6051
21	3.3996	0.2942	39.9927	0.0250	11.7641	0.0850	316.5454	93.1136	7.9151
22	3.6035	0.2775	43.3923	0.0230	12.0416	0.0830	356.5382	98.9412	8.2166
23	3.8197	0.2618	46.9958	0.0213	12.3034	0.0813	399.9305	104.7007	8.5099
24	4.0489	0.2470	50.8156	0.0197	12.5504	0.0797	446.9263	110.3812	8.7951
25	4.2919	0.2330	54.8645	0.0182	12.7834	0.0782	497.7419	115.9732	9.0722
26	4.5494	0.2198	59.1564	0.0169	13.0032	0.0769	552.6064	121.4684	9.3414
27	4.8223	0.2074	63.7058	0.0157	13.2105	0.0757	611.7628	126.8600	9.6029
28	5.1117	0.1956	68.5281	0.0146	13.4062	0.0746	675.4685	132.1420	9.8568
29	5.4184	0.1846	73.6398	0.0136	13.5907	0.0736	743.9966	137.3096	10.1032
30	5.7435	0.1741	79.0582	0.0126	13.7648	0.0726	817.6364	142.3588	10.3422
35	7.6861	0.1301	111.4348	0.0090	14.4982	0.0690	1273.9130	165.7427	11.4319
40	10.2857	0.0972	154.7620	0.0065	15.0463	0.0665	1912.6994	185.9568	12.3590
45	13.7646	0.0727	212.7435	0.0047	15.4558	0.0647	2795.7252	203.1096	13.1413
50	18.4202	0.0543	290.3359	0.0034	15.7619	0.0634	4005.5984	217.4574	13.7964
55	24.6503	0.0406	394.1720	0.0025	15.9905	0.0625	5652.8671	229.3222	14.3411
60	32.9877	0.0303	533.1282	0.0019	16.1614	0.0619	7885.4697	239.0428	14.7909
65	44.1450	0.0227	719.0829	0.0014	16.2891	0.0614	10901.3810	246.9450	15.1601
70	59.0759	0.0169	967.9322	0.0010	16.3845	0.0610	14965.5362	253.3271	15.4613
75	79.0569	0.0126	1300.9487	0.0008	16.4558	0.0608	20432.4780	258.4527	15.7058
80	105.7960	0.0095	1746.5999	0.0006	16.5091	0.0606	27776.6649	262.5493	15.9033
85	141.5789	0.0071	2342.9817	0.0004	16.5489	0.0604	37633.0290	265.8096	16.0620
90	189.4645	0.0053	3141.0752	0.0003	16.5787	0.0603	50851.2531	268.3946	16.1891
95	253.5463	0.0039	4209.1042	0.0002	16.6009	0.0602	68568.4042	270.4375	16.2905
100	339.3021	0.0029	5638.3681	0.0002	16.6175	0.0602	92306.1343	272.0471	16.3711

附表 2 – 4 $i=7\%$

n	$(F/P,i,n)$	$(P/F,i,n)$	$(F/A,i,n)$	$(A/F,i,n)$	$(P/A,i,n)$	$(A/P,i,n)$	$(F/G,i,n)$	$(P/G,i,n)$	$(A/G,i,n)$
1	1.0700	0.9346	1.0000	1.0000	0.9346	1.0700	0.0000	0.0000	0.0000
2	1.1449	0.8734	2.0700	0.4831	1.8080	0.5531	1.0000	0.8734	0.4831
3	1.2250	0.8163	3.2149	0.3111	2.6243	0.3811	3.0700	2.5060	0.9549
4	1.3108	0.7629	4.4399	0.2252	3.3872	0.2952	6.2849	4.7947	1.4155
5	1.4026	0.7130	5.7507	0.1739	4.1002	0.2439	10.7248	7.6467	1.8650
6	1.5007	0.6663	7.1533	0.1398	4.7665	0.2098	16.4756	10.9784	2.3032
7	1.6058	0.6227	8.6540	0.1156	5.3893	0.1856	23.6289	14.7149	2.7304
8	1.7182	0.5820	10.2598	0.0975	5.9713	0.1675	32.2829	18.7889	3.1465
9	1.8385	0.5439	11.9780	0.0835	6.5152	0.1535	42.5427	23.1404	3.5517
10	1.9672	0.5083	13.8164	0.0724	7.0236	0.1424	54.5207	27.7156	3.9461
11	2.1049	0.4751	15.7836	0.0634	7.4987	0.1334	68.3371	32.4665	4.3296
12	2.2522	0.4440	17.8885	0.0559	7.9427	0.1259	84.1207	37.3506	4.7025
13	2.4098	0.4150	20.1406	0.0497	8.3577	0.1197	102.0092	42.3302	5.0648
14	2.5785	0.3878	22.5505	0.0443	8.7455	0.1143	122.1498	47.3718	5.4167
15	2.7590	0.3624	25.1290	0.0398	9.1079	0.1098	144.7003	52.4461	5.7583
16	2.9522	0.3387	27.8881	0.0359	9.4466	0.1059	169.8293	57.5271	6.0897
17	3.1588	0.3166	30.8402	0.0324	9.7632	0.1024	197.7174	62.5923	6.4110
18	3.3799	0.2959	33.9990	0.0294	10.0591	0.0994	228.5576	67.6219	6.7225
19	3.6165	0.2765	37.3790	0.0268	10.3356	0.0968	262.5566	72.5991	7.0242
20	3.8697	0.2584	40.9955	0.0244	10.5940	0.0944	299.9356	77.5091	7.3163
21	4.1406	0.2415	44.8652	0.0223	10.8355	0.0923	340.9311	82.3393	7.5990
22	4.4304	0.2257	49.0057	0.0204	11.0612	0.0904	385.7963	87.0793	7.8725
23	4.7405	0.2109	53.4361	0.0187	11.2722	0.0887	434.8020	91.7201	8.1369
24	5.0724	0.1971	58.1767	0.0172	11.4693	0.0872	488.2382	96.2545	8.3923
25	5.4274	0.1842	63.2490	0.0158	11.6536	0.0858	546.4148	100.6765	8.6391
26	5.8074	0.1722	68.6765	0.0146	11.8258	0.0846	609.6639	104.9814	8.8773
27	6.2139	0.1609	74.4838	0.0134	11.9867	0.0834	678.3403	109.1656	9.1072
28	6.6488	0.1504	80.6977	0.0124	12.1371	0.0824	752.8242	113.2264	9.3289
29	7.1143	0.1406	87.3465	0.0114	12.2777	0.0814	833.5218	117.1622	9.5427
30	7.6123	0.1314	94.4608	0.0106	12.4090	0.0806	920.8684	120.9718	9.7487
35	10.6766	0.0937	138.2369	0.0072	12.9477	0.0772	1474.8125	138.1353	10.6687
40	14.9745	0.0668	199.6351	0.0050	13.3317	0.0750	2280.5016	152.2928	11.4233
45	21.0025	0.0476	285.7493	0.0035	13.6055	0.0735	3439.2759	163.7559	12.0360
50	29.4570	0.0339	406.5289	0.0025	13.8007	0.0725	5093.2704	172.9051	12.5287
55	41.3150	0.0242	575.9286	0.0017	13.9399	0.0717	7441.8370	180.1243	12.9215
60	57.9464	0.0173	813.5204	0.0012	14.0392	0.0712	10764.5769	185.7677	13.2321
65	81.2729	0.0123	1146.7552	0.0009	14.1099	0.0709	15453.6452	190.1452	13.4760
70	113.9894	0.0088	1614.1342	0.0006	14.1604	0.0706	22059.0596	193.5185	13.6662
75	159.8760	0.0063	2269.6574	0.0004	14.1964	0.0704	31352.2488	196.1035	13.8136
80	224.2344	0.0045	3189.0627	0.0003	14.2220	0.0703	44415.1811	198.0748	13.9273
85	314.5003	0.0032	4478.5761	0.0002	14.2403	0.0702	62765.3731	199.5717	14.0146
90	441.1030	0.0023	6287.1854	0.0002	14.2533	0.0702	88531.2204	200.7042	14.0812
95	618.6697	0.0016	8823.8535	0.0001	14.2626	0.0701	124697.9077	201.5581	14.1319
100	867.7163	0.0012	12381.6618	0.0001	14.2693	0.0701	175452.3113	202.2001	14.1703

附表 2 - 5　　　　　　　　　　　　　　　　　$i=8\%$

n	$(F/P,i,n)$	$(P/F,i,n)$	$(F/A,i,n)$	$(A/F,i,n)$	$(P/A,i,n)$	$(A/P,i,n)$	$(F/G,i,n)$	$(P/G,i,n)$	$(A/G,i,n)$
1	1.0800	0.9259	1.0000	1.0000	0.9259	1.0800	0.0000	0.0000	0.0000
2	1.1664	0.8573	2.0800	0.4808	1.7833	0.5608	1.0000	0.8573	0.4808
3	1.2597	0.7938	3.2464	0.3080	2.5771	0.3880	3.0800	2.4450	0.9487
4	1.3605	0.7350	4.5061	0.2219	3.3121	0.3019	6.3264	4.6501	1.4040
5	1.4693	0.6806	5.8666	0.1705	3.9927	0.2505	10.8325	7.3724	1.8465
6	1.5869	0.6302	7.3359	0.1363	4.6229	0.2163	16.6991	10.5233	2.2763
7	1.7138	0.5835	8.9228	0.1121	5.2064	0.1921	24.0350	14.0242	2.6937
8	1.8509	0.5403	10.6366	0.0940	5.7466	0.1740	32.9578	17.8061	3.0985
9	1.9990	0.5002	12.4876	0.0801	6.2469	0.1601	43.5945	21.8081	3.4910
10	2.1589	0.4632	14.4866	0.0690	6.7101	0.1490	56.0820	25.9768	3.8713
11	2.3316	0.4289	16.6455	0.0601	7.1390	0.1401	70.5686	30.2657	4.2395
12	2.5182	0.3971	18.9771	0.0527	7.5361	0.1327	87.2141	34.6339	4.5957
13	2.7196	0.3677	21.4953	0.0465	7.9038	0.1265	106.1912	39.0463	4.9402
14	2.9372	0.3405	24.2149	0.0413	8.2442	0.1213	127.6865	43.4723	5.2731
15	3.1722	0.3152	27.1521	0.0368	8.5595	0.1168	151.9014	47.8857	5.5945
16	3.4259	0.2919	30.3243	0.0330	8.8514	0.1130	179.0535	52.2640	5.9046
17	3.7000	0.2703	33.7502	0.0296	9.1216	0.1096	209.3778	56.5883	6.2037
18	3.9960	0.2502	37.4502	0.0267	9.3719	0.1067	243.1280	60.8426	6.4920
19	4.3157	0.2317	41.4463	0.0241	9.6036	0.1041	280.5783	65.0134	6.7697
20	4.6610	0.2145	45.7620	0.0219	9.8181	0.1019	322.0246	69.0898	7.0369
21	5.0338	0.1987	50.4229	0.0198	10.0168	0.0998	367.7865	73.0629	7.2940
22	5.4365	0.1839	55.4568	0.0180	10.2007	0.0980	418.2094	76.9257	7.5412
23	5.8715	0.1703	60.8933	0.0164	10.3711	0.0964	473.6662	80.6726	7.7786
24	6.3412	0.1577	66.7648	0.0150	10.5288	0.0950	534.5595	84.2997	8.0066
25	6.8485	0.1460	73.1059	0.0137	10.6748	0.0937	601.3242	87.8041	8.2254
26	7.3964	0.1352	79.9544	0.0125	10.8100	0.0925	674.4302	91.1842	8.4352
27	7.9881	0.1252	87.3508	0.0114	10.9352	0.0914	754.3846	94.4390	8.6363
28	8.6271	0.1159	95.3388	0.0105	11.0511	0.0905	841.7354	97.5687	8.8289
29	9.3173	0.1073	103.9659	0.0096	11.1584	0.0896	937.0742	100.5738	9.0133
30	10.0627	0.0994	113.2832	0.0088	11.2578	0.0888	1041.0401	103.4558	9.1897
35	14.7853	0.0676	172.3168	0.0058	11.6546	0.0858	1716.4600	116.0920	9.9611
40	21.7245	0.0460	259.0565	0.0039	11.9246	0.0839	2738.2065	126.0422	10.5699
45	31.9204	0.0313	386.5056	0.0026	12.1084	0.0826	4268.8202	133.7331	11.0447
50	46.9016	0.0213	573.7702	0.0017	12.2335	0.0817	6547.1270	139.5928	11.4107
55	68.9139	0.0145	848.9232	0.0012	12.3186	0.0812	9924.0400	144.0065	11.6902
60	101.2571	0.0099	1253.2133	0.0008	12.3766	0.0808	14915.1662	147.3000	11.9015
65	148.7798	0.0067	1847.2481	0.0005	12.4160	0.0805	22278.1010	149.7387	12.0602
70	218.6064	0.0046	2720.0801	0.0004	12.4428	0.0804	33126.0009	151.5326	12.1783
75	321.2045	0.0031	4002.5566	0.0002	12.4611	0.0802	49094.4578	152.8448	12.2658
80	471.9548	0.0021	5886.9354	0.0002	12.4735	0.0802	72586.6929	153.8001	12.3301
85	693.4565	0.0014	8655.7061	0.0001	12.4820	0.0801	107133.8264	154.4925	12.3772
90	1018.9151	0.0010	12723.9386	0.0001	12.4877	0.0801	157924.2327	154.9925	12.4116
95	1497.1205	0.0007	18701.5069	0.0001	12.4917	0.0801	232581.3357	155.3524	12.4365
100	2199.7613	0.0005	27484.5157	0.0000	12.4943	0.0800	342306.4463	155.6107	12.4545

附表 2 - 6 $i=10\%$

n	$(F/P,i,n)$	$(P/F,i,n)$	$(F/A,i,n)$	$(A/F,i,n)$	$(P/A,i,n)$	$(A/P,i,n)$	$(F/G,i,n)$	$(P/G,i,n)$	$(A/G,i,n)$
1	1.1000	0.9091	1.0000	1.0000	0.9091	1.1000	0.0000	0.0000	0.0000
2	1.2100	0.8264	2.1000	0.4762	1.7355	0.5762	1.0000	0.8264	0.4762
3	1.3310	0.7513	3.3100	0.3021	2.4869	0.4021	3.1000	2.3291	0.9366
4	1.4641	0.6830	4.6410	0.2155	3.1699	0.3155	6.4100	4.3781	1.3812
5	1.6105	0.6209	6.1051	0.1638	3.7908	0.2638	11.0510	6.8618	1.8101
6	1.7716	0.5645	7.7156	0.1296	4.3553	0.2296	17.1561	9.6842	2.2236
7	1.9487	0.5132	9.4872	0.1054	4.8684	0.2054	24.8717	12.7631	2.6216
8	2.1436	0.4665	11.4359	0.0874	5.3349	0.1874	34.3589	16.0287	3.0045
9	2.3579	0.4241	13.5795	0.0736	5.7590	0.1736	45.7948	19.4215	3.3724
10	2.5937	0.3855	15.9374	0.0627	6.1446	0.1627	59.3742	22.8913	3.7255
11	2.8531	0.3505	18.5312	0.0540	6.4951	0.1540	75.3117	26.3963	4.0641
12	3.1384	0.3186	21.3843	0.0468	6.8137	0.1468	93.8428	29.9012	4.3884
13	3.4523	0.2897	24.5227	0.0408	7.1034	0.1408	115.2271	33.3772	4.6988
14	3.7975	0.2633	27.9750	0.0357	7.3667	0.1357	139.7498	36.8005	4.9955
15	4.1772	0.2394	31.7725	0.0315	7.6061	0.1315	167.7248	40.1520	5.2789
16	4.5950	0.2176	35.9497	0.0278	7.8237	0.1278	199.4973	43.4164	5.5493
17	5.0545	0.1978	40.5447	0.0247	8.0216	0.1247	235.4470	46.5819	5.8071
18	5.5599	0.1799	45.5992	0.0219	8.2014	0.1219	275.9917	49.6395	6.0526
19	6.1159	0.1635	51.1591	0.0195	8.3649	0.1195	321.5909	52.5827	6.2861
20	6.7275	0.1486	57.2750	0.0175	8.5136	0.1175	372.7500	55.4069	6.5081
21	7.4002	0.1351	64.0025	0.0156	8.6487	0.1156	430.0250	58.1095	6.7189
22	8.1403	0.1228	71.4027	0.0140	8.7715	0.1140	494.0275	60.6893	6.9189
23	8.9543	0.1117	79.5430	0.0126	8.8832	0.1126	565.4302	63.1462	7.1085
24	9.8497	0.1015	88.4973	0.0113	8.9847	0.1113	644.9733	65.4813	7.2881
25	10.8347	0.0923	98.3471	0.0102	9.0770	0.1102	733.4706	67.6964	7.4580
26	11.9182	0.0839	109.1818	0.0092	9.1609	0.1092	831.8177	69.7940	7.6186
27	13.1100	0.0763	121.0999	0.0083	9.2372	0.1083	940.9994	71.7773	7.7704
28	14.4210	0.0693	134.2099	0.0075	9.3066	0.1075	1062.0994	73.6495	7.9137
29	15.8631	0.0630	148.6309	0.0067	9.3696	0.1067	1196.3093	75.4146	8.0489
30	17.4494	0.0573	164.4940	0.0061	9.4269	0.1061	1344.9402	77.0766	8.1762
35	28.1024	0.0356	271.0244	0.0037	9.6442	0.1037	2360.2437	83.9872	8.7086
40	45.2593	0.0221	442.5926	0.0023	9.7791	0.1023	4025.9256	88.9525	9.0962
45	72.8905	0.0137	718.9048	0.0014	9.8628	0.1014	6739.0484	92.4544	9.3740
50	117.3909	0.0085	1163.9085	0.0009	9.9148	0.1009	11139.0853	94.8889	9.5704
55	189.0591	0.0053	1880.5914	0.0005	9.9471	0.1005	18255.9142	96.5619	9.7075
60	304.4816	0.0033	3034.8164	0.0003	9.9672	0.1003	29748.1640	97.7010	9.8023
65	490.3707	0.0020	4893.7073	0.0002	9.9796	0.1002	48287.0725	98.4705	9.8672
70	789.7470	0.0013	7887.4696	0.0001	9.9873	0.1001	78174.6957	98.9870	9.9113
75	1271.8954	0.0008	12708.9537	0.0001	9.9921	0.1001	126339.5371	99.3317	9.9410
80	2048.4002	0.0005	20474.0021	0.0000	9.9951	0.1000	203940.0215	99.5606	9.9609
85	3298.9690	0.0003	32979.6903	0.0000	9.9970	0.1000	328946.9030	99.7120	9.9742
90	5313.0226	0.0002	53120.2261	0.0000	9.9981	0.1000	530302.2612	99.8118	9.9831
95	8556.6760	0.0001	85556.7605	0.0000	9.9988	0.1000	854617.6047	99.8773	9.9889
100	13780.6123	0.0001	137796.123	0.0000	9.9993	0.1000	1376961.2340	99.9202	9.9927

216

附表 2 - 7　　　　　　　　　　　　　　　　$i=12\%$

n	$(F/P,i,n)$	$(P/F,i,n)$	$(F/A,i,n)$	$(A/F,i,n)$	$(P/A,i,n)$	$(A/P,i,n)$	$(F/G,i,n)$	$(P/G,i,n)$	$(A/G,i,n)$
1	1.1200	0.8929	1.0000	1.0000	0.8929	1.1200	0.0000	0.0000	0.0000
2	1.2544	0.7972	2.1200	0.4717	1.6901	0.5917	1.0000	0.7972	0.4717
3	1.4049	0.7118	3.3744	0.2963	2.4018	0.4163	3.1200	2.2208	0.9246
4	1.5735	0.6355	4.7793	0.2092	3.0373	0.3292	6.4944	4.1273	1.3589
5	1.7623	0.5674	6.3528	0.1574	3.6048	0.2774	11.2737	6.3970	1.7746
6	1.9738	0.5066	8.1152	0.1232	4.1114	0.2432	17.6266	8.9302	2.1720
7	2.2107	0.4523	10.0890	0.0991	4.5638	0.2191	25.7418	11.6443	2.5515
8	2.4760	0.4039	12.2997	0.0813	4.9676	0.2013	35.8308	14.4714	2.9131
9	2.7731	0.3606	14.7757	0.0677	5.3282	0.1877	48.1305	17.3563	3.2574
10	3.1058	0.3220	17.5487	0.0570	5.6502	0.1770	62.9061	20.2541	3.5847
11	3.4785	0.2875	20.6546	0.0484	5.9377	0.1684	80.4549	23.1288	3.8953
12	3.8960	0.2567	24.1331	0.0414	6.1944	0.1614	101.1094	25.9523	4.1897
13	4.3635	0.2292	28.0291	0.0357	6.4235	0.1557	125.2426	28.7024	4.4683
14	4.8871	0.2046	32.3926	0.0309	6.6282	0.1509	153.2717	31.3624	4.7317
15	5.4736	0.1827	37.2797	0.0268	6.8109	0.1468	185.6643	33.9202	4.9803
16	6.1304	0.1631	42.7533	0.0234	6.9740	0.1434	222.9440	36.3670	5.2147
17	6.8660	0.1456	48.8837	0.0205	7.1196	0.1405	265.6973	38.6973	5.4353
18	7.6900	0.1300	55.7497	0.0179	7.2497	0.1379	314.5810	40.9080	5.6427
19	8.6128	0.1161	63.4397	0.0158	7.3658	0.1358	370.3307	42.9979	5.8375
20	9.6463	0.1037	72.0524	0.0139	7.4694	0.1339	433.7704	44.9676	6.0202
21	10.8038	0.0926	81.6987	0.0122	7.5620	0.1322	505.8228	46.8188	6.1913
22	12.1003	0.0826	92.5026	0.0108	7.6446	0.1308	587.5215	48.5543	6.3514
23	13.5523	0.0738	104.6029	0.0096	7.7184	0.1296	680.0241	50.1776	6.5010
24	15.1786	0.0659	118.1552	0.0085	7.7843	0.1285	784.6270	51.6929	6.6406
25	17.0001	0.0588	133.3339	0.0075	7.8431	0.1275	902.7823	53.1046	6.7708
26	19.0401	0.0525	150.3339	0.0067	7.8957	0.1267	1036.1161	54.4177	6.8921
27	21.3249	0.0469	169.3740	0.0059	7.9426	0.1259	1186.4501	55.6369	7.0049
28	23.8839	0.0419	190.6989	0.0052	7.9844	0.1252	1355.8241	56.7674	7.1098
29	26.7499	0.0374	214.5828	0.0047	8.0218	0.1247	1546.5229	57.8141	7.2071
30	29.9599	0.0334	241.3327	0.0041	8.0552	0.1241	1761.1057	58.7821	7.2974
35	52.7996	0.0189	431.6635	0.0023	8.1755	0.1223	3305.5291	62.6052	7.6577
40	93.0510	0.0107	767.0914	0.0013	8.2438	0.1213	6059.0952	65.1159	7.8988
45	163.9876	0.0061	1358.2300	0.0007	8.2825	0.1207	10943.5836	66.7342	8.0572
50	289.0022	0.0035	2400.0182	0.0004	8.3045	0.1204	19583.4854	67.7624	8.1597
55	509.3206	0.0020	4236.0050	0.0002	8.3170	0.1202	34841.7087	68.4082	8.2251
60	897.5969	0.0011	7471.6411	0.0001	8.3240	0.1201	61763.6759	68.8100	8.2664
65	1581.8725	0.0006	13173.9374	0.0001	8.3281	0.1201	109241.1452	69.0581	8.2922
70	2787.7998	0.0004	23223.3319	0.0000	8.3303	0.1200	192944.4325	69.2103	8.3082
75	4913.0558	0.0002	40933.7987	0.0000	8.3316	0.1200	340489.9889	69.3031	8.3181
80	8658.4831	0.0001	72145.6925	0.0000	8.3324	0.1200	600547.4375	69.3594	8.3241
85	15259.2057	0.0001	127151.7140	0.0000	8.3328	0.1200	1058889.2834	69.3935	8.3278
90	26891.9342	0.0000	224091.1185	0.0000	8.3330	0.1200	1866675.9877	69.4140	8.3300
95	47392.7766	0.0000	394931.4719	0.0000	8.3332	0.1200	3290303.9322	69.4263	8.3313
100	83522.2657	0.0000	696010.5477	0.0000	8.3332	0.1200	5799254.5643	69.4336	8.3321

附表 2 – 8 $i=15\%$

n	$(F/P,i,n)$	$(P/F,i,n)$	$(F/A,i,n)$	$(A/F,i,n)$	$(P/A,i,n)$	$(A/P,i,n)$	$(F/G,i,n)$	$(P/G,i,n)$	$(A/G,i,n)$
1	1.1500	0.8696	1.0000	1.0000	0.8696	1.1500	0.0000	0.0000	0.0000
2	1.3225	0.7561	2.1500	0.4651	1.6257	0.6151	1.0000	0.7561	0.4651
3	1.5209	0.6575	3.4725	0.2880	2.2832	0.4380	3.1500	2.0712	0.9071
4	1.7490	0.5718	4.9934	0.2003	2.8550	0.3503	6.6225	3.7864	1.3263
5	2.0114	0.4972	6.7424	0.1483	3.3522	0.2983	11.6159	5.7751	1.7228
6	2.3131	0.4323	8.7537	0.1142	3.7845	0.2642	18.3583	7.9368	2.0972
7	2.6600	0.3759	11.0668	0.0904	4.1604	0.2404	27.1120	10.1924	2.4498
8	3.0590	0.3269	13.7268	0.0729	4.4873	0.2229	38.1788	12.4807	2.7813
9	3.5179	0.2843	16.7858	0.0596	4.7716	0.2096	51.9056	14.7548	3.0922
10	4.0456	0.2472	20.3037	0.0493	5.0188	0.1993	68.6915	16.9795	3.3832
11	4.6524	0.2149	24.3493	0.0411	5.2337	0.1911	88.9952	19.1289	3.6549
12	5.3503	0.1869	29.0017	0.0345	5.4206	0.1845	113.3444	21.1849	3.9082
13	6.1528	0.1625	34.3519	0.0291	5.5831	0.1791	142.3461	23.1352	4.1438
14	7.0757	0.1413	40.5047	0.0247	5.7245	0.1747	176.6980	24.9725	4.3624
15	8.1371	0.1229	47.5804	0.0210	5.8474	0.1710	217.2027	26.6930	4.5650
16	9.3576	0.1069	55.7175	0.0179	5.9542	0.1679	264.7831	28.2960	4.7522
17	10.7613	0.0929	65.0751	0.0154	6.0472	0.1654	320.5006	29.7828	4.9251
18	12.3755	0.0808	75.8364	0.0132	6.1280	0.1632	385.5757	31.1565	5.0843
19	14.2318	0.0703	88.2118	0.0113	6.1982	0.1613	461.4121	32.4213	5.2307
20	16.3665	0.0611	102.4436	0.0098	6.2593	0.1598	549.6239	33.5822	5.3651
21	18.8215	0.0531	118.8101	0.0084	6.3125	0.1584	652.0675	34.6448	5.4883
22	21.6447	0.0462	137.6316	0.0073	6.3587	0.1573	770.8776	35.6150	5.6010
23	24.8915	0.0402	159.2764	0.0063	6.3988	0.1563	908.5092	36.4988	5.7040
24	28.6252	0.0349	184.1678	0.0054	6.4338	0.1554	1067.7856	37.3023	5.7979
25	32.9190	0.0304	212.7930	0.0047	6.4641	0.1547	1251.9534	38.0314	5.8834
26	37.8568	0.0264	245.7120	0.0041	6.4906	0.1541	1464.7465	38.6918	5.9612
27	43.5353	0.0230	283.5688	0.0035	6.5135	0.1535	1710.4584	39.2890	6.0319
28	50.0656	0.0200	327.1041	0.0031	6.5335	0.1531	1994.0272	39.8283	6.0960
29	57.5755	0.0174	377.1697	0.0027	6.5509	0.1527	2321.1313	40.3146	6.1541
30	66.2118	0.0151	434.7451	0.0023	6.5660	0.1523	2698.3010	40.7526	6.2066
35	133.1755	0.0075	881.1702	0.0011	6.6166	0.1511	5641.1344	42.3586	6.4019
40	267.8635	0.0037	1779.0903	0.0006	6.6418	0.1506	11593.9354	43.2830	6.5168
45	538.7693	0.0019	3585.1285	0.0003	6.6543	0.1503	23600.8564	43.8051	6.5830
50	1083.6574	0.0009	7217.7163	0.0001	6.6605	0.1501	47784.7752	44.0958	6.6205
55	2179.6222	0.0005	14524.1479	0.0001	6.6636	0.1501	96460.9860	44.2558	6.6414
60	4383.9987	0.0002	29219.9916	0.0000	6.6651	0.1500	194399.9443	44.3431	6.6530
65	8817.7874	0.0001	58778.5826	0.0000	6.6659	0.1500	391423.8839	44.3903	6.6593
70	17735.7200	0.0001	118231.4669	0.0000	6.6663	0.1500	787743.1128	44.4156	6.6627
75	35672.8680	0.0000	237812.4532	0.0000	6.6665	0.1500	1584916.3545	44.4292	6.6646
80	71750.8794	0.0000	478332.5293	0.0000	6.6666	0.1500	3188350.1956	44.4364	6.6656
85	144316.6470	0.0000	962104.3133	0.0000	6.6666	0.1500	6413462.0886	44.4402	6.6661
90	290272.3252	0.0000	1935142.1680	0.0000	6.6666	0.1500	12900347.7869	44.4422	6.6664
95	583841.3276	0.0000	3892268.8509	0.0000	6.6667	0.1500	25947825.6727	44.4433	6.6665
100	1174313.4507	0.0000	7828749.6713	0.0000	6.6667	0.1500	52190997.8089	44.4438	6.6666

附表 2 - 9 $i=18\%$

n	$(F/P,i,n)$	$(P/F,i,n)$	$(F/A,i,n)$	$(A/F,i,n)$	$(P/A,i,n)$	$(A/P,i,n)$	$(F/G,i,n)$	$(P/G,i,n)$	$(A/G,i,n)$
1	1.1800	0.8475	1.0000	1.0000	0.8475	1.1800	0.0000	0.0000	0.0000
2	1.3924	0.7182	2.1800	0.4587	1.5656	0.6387	1.0000	0.7182	0.4587
3	1.6430	0.6086	3.5724	0.2799	2.1743	0.4599	3.1800	1.9354	0.8902
4	1.9388	0.5158	5.2154	0.1917	2.6901	0.3717	6.7524	3.4828	1.2947
5	2.2878	0.4371	7.1542	0.1398	3.1272	0.3198	11.9678	5.2312	1.6728
6	2.6996	0.3704	9.4420	0.1059	3.4976	0.2859	19.1220	7.0834	2.0252
7	3.1855	0.3139	12.1415	0.0824	3.8115	0.2624	28.5640	8.9670	2.3526
8	3.7589	0.2660	15.3270	0.0652	4.0776	0.2452	40.7055	10.8292	2.6558
9	4.4355	0.2255	19.0859	0.0524	4.3030	0.2324	56.0325	12.6329	2.9358
10	5.2338	0.1911	23.5213	0.0425	4.4941	0.2225	75.1184	14.3525	3.1936
11	6.1759	0.1619	28.7551	0.0348	4.6560	0.2148	98.6397	15.9716	3.4303
12	7.2876	0.1372	34.9311	0.0286	4.7932	0.2086	127.3948	17.4811	3.6470
13	8.5994	0.1163	42.2187	0.0237	4.9095	0.2037	162.3259	18.8765	3.8449
14	10.1472	0.0985	50.8180	0.0197	5.0081	0.1997	204.5446	20.1576	4.0250
15	11.9737	0.0835	60.9653	0.0164	5.0916	0.1964	255.3626	21.3269	4.1887
16	14.1290	0.0708	72.9390	0.0137	5.1624	0.1937	316.3279	22.3885	4.3369
17	16.6722	0.0600	87.0680	0.0115	5.2223	0.1915	389.2669	23.3482	4.4708
18	19.6733	0.0508	103.7403	0.0096	5.2732	0.1896	476.3349	24.2123	4.5916
19	23.2144	0.0431	123.4135	0.0081	5.3162	0.1881	580.0752	24.9877	4.7003
20	27.3930	0.0365	146.6280	0.0068	5.3527	0.1868	703.4887	25.6813	4.7978
21	32.3238	0.0309	174.0210	0.0057	5.3837	0.1857	850.1167	26.3000	4.8851
22	38.1421	0.0262	206.3448	0.0048	5.4099	0.1848	1024.1377	26.8506	4.9632
23	45.0076	0.0222	244.4868	0.0041	5.4321	0.1841	1230.4825	27.3394	5.0329
24	53.1090	0.0188	289.4945	0.0035	5.4509	0.1835	1474.9693	27.7725	5.0950
25	62.6686	0.0160	342.6035	0.0029	5.4669	0.1829	1764.4638	28.1555	5.1502
26	73.9490	0.0135	405.2721	0.0025	5.4804	0.1825	2107.0673	28.4935	5.1991
27	87.2598	0.0115	479.2211	0.0021	5.4919	0.1821	2512.3394	28.7915	5.2425
28	102.9666	0.0097	566.4809	0.0018	5.5016	0.1818	2991.5605	29.0537	5.2810
29	121.5005	0.0082	669.4475	0.0015	5.5098	0.1815	3558.0414	29.2842	5.3149
30	143.3706	0.0070	790.9480	0.0013	5.5168	0.1813	4227.4888	29.4864	5.3448
35	327.9973	0.0030	1816.6516	0.0006	5.5386	0.1806	9898.0645	30.1773	5.4485
40	750.3783	0.0013	4163.2130	0.0002	5.5482	0.1802	22906.7390	30.5269	5.5022
45	1716.6839	0.0006	9531.5771	0.0001	5.5523	0.1801	52703.2061	30.7006	5.5293
50	3927.3569	0.0003	21813.0937	0.0000	5.5541	0.1800	120906.0759	30.7856	5.5428
55	8984.8411	0.0001	49910.2284	0.0000	5.5549	0.1800	276973.4914	30.8268	5.5494
60	20555.1400	0.0000	114189.6665	0.0000	5.5553	0.1800	634053.7027	30.8465	5.5526
65	47025.1809	0.0000	261245.4494	0.0000	5.5554	0.1800	1451002.4969	30.8559	5.5542
70	107582.2224	0.0000	597673.4576	0.0000	5.5555	0.1800	3320019.2089	30.8603	5.5549
75	246122.0637	0.0000	1367339.2429	0.0000	5.5555	0.1800	7595912.4604	30.8624	5.5553
80	563067.6604	0.0000	3128148.1133	0.0000	5.5555	0.1800	17378156.1847	30.8634	5.5554
85	1288162.4077	0.0000	7156452.2647	0.0000	5.5556	0.1800	39757595.9151	30.8638	5.5555
90	2947003.5401	0.0000	16372236.3340	0.0000	5.5556	0.1800	90956368.5222	30.8640	5.5555
95	6742030.2082	0.0000	37455717.8235	0.0000	5.5556	0.1800	208086793.4638	30.8641	5.5555
100	15424131.9055	0.0000	85689616.1414	0.0000	5.5556	0.1800	476052867.4523	30.8642	5.5555

附表 2 - 10 $i=20\%$

n	$(F/P,i,n)$	$(P/F,i,n)$	$(F/A,i,n)$	$(A/F,i,n)$	$(P/A,i,n)$	$(A/P,i,n)$	$(F/G,i,n)$	$(P/G,i,n)$	$(A/G,i,n)$
1	1.2000	0.8333	1.0000	1.0000	0.8333	1.2000	0.0000	0.0000	0.0000
2	1.4400	0.6944	2.2000	0.4545	1.5278	0.6545	1.0000	0.6944	0.4545
3	1.7280	0.5787	3.6400	0.2747	2.1065	0.4747	3.2000	1.8519	0.8791
4	2.0736	0.4823	5.3680	0.1863	2.5887	0.3863	6.8400	3.2986	1.2742
5	2.4883	0.4019	7.4416	0.1344	2.9906	0.3344	12.2080	4.9061	1.6405
6	2.9860	0.3349	9.9299	0.1007	3.3255	0.3007	19.6496	6.5806	1.9788
7	3.5832	0.2791	12.9159	0.0774	3.6046	0.2774	29.5795	8.2551	2.2902
8	4.2998	0.2326	16.4991	0.0606	3.8372	0.2606	42.4954	9.8831	2.5756
9	5.1598	0.1938	20.7989	0.0481	4.0310	0.2481	58.9945	11.4335	2.8364
10	6.1917	0.1615	25.9587	0.0385	4.1925	0.2385	79.7934	12.8871	3.0739
11	7.4301	0.1346	32.1504	0.0311	4.3271	0.2311	105.7521	14.2330	3.2893
12	8.9161	0.1122	39.5805	0.0253	4.4392	0.2253	137.9025	15.4667	3.4841
13	10.6993	0.0935	48.4966	0.0206	4.5327	0.2206	177.4830	16.5883	3.6597
14	12.8392	0.0779	59.1959	0.0169	4.6106	0.2169	225.9796	17.6008	3.8175
15	15.4070	0.0649	72.0351	0.0139	4.6755	0.2139	285.1755	18.5095	3.9588
16	18.4884	0.0541	87.4421	0.0114	4.7296	0.2114	357.2106	19.3208	4.0851
17	22.1861	0.0451	105.9306	0.0094	4.7746	0.2094	444.6528	20.0419	4.1976
18	26.6233	0.0376	128.1167	0.0078	4.8122	0.2078	550.5833	20.6805	4.2975
19	31.9480	0.0313	154.7400	0.0065	4.8435	0.2065	678.7000	21.2439	4.3861
20	38.3376	0.0261	186.6880	0.0054	4.8696	0.2054	833.4400	21.7395	4.4643
21	46.0051	0.0217	225.0256	0.0044	4.8913	0.2044	1020.1280	22.1742	4.5334
22	55.2061	0.0181	271.0307	0.0037	4.9094	0.2037	1245.1536	22.5546	4.5941
23	66.2474	0.0151	326.2369	0.0031	4.9245	0.2031	1516.1843	22.8867	4.6475
24	79.4968	0.0126	392.4842	0.0025	4.9371	0.2025	1842.4212	23.1760	4.6943
25	95.3962	0.0105	471.9811	0.0021	4.9476	0.2021	2234.9054	23.4276	4.7352
26	114.4755	0.0087	567.3773	0.0018	4.9563	0.2018	2706.8865	23.6460	4.7709
27	137.3706	0.0073	681.8528	0.0015	4.9636	0.2015	3274.2638	23.8353	4.8020
28	164.8447	0.0061	819.2233	0.0012	4.9697	0.2012	3956.1166	23.9991	4.8291
29	197.8136	0.0051	984.0680	0.0010	4.9747	0.2010	4775.3399	24.1406	4.8527
30	237.3763	0.0042	1181.8816	0.0008	4.9789	0.2008	5759.4078	24.2628	4.8731
35	590.6682	0.0017	2948.3411	0.0003	4.9915	0.2003	14566.7057	24.6614	4.9406
40	1469.7716	0.0007	7343.8578	0.0001	4.9966	0.2001	36519.2892	24.8469	4.9728
45	3657.2620	0.0003	18281.3099	0.0001	4.9986	0.2001	91181.5497	24.9316	4.9877
50	9100.4382	0.0001	45497.1908	0.0000	4.9995	0.2000	227235.9538	24.9698	4.9945
55	22644.8023	0.0000	113219.0113	0.0000	4.9998	0.2000	565820.0564	24.9868	4.9976
60	56347.5144	0.0000	281732.5718	0.0000	4.9999	0.2000	1408362.8588	24.9942	4.9989
65	140210.6469	0.0000	701048.2346	0.0000	5.0000	0.2000	3504916.1729	24.9975	4.9995
70	348888.9569	0.0000	1744439.7847	0.0000	5.0000	0.2000	8721848.9233	24.9989	4.9998
75	868147.3693	0.0000	4340731.8466	0.0000	5.0000	0.2000	21703284.2328	24.9995	4.9999
80	2160228.4620	0.0000	10801137.3101	0.0000	5.0000	0.2000	54005286.5503	24.9998	5.0000
85	5375339.6866	0.0000	26876693.4329	0.0000	5.0000	0.2000	134383042.1647	24.9999	5.0000
90	13375565.2489	0.0000	66877821.2447	0.0000	5.0000	0.2000	334388656.2234	25.0000	5.0000
95	33282686.5202	0.0000	166413427.6011	0.0000	5.0000	0.2000	832066663.0057	25.0000	5.0000
100	82817974.5220	0.0000	414089867.6101	0.0000	5.0000	0.2000	2070448838.0504	25.0000	5.0000

附表 2 - 11 $i = 25\%$

n	$(F/P,i,n)$	$(P/F,i,n)$	$(F/A,i,n)$	$(A/F,i,n)$	$(P/A,i,n)$	$(A/P,i,n)$	$(F/G,i,n)$	$(P/G,i,n)$	$(A/G,i,n)$
1	1.2500	0.8000	1.0000	1.0000	0.8000	1.2500	0.0000	0.0000	0.0000
2	1.5625	0.6400	2.2500	0.4444	1.4400	0.6944	1.0000	0.6400	0.4444
3	1.9531	0.5120	3.8125	0.2623	1.9520	0.5123	3.2500	1.6640	0.8525
4	2.4414	0.4096	5.7656	0.1734	2.3616	0.4234	7.0625	2.8928	1.2249
5	3.0518	0.3277	8.2070	0.1218	2.6893	0.3718	12.8281	4.2035	1.5631
6	3.8147	0.2621	11.2588	0.0888	2.9514	0.3388	21.0352	5.5142	1.8683
7	4.7684	0.2097	15.0735	0.0663	3.1611	0.3163	32.2939	6.7725	2.1424
8	5.9605	0.1678	19.8419	0.0504	3.3289	0.3004	47.3674	7.9469	2.3872
9	7.4506	0.1342	25.8023	0.0388	3.4631	0.2888	67.2093	9.0207	2.6048
10	9.3132	0.1074	33.2529	0.0301	3.5705	0.2801	93.0116	9.9870	2.7971
11	11.6415	0.0859	42.5661	0.0235	3.6564	0.2735	126.2645	10.8460	2.9663
12	14.5519	0.0687	54.2077	0.0184	3.7251	0.2684	168.8306	11.6020	3.1145
13	18.1899	0.0550	68.7596	0.0145	3.7801	0.2645	223.0383	12.2617	3.2437
14	22.7374	0.0440	86.9495	0.0115	3.8241	0.2615	291.7979	12.8334	3.3559
15	28.4217	0.0352	109.6868	0.0091	3.8593	0.2591	378.7474	13.3260	3.4530
16	35.5271	0.0281	138.1085	0.0072	3.8874	0.2572	488.4342	13.7482	3.5366
17	44.4089	0.0225	173.6357	0.0058	3.9099	0.2558	626.5427	14.1085	3.6084
18	55.5112	0.0180	218.0446	0.0046	3.9279	0.2546	800.1784	14.4147	3.6698
19	69.3889	0.0144	273.5558	0.0037	3.9424	0.2537	1018.2230	14.6741	3.7222
20	86.7362	0.0115	342.9447	0.0029	3.9539	0.2529	1291.7788	14.8932	3.7667
21	108.4202	0.0092	429.6809	0.0023	3.9631	0.2523	1634.7235	15.0777	3.8045
22	135.5253	0.0074	538.1011	0.0019	3.9705	0.2519	2064.4043	15.2326	3.8365
23	169.4066	0.0059	673.6264	0.0015	3.9764	0.2515	2602.5054	15.3625	3.8634
24	211.7582	0.0047	843.0329	0.0012	3.9811	0.2512	3276.1318	15.4711	3.8861
25	264.6978	0.0038	1054.7912	0.0009	3.9849	0.2509	4119.1647	15.5618	3.9052
26	330.8722	0.0030	1319.4890	0.0008	3.9879	0.2508	5173.9559	15.6373	3.9212
27	413.5903	0.0024	1650.3612	0.0006	3.9903	0.2506	6493.4449	15.7002	3.9346
28	516.9879	0.0019	2063.9515	0.0005	3.9923	0.2505	8143.8061	15.7524	3.9457
29	646.2349	0.0015	2580.9394	0.0004	3.9938	0.2504	10207.7577	15.7957	3.9551
30	807.7936	0.0012	3227.1743	0.0003	3.9950	0.2503	12788.6971	15.8316	3.9628
31	1009.7420	0.0010	4034.9678	0.0002	3.9960	0.2502	16015.8713	15.8614	3.9693
32	1262.1774	0.0008	5044.7098	0.0002	3.9968	0.2502	20050.8392	15.8859	3.9746
33	1577.7218	0.0006	6306.8872	0.0002	3.9975	0.2502	25095.5490	15.9062	3.9791
34	1972.1523	0.0005	7884.6091	0.0001	3.9980	0.2501	31402.4362	15.9229	3.9828
35	2465.1903	0.0004	9856.7613	0.0001	3.9984	0.2501	39287.0453	15.9367	3.9858
36	3081.4879	0.0003	12321.9516	0.0001	3.9987	0.2501	49143.8066	15.9481	3.9883
37	3851.8599	0.0003	15403.4396	0.0001	3.9990	0.2501	61465.7582	15.9574	3.9904
38	4814.8249	0.0002	19255.2994	0.0001	3.9992	0.2501	76869.1978	15.9651	3.9921
39	6018.5311	0.0002	24070.1243	0.0000	3.9993	0.2500	96124.4972	15.9714	3.9935
40	7523.1638	0.0001	30088.6554	0.0000	3.9995	0.2500	120194.6215	15.9766	3.9947
45	22958.8740	0.0000	91831.4962	0.0000	3.9998	0.2500	367145.9846	15.9915	3.9980
48	44841.5509	0.0000	179362.2034	0.0000	3.9999	0.2500	717256.8137	15.9954	3.9989
50	70064.9232	0.0000	280255.6929	0.0000	3.9999	0.2500	1120822.7715	15.9969	3.9993

附表 2-12 $i=30\%$

n	$(F/P,i,n)$	$(P/F,i,n)$	$(F/A,i,n)$	$(A/F,i,n)$	$(P/A,i,n)$	$(A/P,i,n)$	$(F/G,i,n)$	$(P/G,i,n)$	$(A/G,i,n)$
1	1.3000	0.7692	1.0000	1.0000	0.7692	1.3000	0.0000	0.0000	0.0000
2	1.6900	0.5917	2.3000	0.4348	1.3609	0.7348	1.0000	0.5917	0.4348
3	2.1970	0.4552	3.9900	0.2506	1.8161	0.5506	3.3000	1.5020	0.8271
4	2.8561	0.3501	6.1870	0.1616	2.1662	0.4616	7.2900	2.5524	1.1783
5	3.7129	0.2693	9.0431	0.1106	2.4356	0.4106	13.4770	3.6297	1.4903
6	4.8268	0.2072	12.7560	0.0784	2.6427	0.3784	22.5201	4.6656	1.7654
7	6.2749	0.1594	17.5828	0.0569	2.8021	0.3569	35.2761	5.6218	2.0063
8	8.1573	0.1226	23.8577	0.0419	2.9247	0.3419	52.8590	6.4800	2.2156
9	10.6045	0.0943	32.0150	0.0312	3.0190	0.3312	76.7167	7.2343	2.3963
10	13.7858	0.0725	42.6195	0.0235	3.0915	0.3235	108.7317	7.8872	2.5512
11	17.9216	0.0558	56.4053	0.0177	3.1473	0.3177	151.3512	8.4452	2.6833
12	23.2981	0.0429	74.3270	0.0135	3.1903	0.3135	207.7565	8.9173	2.7952
13	30.2875	0.0330	97.6250	0.0102	3.2233	0.3102	282.0835	9.3135	2.8895
14	39.3738	0.0254	127.9125	0.0078	3.2487	0.3078	379.7085	9.6437	2.9685
15	51.1859	0.0195	167.2863	0.0060	3.2682	0.3060	507.6210	9.9172	3.0344
16	66.5417	0.0150	218.4722	0.0046	3.2832	0.3046	674.9073	10.1426	3.0892
17	86.5042	0.0116	285.0139	0.0035	3.2948	0.3035	893.3795	10.3276	3.1345
18	112.4554	0.0089	371.5180	0.0027	3.3037	0.3027	1178.3934	10.4788	3.1718
19	146.1920	0.0068	483.9734	0.0021	3.3105	0.3021	1549.9114	10.6019	3.2025
20	190.0496	0.0053	630.1655	0.0016	3.3158	0.3016	2033.8849	10.7019	3.2275
21	247.0645	0.0040	820.2151	0.0012	3.3198	0.3012	2664.0503	10.7828	3.2480
22	321.1839	0.0031	1067.2796	0.0009	3.3230	0.3009	3484.2654	10.8482	3.2646
23	417.5391	0.0024	1388.4635	0.0007	3.3254	0.3007	4551.5450	10.9009	3.2781
24	542.8008	0.0018	1806.0026	0.0006	3.3272	0.3006	5940.0086	10.9433	3.2890
25	705.6410	0.0014	2348.8033	0.0004	3.3286	0.3004	7746.0111	10.9773	3.2979
26	917.3333	0.0011	3054.4443	0.0003	3.3297	0.3003	10094.8145	11.0045	3.3050
27	1192.5333	0.0008	3971.7776	0.0003	3.3305	0.3003	13149.2588	11.0263	3.3107
28	1550.2933	0.0006	5164.3109	0.0002	3.3312	0.3002	17121.0364	11.0437	3.3153
29	2015.3813	0.0005	6714.6042	0.0001	3.3317	0.3001	22285.3474	11.0576	3.3189
30	2619.9956	0.0004	8729.9855	0.0001	3.3321	0.3001	28999.9516	11.0687	3.3219
31	3405.9943	0.0003	11349.9811	0.0001	3.3324	0.3001	37729.9371	11.0775	3.3242
32	4427.7926	0.0002	14755.9755	0.0001	3.3326	0.3001	49079.9182	11.0845	3.3261
33	5756.1304	0.0002	19183.7681	0.0001	3.3328	0.3001	63835.8937	11.0901	3.3276
34	7482.9696	0.0001	24939.8985	0.0000	3.3329	0.3000	83019.6618	11.0945	3.3288
35	9727.8604	0.0001	32422.8681	0.0000	3.3330	0.3000	107959.5603	11.0980	3.3297
36	12646.2186	0.0001	42150.7285	0.0000	3.3331	0.3000	140382.4284	11.1007	3.3305
37	16440.0841	0.0001	54796.9471	0.0000	3.3331	0.3000	182533.1569	11.1029	3.3311
38	21372.1094	0.0000	71237.0312	0.0000	3.3332	0.3000	237330.1039	11.1047	3.3316
39	27783.7422	0.0000	92609.1405	0.0000	3.3332	0.3000	308567.1351	11.1060	3.3319
40	36118.8648	0.0000	120392.8827	0.0000	3.3332	0.3000	401176.2756	11.1071	3.3322
45	134106.8167	0.0000	447019.3890	0.0000	3.3333	0.3000	1489914.6301	11.1099	3.3330
48	294632.6763	0.0000	982105.5877	0.0000	3.3333	0.3000	3273525.2924	11.1105	3.3332
50	497929.2230	0.0000	1659760.7433	0.0000	3.3333	0.3000	5532369.1442	11.1108	3.3332

附表 2 - 13 $i=40\%$

n	$(F/P,i,n)$	$(P/F,i,n)$	$(F/A,i,n)$	$(A/F,i,n)$	$(P/A,i,n)$	$(A/P,i,n)$	$(F/G,i,n)$	$(P/G,i,n)$	$(A/G,i,n)$
1	1.4000	0.7143	1.0000	1.0000	0.7143	1.4000	0.0000	0.0000	0.0000
2	1.9600	0.5102	2.4000	0.4167	1.2245	0.8167	1.0000	0.5102	0.4167
3	2.7440	0.3644	4.3600	0.2294	1.5889	0.6294	3.4000	1.2391	0.7798
4	3.8416	0.2603	7.1040	0.1408	1.8492	0.5408	7.7600	2.0200	1.0923
5	5.3782	0.1859	10.9456	0.0914	2.0352	0.4914	14.8640	2.7637	1.3580
6	7.5295	0.1328	16.3238	0.0613	2.1680	0.4613	25.8096	3.4278	1.5811
7	10.5414	0.0949	23.8534	0.0419	2.2628	0.4419	42.1334	3.9970	1.7664
8	14.7579	0.0678	34.3947	0.0291	2.3306	0.4291	65.9868	4.4713	1.9185
9	20.6610	0.0484	49.1526	0.0203	2.3790	0.4203	100.3815	4.8585	2.0422
10	28.9255	0.0346	69.8137	0.0143	2.4136	0.4143	149.5342	5.1696	2.1419
11	40.4957	0.0247	98.7391	0.0101	2.4383	0.4101	219.3478	5.4166	2.2215
12	56.6939	0.0176	139.2348	0.0072	2.4559	0.4072	318.0870	5.6106	2.2845
13	79.3715	0.0126	195.9287	0.0051	2.4685	0.4051	457.3217	5.7618	2.3341
14	111.1201	0.0090	275.3002	0.0036	2.4775	0.4036	653.2504	5.8788	2.3729
15	155.5681	0.0064	386.4202	0.0026	2.4839	0.4026	928.5506	5.9688	2.4030
16	217.7953	0.0046	541.9883	0.0018	2.4885	0.4018	1314.9708	6.0376	2.4262
17	304.9135	0.0033	759.7837	0.0013	2.4918	0.4013	1856.9592	6.0901	2.4441
18	426.8789	0.0023	1064.6971	0.0009	2.4941	0.4009	2616.7428	6.1299	2.4577
19	597.6304	0.0017	1491.5760	0.0007	2.4958	0.4007	3681.4400	6.1601	2.4682
20	836.6826	0.0012	2089.2064	0.0005	2.4970	0.4005	5173.0160	6.1828	2.4761
21	1171.3556	0.0009	2925.8889	0.0003	2.4979	0.4003	7262.2223	6.1998	2.4821
22	1639.8978	0.0006	4097.2445	0.0002	2.4985	0.4002	10188.1113	6.2127	2.4866
23	2295.8569	0.0004	5737.1423	0.0002	2.4989	0.4002	14285.3558	6.2222	2.4900
24	3214.1997	0.0003	8032.9993	0.0001	2.4992	0.4001	20022.4981	6.2294	2.4925
25	4499.8796	0.0002	11247.1990	0.0001	2.4994	0.4001	28055.4974	6.2347	2.4944
26	6299.8314	0.0002	15747.0785	0.0001	2.4996	0.4001	39302.6963	6.2387	2.4959
27	8819.7640	0.0001	22046.9099	0.0000	2.4997	0.4000	55049.7749	6.2416	2.4969
28	12347.6696	0.0001	30866.6739	0.0000	2.4998	0.4000	77096.6848	6.2438	2.4977
29	17286.7374	0.0001	43214.3435	0.0000	2.4999	0.4000	107963.3587	6.2454	2.4983
30	24201.4324	0.0000	60501.0809	0.0000	2.4999	0.4000	151177.7022	6.2466	2.4988
31	33882.0053	0.0000	84702.5132	0.0000	2.4999	0.4000	211678.7831	6.2475	2.4991
32	47434.8074	0.0000	118584.5185	0.0000	2.4999	0.4000	296381.2964	6.2482	2.4993
33	66408.7304	0.0000	166019.3260	0.0000	2.5000	0.4000	414965.8149	6.2487	2.4995
34	92972.2225	0.0000	232428.0563	0.0000	2.5000	0.4000	580985.1409	6.2490	2.4996
35	130161.1116	0.0000	325400.2789	0.0000	2.5000	0.4000	813413.1972	6.2493	2.4997
36	182225.5562	0.0000	455561.3904	0.0000	2.5000	0.4000	1138813.4761	6.2495	2.4998
37	255115.7786	0.0000	637786.9466	0.0000	2.5000	0.4000	1594374.8665	6.2496	2.4999
38	357162.0901	0.0000	892902.7252	0.0000	2.5000	0.4000	2232161.8131	6.2497	2.4999
39	500026.9261	0.0000	1250064.8153	0.0000	2.5000	0.4000	3125064.5384	6.2498	2.4999
40	700037.6966	0.0000	1750091.7415	0.0000	2.5000	0.4000	4375129.3537	6.2498	2.4999
42	1372073.8853	0.0000	3430182.2133	0.0000	2.5000	0.4000	8575350.5332	6.2499	2.5000
44	2689264.8152	0.0000	6723159.5381	0.0000	2.5000	0.4000	16807788.8452	6.2500	2.5000
45	3764970.7413	0.0000	9412424.3533	0.0000	2.5000	0.4000	23530948.3832	6.2500	2.5000

附表 2-14　　　　　　　　　　　　　　$i＝50\%$

n	$(F/P,i,n)$	$(P/F,i,n)$	$(F/A,i,n)$	$(A/F,i,n)$	$(P/A,i,n)$	$(A/P,i,n)$	$(F/G,i,n)$	$(P/G,i,n)$	$(A/G,i,n)$
1	1.5000	0.6667	1.0000	1.0000	0.6667	1.5000	0.0000	0.0000	0.0000
2	2.2500	0.4444	2.5000	0.4000	1.1111	0.9000	1.0000	0.4444	0.4000
3	3.3750	0.2963	4.7500	0.2105	1.4074	0.7105	3.5000	1.0370	0.7368
4	5.0625	0.1975	8.1250	0.1231	1.6049	0.6231	8.2500	1.6296	1.0154
5	7.5938	0.1317	13.1875	0.0758	1.7366	0.5758	16.3750	2.1564	1.2417
6	11.3906	0.0878	20.7813	0.0481	1.8244	0.5481	29.5625	2.5953	1.4226
7	17.0859	0.0585	32.1719	0.0311	1.8829	0.5311	50.3438	2.9465	1.5648
8	25.6289	0.0390	49.2578	0.0203	1.9220	0.5203	82.5156	3.2196	1.6752
9	38.4434	0.0260	74.8867	0.0134	1.9480	0.5134	131.7734	3.4277	1.7596
10	57.6650	0.0173	113.3301	0.0088	1.9653	0.5088	206.6602	3.5838	1.8235
11	86.4976	0.0116	170.9951	0.0058	1.9769	0.5058	319.9902	3.6994	1.8713
12	129.7463	0.0077	257.4927	0.0039	1.9846	0.5039	490.9854	3.7842	1.9068
13	194.6195	0.0051	387.2390	0.0026	1.9897	0.5026	748.4780	3.8459	1.9329
14	291.9293	0.0034	581.8585	0.0017	1.9931	0.5017	1135.7170	3.8904	1.9519
15	437.8939	0.0023	873.7878	0.0011	1.9954	0.5011	1717.5756	3.9224	1.9657
16	656.8408	0.0015	1311.6817	0.0008	1.9970	0.5008	2591.3633	3.9452	1.9756
17	985.2613	0.0010	1968.5225	0.0005	1.9980	0.5005	3903.0450	3.9614	1.9827
18	1477.8919	0.0007	2953.7838	0.0003	1.9986	0.5003	5871.5675	3.9729	1.9878
19	2216.8378	0.0005	4431.6756	0.0002	1.9991	0.5002	8825.3513	3.9811	1.9914
20	3325.2567	0.0003	6648.5135	0.0002	1.9994	0.5002	13257.0269	3.9868	1.9940
21	4987.8851	0.0002	9973.7702	0.0001	1.9996	0.5001	19905.5404	3.9908	1.9958
22	7481.8276	0.0001	14961.6553	0.0001	1.9997	0.5001	29879.3106	3.9936	1.9971
23	11222.7415	0.0001	22443.4829	0.0000	1.9998	0.5000	44840.9659	3.9955	1.9980
24	16834.1122	0.0001	33666.2244	0.0000	1.9999	0.5000	67284.4488	3.9969	1.9986
25	25251.1683	0.0000	50500.3366	0.0000	1.9999	0.5000	100950.6732	3.9979	1.9990
26	37876.7524	0.0000	75751.5049	0.0000	1.9999	0.5000	151451.0098	3.9985	1.9993
27	56815.1287	0.0000	113628.2573	0.0000	2.0000	0.5000	227202.5146	3.9990	1.9995
28	85222.6930	0.0000	170443.3860	0.0000	2.0000	0.5000	340830.7720	3.9993	1.9997
29	127834.0395	0.0000	255666.0790	0.0000	2.0000	0.5000	511274.1580	3.9995	1.9998
30	191751.0592	0.0000	383500.1185	0.0000	2.0000	0.5000	766940.2369	3.9997	1.9998
31	287626.5888	0.0000	575251.1777	0.0000	2.0000	0.5000	1150440.3554	3.9998	1.9999
32	431439.8833	0.0000	862877.7665	0.0000	2.0000	0.5000	1725691.5331	3.9998	1.9999
33	647159.8249	0.0000	1294317.6498	0.0000	2.0000	0.5000	2588569.2996	3.9999	1.9999
34	970739.7374	0.0000	1941477.4747	0.0000	2.0000	0.5000	3882886.9495	3.9999	2.0000
35	1456109.6060	0.0000	2912217.2121	0.0000	2.0000	0.5000	5824364.4242	3.9999	2.0000
36	2184164.4091	0.0000	4368326.8181	0.0000	2.0000	0.5000	8736581.6363	4.0000	2.0000
37	3276246.6136	0.0000	6552491.2272	0.0000	2.0000	0.5000	13104908.4544	4.0000	2.0000
38	4914369.9204	0.0000	9828737.8408	0.0000	2.0000	0.5000	19657399.6817	4.0000	2.0000
39	7371554.8806	0.0000	14743107.7613	0.0000	2.0000	0.5000	29486137.5225	4.0000	2.0000
40	11057332.3209	0.0000	22114662.6419	0.0000	2.0000	0.5000	44229245.2838	4.0000	2.0000
42	24878997.7221	0.0000	49757993.4442	0.0000	2.0000	0.5000	99515902.8885	4.0000	2.0000
44	55977744.8748	0.0000	111955487.7495	0.0000	2.0000	0.5000	223910887.4990	4.0000	2.0000
45	83966617.3121	0.0000	167933232.6243	0.0000	2.0000	0.5000	335866375.2486	4.0000	2.0000

参 考 文 献

［1］ 王丽萍. 水利工程经济 ［M］. 武汉：武汉大学出版社，2002.
［2］ 方国华，毛春梅. 利用外资项目经济评价原理与方法 ［M］. 南京：河海大学出版社，1998.
［3］ 施熙灿. 水利工程经济学 ［M］. 4 版. 北京：中国水利水电出版社，2010.
［4］ 张展羽，蔡守华. 水利工程经济学 ［M］. 北京：中国水利水电出版社，2005.
［5］ 陈守伦. 工程经济学 ［M］. 南京：河海大学出版社，1996.
［6］ 国家发展改革委，建设部. 建设项目经济评价方法与参数 ［M］. 3 版. 北京：中国计划出版
社，2006.
［7］ 中华人民共和国水利部. 水利建设项目经济评价规范（SL 72—2013）［M］. 北京：中国水利水
电出版社，2013.
［8］ 韩卫滨. 龙口市黄水河流域水利工程体系社会评价研究 ［D］. 济南：山东大学，2009.
［9］ 方国华，戴树声. 防洪效益计算方法探讨 ［J］. 人民黄河，1995（1）.
［10］ 王修贵. 工程经济学 ［M］. 北京：中国水利水电出版社，2008.
［11］ 方国华，朱成立，等. 水利水电工程概预算 ［M］. 郑州：黄河水利出版社，2008.
［12］ 毛桂囡，方国华，耿建强，等. 江苏省 2005—2007 年水利投资效益分析 ［J］. 江苏水利，2010
（1）.
［13］ 方国华，陈继田，雍家树. 驷马山引江灌溉工程水价核算 ［J］. 中国农村水利水电，2003（6）.
［14］ 方国华，张国祥，陈守伦. 综合利用水利枢纽投资分摊方法研究 ［J］. 水利水电科技进展，1999
（6）.
［15］ 张国祥，方国华，钟琦. 水布垭水利枢纽投资分摊研究 ［J］. 人民长江，2000（3）.
［16］ 张裕厚. 乡村供水效益的定量分析 ［J］. 山西水利科技，2002（2）.
［17］ 周召梅. 浏阳市富岭水库枢纽工程经济评价 ［D］. 南京：河海大学，2010.
［18］ 中华人民共和国水利部. 《小水电建设项目经济评价规程》（SL 16—2010）. 北京：中国水利水
电出版社，2011.